手把手教你智能建筑设计

王建斌　主编

中国建筑工业出版社

图书在版编目（CIP）数据

手把手教你智能建筑设计/王建斌主编. —北京：中国建筑工业出版社，2013.12
ISBN 978-7-112-15829-4

Ⅰ.①手… Ⅱ.①王… Ⅲ.①智能化建筑—建筑设计—高等学校—教材 Ⅳ.①TU243

中国版本图书馆 CIP 数据核字（2013）第 213389 号

本书从实际出发，结合国家标准规范，阐述智能建筑工程的设计方法和最新技术。全书内容包括：智能建筑概论、楼宇自动化系统、消防自动化系统、安全防范自动化系统、闭路监控电视系统、共用天线与卫星电视接收系统、厅堂扩声与公共广播系统、通信网络系统、计算机数据网络系统、综合布线系统、办公自动化系统和住宅小区智能化系统等。

本书可供从事建筑电气设计、建筑智能化系统设计的工程技术人员参考，也可作为普通高等学校机电工程、电子信息工程等专业师生的教辅用材。

您若对本书有什么意见、建议，或您有图书出版的意愿或想法，欢迎致函 289052980@qq.com 交流沟通！

责任编辑：刘 江 张 磊
责任设计：李志立
责任校对：张 颖 赵 颖

手把手教你智能建筑设计

王建斌 主编

*

中国建筑工业出版社出版、发行（北京西郊百万庄）
各地新华书店、建筑书店经销
北京红光制版公司制版
北京同文印刷有限责任公司印刷

*

开本：787×1092 毫米 1/16 印张：16½ 字数：400 千字
2013 年 11 月第一版 2013 年 11 月第一次印刷
定价：36.00 元
ISBN 978-7-112-15829-4
（24597）

编 委 会

主　　编　王建斌

副主编　张　然　温佳斌

参　　编　王　斌　王伟智　王懿零　甘晓雅　关秀媛

　　　　　刘　波　刘家兴　刘赫凯　吕　岩　成长青

　　　　　朱　宝　朱　峰　武晓华　罗　铖　赵玉国

　　　　　章　慧　韩达旭

前　言

　　智能建筑是现代建筑技术与现代通信技术、计算机网络技术、信息处理技术和自动控制技术相结合的产物。智能建筑集中体现了信息技术对建筑产业的渗透和巨大影响，正在改变着人们的生活和工作环境，也必将影响着人们的思想和发展未来。随着国民经济和科学技术的不断发展以及人民生活水平的提高，智能办公大厦、智能住宅小区、智能化家居等现代化建筑的大量涌现，智能楼宇自动化技术人才和日常管理维护人才的社会需求将日益剧增。

　　很多刚刚走上设计岗位的工程技术人员到了工作单位之后，对于实际工作不知所措，无从下手，处于两难的境地。基于上述原因，我们组织编写了此书。本书内容丰富、取材新颖、力求实用，从工程实际出发，结合有关国家标准和行业规范，阐述智能建筑工程的设计方法和最新技术。可供从事建筑电气设计、建筑智能化系统设计的工程技术人员参考，也可作为普通高等学校机电工程、电气工程和电子信息工程等专业师生的教辅用材。

　　本书共十二章，内容包括：智能建筑概论、楼宇自动化系统、消防自动化系统、安全防范自动化系统、闭路监控电视系统、共用天线与卫星电视接收系统、厅堂扩声与公共广播系统、通信网络系统、计算机数据网络系统、综合布线系统、办公自动化系统和住宅小区智能化系统。

　　因时间仓促以及编者水平有限，书中难免有缺点和错误，恳请广大读者热心指点，以便作进一步修改和完善。

目　　录

第一章 智 能 建 筑 概 论

1.1 智能建筑的基本概念

1.1.1 智能建筑的定义

智能建筑指通过将建筑物的结构、设备、服务和管理根据用户的需求进行最优化组合，从而为用户提供一个高效、舒适、便利的人性化建筑环境。智能建筑是集现代科学技术之大成的产物。其技术基础主要由现代建筑技术、现代电脑技术、现代通信技术和现代控制技术所组成。

目前，对于智能建筑的定义在国际上尚未有统一的定义。美国智能大厦协会（AIBI）认为：通过将建筑物的结构、系统、服务和管理四项基本要求以及他们的内在关系进行优化，来提供一种投资合理，具有高效，舒适和便利环境的建筑物。

欧洲智能建筑集团认为，智能化建筑是使用户发挥最高效率，同时又以最低的保养成本，最有效地管理其本身资源的建筑。

日本智能大厦研究会定义：智能大楼是指具备信息通信、办公自动化信息服务以及楼宇自动化各项功能的、满足进行智力活动需要的建筑物。

在我国，《智能建筑设计标准》（GB/T 50314—2006）对智能建筑定义为"以建筑物为平台、兼备信息设施系统、信息化应用系统、建筑设备管理系统、公共安全系统等，集结构、系统、服务、管理及其优化组合为一体，向人们提供安全、高效、便捷、节能、环保、健康的建筑环境"。

智能建筑对建筑物的 4 个基本要素，即结构、系统、服务和管理，以及它们之间的内在联系，以最优化的设计，提供一个投资合理又拥有高效率的幽雅舒适、便利快捷、高度安全的环境空间。智能建筑物能够帮助大厦的主人，财产的管理者和拥有者等意识到，他们在诸如费用开支、生活舒适、商务活动和人身安全等方面得到最大利益的回报。

1.1.2 智能建筑的基本特征

智能建筑的特点就在于它采用多元信息传输、监控、管理以及一体化集成等一系列高新技术，通过综合配置大厦内的各功能子系统，以结构化综合布线系统为基础，以计算机网络系统为桥梁，将建筑物内的设备自控系统、通信系统、商业管理系统、办公自动化系统，以及智能卡系统、多媒体音像系统，集成为一体化的综合计算机管理系统，对建筑物内部实施全面的管理、监视和控制。智能建筑的特征主要表现在以下几个方面：

（1）节能。以现代化的大厦为例，空调和照明系统的能耗很大，约占大厦总能耗的70%，在满足使用者对环境要求的前提下，智能建筑能通过其"智慧"尽可能利用自然气候来调节室内温度和湿度，以最大限度减少能源消耗。如按事先确定的程序，区分"工作"和"非工作"时间、午间休息时间，部分区域降低室内照度和温、湿度控制标准；下

1

班后，再降低照度和温、湿度或停止照明及空调系统。

（2）能满足多种用户对不同环境功能的要求。老式建筑是根据事先给定的功能要求来完成其建筑和结构设计的，要更换其使用功能，比较困难。智能建筑则是允许用户迅速而方便地改换建筑物内的使用功能或重新规划作用面积。办公室所必需的通信和电力供应也具有极大的灵活性。在室内分布着多种标准化的弱电和强电插座，只要改变跳接线方式，就可快速改变插座功能。

（3）提供现代化的通信手段和办公条件。在智能建筑中，用户通过国际电话、电子邮件、电视会议、信息检索等多种手段可及时获得全球性金融商贸情况、科技情报及各种数据库系统中的最新信息。通过国际互联通信网络（因特网），可随时与世界各地的企业或机构进行商贸洽谈等业务活动。这就是现代化的公司或机构竞争租用或购买智能大厦原因之一。

（4）能创造安全、有利于健康的办公环境。智能大厦的空调系统能监测出空气中的有害污染物含量，并能自动消毒。智能建筑的防火自动化和保安自动化系统则为大厦提供了一个安全、可靠的办公环境。因此，智能建筑也被称作是一座"安全健康型建筑"。

1.2 智能建筑的构成及功能

1.2.1 智能建筑的构成

智能建筑按用途分为专用办公大楼、出租型写字楼、综合型智能大楼以及智能住宅等。由三大基本系统构成，即楼宇自动化系统（BAS）、通信网络系统（CNS）和办公自动化系统（OAS）。智能建筑的主要控制设备一般放置在系统集成中心（SIC），它通过综合布线系统（PDS）与各种终端设备，以上五者有机结合见图1-1，为用户提供高效、舒适、便利的环境。

1. 楼宇自动化系统

建筑设备自动化系统还包括建筑设备监控系统、消防自动化系统（FAS）和安全防范自动化系统（SAS），如图1-2所示。

（1）建筑设备监控系统，主要包括环境设备监控系统和能源设备监控系统。

（2）消防自动化系统，主要功能有火灾监测及报警；各种消防设备的状态检测与故障警报；自动喷淋、泡沫灭火、卤代烷灭火设备的控制；火灾时供配电及空调系统的联动；火灾时紧急电梯控制；火灾时的防排烟控制；火灾时的避难引导控制；火灾时的紧急广播的操作控制；消防系统有关管道水压测量等。

（3）安全防范自动化系统，包括门禁系统、闭路电视监控系统、防盗报警系统和防火报警系统等等。

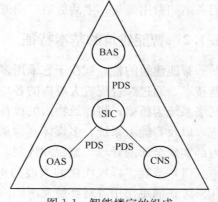

图 1-1 智能楼宇的组成

2

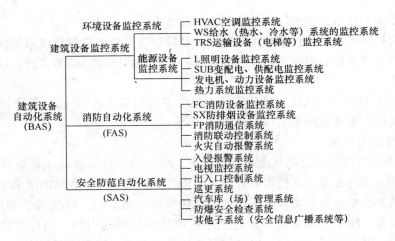

图 1-2　建筑设备自动化系统

2. 通信自动化系统

通信自动化系统主要包括语音通信系统、音响系统、影像系统、数据通信系统和多媒体网络通信应用系统，如图 1-3 所示。

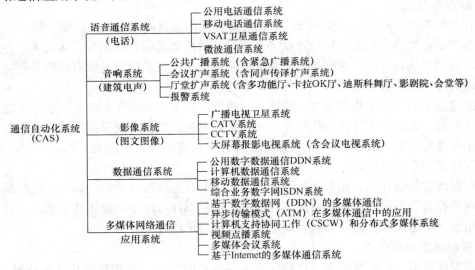

图 1-3　通信自动化系统

CAS 是保证建筑物内语音、数据、图像传输的基础上，同时与外部通信网（如电话网、数据网、计算机网、卫星以及广电网）相连，与世界各地互通信息的系统。根据智能建筑的发展状况，我们主要介绍以下几个子系统：

（1）计算机数据网络系统，由网络结构、网络硬件、网络协议和网络操作系统、网络安全等部分组成。

（2）厅堂扩声与公共广播系统，广播音响系统，或称电声系统，其涉及面很宽，应用广泛，从工厂、学校、宾馆、医院、车站、码头到体育馆、歌剧院等，广播音响系统可大致分为以下几类：面向公共区和停车场等公共广播系统；面向宾馆客房的广播音响系统；以礼堂、剧场、体育场馆为代表的厅堂扩声系统；面向歌舞厅、宴会厅、卡拉 OK 厅等的音响设备；面向会议室、报告厅等的广播音响设备。

（3）会议扩声系统，会议系统大致可分为音频会议系统和视频会议系统两类，前者是以语音为主的会议系统，有时也辅以视频设备；后者是以图像通信为主的会议系统，也常辅以声音作伴音。

（4）VAST 卫星通信系统，楼顶安装卫星收发天线和 VAST 通信系统，与外部构成语音和数据通道，实现远距离通信的目的。

3. 办公自动化系统

OAS 分为办公设备自动化系统和物业管理系统。办公设备自动化系统要具有数据处理、文字处理、邮件处理、文档资料处理、编辑排版、电子报表和辅助决策等功能。对具有通信功能的多机事务处理型办公系统，应能担负起电视会议、联机检索和图形，图像，声音等处理任务。物业管理系统不但包括原传统物业管理的内容，即日常管理、清洁绿化、安全保卫、设备运行和维护，也增加了新的管理内容，如固定资产管理（设备运转状态记录及维护、检修的预告，定期通知设备维护及开列设备保养工作单，设备的档案管理等）、租赁业务管理、租房事务管理，同时赋予日常管理、安全保卫、设备运行和维护新的管理内容和方式（如水、电、煤气远程抄表等）。

4. 综合布线系统

综合布线系统（PDS）又称 SCS，它是建筑物或建筑群内部之间的传输网络。它把建筑物内部的语音交换、智能数据处理设备及其广义的数据通信设施相互连接起来，并采用必要的设备同建筑物外部数据网络或电话局线路相连接。其系统包括所有建筑物与建筑群内部用以交连以上设备的电缆和相关的布线器件。

智能建筑中的综合布线系统与信息通信网络的连接关系如图 1-4 所示。综合布线系统属开放式结构，能支持多种计算机数据系统及会议电视、监视电视等系统的需要。综合布线系统是智能建筑的基础设施，与智能建筑的发展紧密相关，它可为 CAS、BAS、OAS 提供相互连接的有效手段。

综合布线由传输介质、相关连接硬件（如配线架、连接器、插座、插头、适配器）以及电气保护设备等不同系列和规格的部件组成，这些部件可用于构建各种子系统，并具有各自的用途，不但易于实施，而且可随需求的变化而平稳升级。

5. 智能建筑系统集成

随着现代通信、计算机网络、自动化控制等技术的发展，建筑智能化系统逐渐增加，监控对象众多，内容广泛。为了实现各个系统之间信息共享、相互协调、互控和联动功能，综合管理需要将各个分离的系统有机地集成在一个相互关联、统一协调的系统之中，这种解决方案就是系统集成。

（1）系统集成以计算机网络为基础核心，综合配置建筑内各智能化系统，全面实现对通信网络系统、信息网络系统、建筑管理系统（安全防范系统、监护设备监控系统、火灾自动报警系统）等综合管理。目前实际应用多为以楼宇自控系统为核心，实现多个子系统互联、互融，形成 BMS 集成，以便进一步与 OA、CA 系统用 TCP/IP 形成集成，实现一体化的 IBMS 集成。系统集成对内是处理局域网问题，对外主要是与城域网、广域网、卫星网或 GSM、CDMA 卫星网的接口接入的问题。

（2）系统集成实现的关键在于解决各系统之间的互联性和互操作性，这就需要解决各

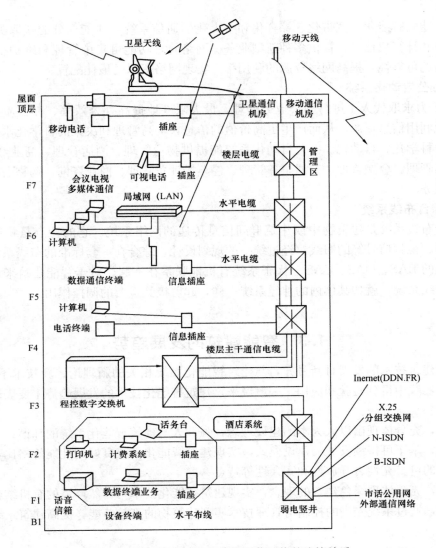

图 1-4 综合布线系统与信息通信网络的连接关系

系统之间的接口、协议、系统平台、应用软件等问题。

1.2.2 智能建筑的功能

1. 楼宇自动化系统

BAS 的功能是调节、控制建筑内的各种设施，包括变配电、照明、通风、空调、电梯、给水排水、消防、安保、能源管理等，检测、显示其运行参数，监视、控制其运行状态，根据外界条件、环境因素、负载变化情况自动调节各种设备，使其始终运行于最佳状态；自动监测并处理诸如停电、火灾、地震等意外事件；自动实现对电力、供热、供水等能源的使用、调节与管理，从而保障工作或居住环境既安全可靠，又节约能源，而且舒适宜人。

2. 通信自动化系统

在智能建筑中，通信自动化系统在建筑物办公自动化和物业管理两方面发挥着重要作

5

用。只有建立智能化、宽带化、综合化和个人化的通信系统，才能充分的获取听觉信息、视觉信息和计算机信息，提供多种新型业务。网络管理功能可集中管理和维护整个系统，增强网络的可靠性，提高网络资源的利用率，实现网络资源的最佳配置。

3. 办公自动化系统

OAS 力求取代人工进行办公业务处理，最大限度地提高办公效率、办公质量，尽可能充分地利用信息资源，从而产生更高价值的信息，提高管理和决策的科学化水平，实现办公业务科学化、自动化。办公自动化系统能提供物业管理、酒店管理、商业经营管理、图书档案管理、金融管理、交通票务管理、停车场计费管理、商业咨询、购物引导等多方面综合服务。

4. 综合布线系统

综合布线系统是建筑物中或建筑群间信息传递的网络系统。它的特点是将所有的语音、数据、视频信号等的布线，经过统一的规划设计，综合在一套标准的布线系统中，将智能建筑的 BAS、OAS、CAS 三大子系统有机地联系在一起。对于智能建筑来说，结构化综合布线系统，就如其体内的神经系统一样，起着极其重要的调控作用。

1.3 智能建筑的发展趋势

智能建筑技术的发展日新月异，与建筑智能化系统相关的新理论、新技术不断出现，并在工程实践中得到检验和应用。一般说来，建筑智能化技术的发展趋势主要表现在以下方面：

首先，充分体现出以人为本的建设理念，强调人与建筑智能化系统的和谐；

其次，基于可持续发展的建设模式，实现建筑智能化系统良好的性能价格比，使系统具有良好的可扩充性、开放性和冗余性等特点；

第三，充分体现绿色建筑的理念，实现建筑智能化技术与自然环境的有机结合；

第四，通过系统先进的控制与管理技术实现建筑物的高效节能，提高建筑系统的运行效率；

第五，有机地引入现代信息技术，实现智能建筑系统控制与管理的数字化、网络化、智能化与集成化；

最后，由于无线网络技术的特点，使得其在建筑智能化系统领域得到了广泛应用，采用无线网络技术替代有线网络技术受到人们的广泛关注，并显示出良好的发展势头。

第二章 楼宇自动化系统

2.1 楼宇自动化系统

2.1.1 楼宇自动化系统概述

楼宇自动化系统，亦称楼宇设备自动化系统，是将建筑物或建筑群内的电力、照明、空调、给水排水、电梯、防灾、保安、车库管理等设备或系统，以集中监视、控制和管理为目的而构成的一个综合体系。系统组成主要包括中央操作站、分布式现场控制器、通信网络和现场就地仪表，其中，通信网络包括网络控制器、连接器、通信器、调制解调器、通信线路；现场就地仪表包括传感器、变送器、执行机构、调节阀、接触器等。目前，智能传感器、智能执行器和具有互操作性的开放式现场总线技术得到了飞速发展和广泛应用，在具有集中结构的现场控制站这一层，采用现场总线技术将 I/O 模块、传感器、执行器以及各种电子设备连接起来，构成延伸到现场仪表这一级的分布式控制站，即将原有的集中式现场控制站变成分布式现场控制站，在传统集散控制系统网络的底层再引入一层现场总线网络。

广义地说，建筑设备自动化（BA）也包括消防自动化（FA）和保安自动化（SA），广义 BAS 所包含的监控内容如图 2-1 所示，由于目前我国的管理体制要求等因素，要求独立设置（如消防系统、保安系统等）的情况较多，故本章着重以空调、给水排水等系统为主进行叙述。

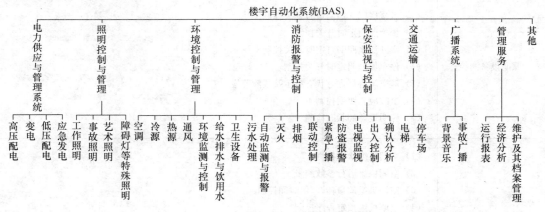

图 2-1 楼宇自动化系统（BAS）的范围

它主要实现如下的基本功能：

1. 自动监视并控制各种设备的启、停，并显示设备的当前运转状态。

2. 自动检测并显示各种设备的运行参数、变化趋势和历史数据等，如温度、湿度、压差、流量、电压、电流和用电量等。当参数超过正常范围时自动实现越限报警。

3. 根据外界条件、环境因素和负载变化等情况，自动调节各种设备使之始终运行于最佳状态。如空调设备，可根据气候变化、室内人员多少自动调节，自动优化到既节约能源又感觉舒适的最佳状态。

4. 监测并及时处理各种意外和突发事件，并按预先编制的程序迅速进行处理，避免事态扩大。

5. 实现建筑物内各种设备的统一管理、协调控制，包括设备档案管理（设备配置及参数档案）、设备运行报表和设备维修管理等。

6. 对水、电、燃气等能耗参数进行自动计量与收费，实现能源管理自动化。自动提供最佳能源控制方案，达到合理经济地使用能源，自动监测和控制设备用电量以实现节能。

2.1.2 控制内容

设备控制自动化应以对各种设备实现优化控制为目的，各种设备及其控制内容见表2-1。

各种设备及其控制内容   表 2-1

设　　备	控　制　内　容
变配电设备及 应急发电设备	(1) 变电设备各高低压主开关动作状况监视及故障报警 (2) 供配电设备运行状态及参数自动检测 (3) 各机房供电状态监视 (4) 各机房设备供电控制 (5) 停电复电自动控制 (6) 应急电源供电顺序控制
照明设备测控	(1) 各楼层门厅照明定时开关控制 (2) 楼梯照明定时开关控制 (3) 室外泛光照明灯定时开关控制 (4) 停车场照明定时开关控制 (5) 航空障碍灯点灯状态显示及故障警报 (6) 事故应急照明控制 (7) 照明设备的状态检测
通风空调设备测控	(1) 空调机组状态检测 (2) 空调机组运行参数测量 (3) 空调机组的最佳开/停时间控制 (4) 空调机组预定程序控制 (5) 室外温、湿度测量 (6) 新风机组开/停时间控制 (7) 新风机组预定程序控制 (8) 新风机组状态检测 (9) 能源系统工作状态最佳控制 (10) 排风机组的检测和控制

设　备	控　制　内　容
电梯设备测控	(1) 电梯运行状态监测 (2) 停电及紧急状况处理 (3) 语音报告服务系统
给水排水设备测控	(1) 给水排水设备的状态检测 (2) 使用水量、排水量测量 (3) 污物、污水池水位检测及异常警报 (4) 地下、中间层屋顶水箱水位检测 (5) 公共饮水过滤、杀菌设备控制监视给水水质监测 (6) 给水排水设备的启/停控制 (7) 卫生、污水处理设备运转监测、控制，水质测量

2.1.3 设计要求

楼宇自动化系统（BAS）设计的一般要求是：

(1) 对建筑物内各类设备的监视、控制、测量，应做到运行安全、可靠、节省能源、节省人力。

(2) 建筑设备监控系统的网络结构模式应采用集散或分布式控制的方式，由管理层网络与监控层网络组成，实现对设备运行状态的监视和控制。

(3) 建筑设备监控系统应实时采集，记录设备运行的有关数据，并进行分析处理。

(4) 建筑设备监控系统应满足管理的需要。

由此可见，自动控制、监视、测量是 BAS 的三个基本方面。所以，对于智能建筑各个建筑设备的设计要素如下：

(1) 对空调系统设备、通风设备及环境监测系统等运行工况的监视、控制、测量、记录。

(2) 对供配电系统、变配电设备、应急（备用）电源设备、直流电源设备、大容量不停电电源设备监视、测量、记录。

(3) 对动力设备和照明设备进行监视和控制。

(4) 对给排水系统的给排水设备、饮水设备及污水处理设备等运行工况的监视、控制、测量、记录。

(5) 对热力系统的热源设备等运行工况的监视、控制、测量、记录。

(6) 对公共安全防范系统、火灾自动报警与消防联动控制系统运行工况进行必要的监视及联动控制。

(7) 对电梯及自动扶梯的运行监视。

在进行智能建筑自动化设计时，主要用到以下标准与规范：

《智能建筑设计标准》（GB/T 50314—2006）

《智能建筑工程质量验收规范》（GB 50339—2003）

《民用建筑电气设计规范》（JGJ 16—2008）

2.1.4 设计流程

楼宇自动化系统设计方法流程图见图 2-2。

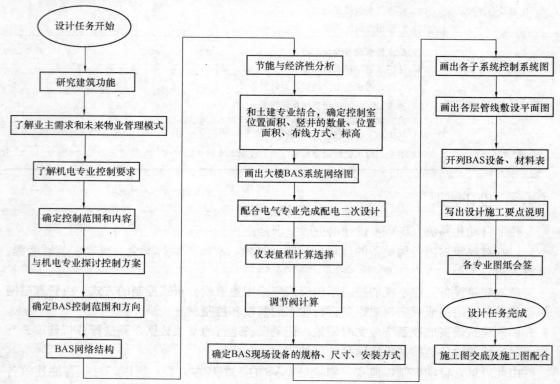

图 2-2 建筑设备自动化系统设计方法流程图

2.1.5 DDC 与集散型控制系统

1. 集散型控制系统的基本组成

BAS 系统的监控是通过计算机控制系统实现，目前广泛采用集散型计算机控制系统，又称分布式控制系统（简称 DCS）。它的特征是"集中管理，分散控制"。即以分布在现场被控设备处的多台微型计算机控制装置（即 DDC）完成被控设备的实时监测和控制，以安装于中央监控室的中央管理计算机完成集中操作、显示、报警、打印与优化控制，从而形成分级分布式控制。近年来出现的现场总线控制系统（简称 FCS）则是新一代分布式控制系统。

由上述可见，集散型计算机控制基本系统如图 2-3 所示，主要由如下四部分构成：传感器与执行器、DDC（直接数字控制器）、通信网络及中央管理计算机。通常，中央管理计算机（或称上位机、中央监控计算机）设置在中央监控室内，它将来自现场设备的所有信息数据集中提供给监控人员，并接至室内的显示设备、记录设备和报警装置等。DDC 作为系统与现场设备的接口，它通过分散设置在被控设备的附近，收集来自现场设备的信息，并能独立监控有关现场设备。它通过数据传输线路与中央监控室的中央管理监控计算机保护通信联系，接受其统一控制与优化管理。中央管理计算机与 DDC 之间的信息传送，由数据传输线路（通信网络）实现，较小规模的 BAS 系统可以简单用屏蔽双绞线作为传输介质。BAS 系统的末端为传感器和执行器。它是装置在被控设备的传感（检测）元件和执行元件。这些传感元件如温度传感器、湿度传感器、压力传感器、流量传感器、电流电压转换器、液位检测器、压差器、水流开关等，将现场检测到的模拟量或数字量信号输入至 DDC，DDC 则输出控制信号传送给继电器、调节器等执行元件，对现场被控设备进行控制。

2. DDC

直接数字控制器（DDC），通常用作集散控制系统中的现场控制站，通过通信总线与中央控制站联系。通常它安装在被控设备的附近。DDC 的核心是控制计算机，

图 2-3　集散型控制系统基本组成

通过模拟量输入通道（AI）和开关量输入通道（DI）采集实时数据，然后按照一定的控制规律进行计算，最后发出控制信号，并通过模拟量输出通道（AO）和开关量输出通道（DO）直接控制生产过程。如图 2-4 所示。

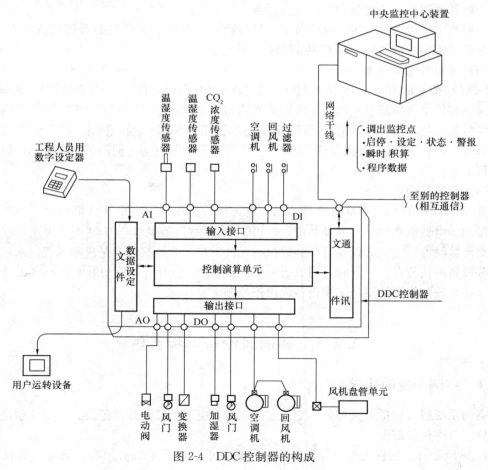

图 2-4　DDC 控制器的构成

11

在 DDC 的系统设计和使用中，主要掌握 DDC 的输入和输出的连接。根据信号形式的不同，DDC 的输入和输出有如下四种：

（1）模拟量输入（缩写为 AI）

模拟量输入的物理量有温度、湿度、浓度、压力、压差、流量、空气质量、CO_2、CO、氨、沼气等气体含量、脉冲计数、脉冲频率、单相（三相）电流、单相（三相）电压、功率因数、有功功率、无功功率、交流频率等，这些物理量由相应的传感器感应测得，再经过变送器转变为电信号送入。DDC 的模拟输入口（AI）。此电信号可以是电流信号（一般为 0～10mA），也可以是电压信号（0～5V 或 0～10V）。电信号送入 DDC 模拟量输入 AI 通道后，经过内部模拟/数字转换器（A/D）将其变为数字量，再由 DDC 计算机进行分析处理。

（2）数字量输入（DI）

DDC 计算机可以直接判断 DI 通道上的开关信号，如启动继电器辅助接点（运行状态）、热继电器辅助接点（故障）、压差开关、冷冻开关、水流开关、水位开关、电磁开关、风速开关、手自动转换开关、0～100％阀门反馈信号等，并将其转化成数字信号，这些数字量经过 DDC 控制器进行逻辑运算和处理。DDC 控制器对外部的开关、开关量传感器进行采集。DI 通道还可以直接对脉冲信号进行测量，测量脉冲频率，测量其高电平或低电平的脉冲宽度，或对脉冲个数进行计数。

一般数字量接口没有接外设或所接外设是断开状态时，DDC 控制器将其认定为"0"，而当外设开关信号接通时，DDC 控制器将其认定为"1"。

（3）模拟量输出（AO）

DDC 模拟量输出（AO）信号是 0～5V、0～10V 间的电压或 0～10mA、4～20mA 间的电流。其输出电压或电流的大小由计算机内数字量大小决定。由于 DDC 计算机内部处理的信号都是数字信号，所以这种连续变化的模拟量信号是通过内部数字/模拟转换器（D/A）产生的。通常，模拟量输出（AO）信号用来控制电动比例调节阀、电动比例风阀等执行器动作。

（4）数字量输出（DO）

开关量输出（DO）亦称数字量输出，它可由计算机输出高电平或低电平，通过驱动电路带动继电器或其他开关元件动作，也可驱动指示灯显示状态。DO 信号可用来控制开关、交流接触器、变频器以及可控硅等执行元件动作。交流接触器是启停风机、水泵及压缩机等设备的执行器。控制时，可以通过 DDC 的 DO 输出信号带动继电器，再由继电器触头接通交流接触器线圈，实现设备的启停控制。

2.2　空调通风设备监控系统

2.2.1　空调系统的构成

空调系统通常包括进风部分、空气过滤部分、空气的热湿处理部分、空气的输送和分配部分以及冷热源部分。

1. 进风部分。根据人对空气新鲜度的生理要求，空调系统必须有一部分空气从室外进来，称为新风。空气的进风口和风管等组成了进风部分。

2. 空气过滤部分。由进风部分取入的新风，必须先经过一次预过滤，以除去颗粒较大的尘埃。一般空调系统都装有预过滤器和主过滤器两级过滤装置。根据过滤的效率不同可以分为初效过滤器、中效过滤器和高效过滤器。

3. 空气的热湿处理部分。把空气加热、冷却、加湿和减湿等不同的处理和过程组合在一起，统称为空调系统的热湿处理部分。热湿处理设备主要有直接接触式和表面式两大类型。

（1）直接接触式。与空气进行热湿交换的介质直接和被处理的空气接触，一般是将其喷淋到被处理的空气中。喷水室、蒸汽加湿器、局部补充加湿装置以及使用固体吸湿剂的设备均属于这一类。

（2）表面式。与空气进行热湿交换的介质不和空气直接接触，热湿交换是通过处理设备的表面进行的。表面式换热器属于这一类。

4. 空气的输送和分配部分。空气的输送和分配是将调节好的空气均匀地输入和分配到房间内，保证合适的温度场和速度场。它由风机和不同形式的管道组成。

根据用途和要求不同，有的系统只采用一台送风机，称为"单风机"系统；有的系统采用一台送风机和一台回风机，则称"双风机"系统。管道截面通常为矩形和圆形两种，一般低速风道多采用矩形，而高速风道多采用圆形。

5. 冷热源部分。为了保证空调系统具有加温和冷却的能力，空调系统必须具备冷热源。冷热源有自然冷热源和人工冷热源两种。

热源也有自然和人工两种。自然热源指地热和太阳能；人工热源是指用煤、石油、煤气作燃料的锅炉所产生的蒸汽和热水，目前被广泛应用。

2.2.2 空气调节参数及任务

当室内空气参数偏离设定值时，就需要采取相应的空气调节措施和方法使其恢复到规定值。对空气的处理过程包括加温（降温）、加湿（除湿）、净化等，即常说的热湿处理。空气调节主要包括温度调节和湿度调节，调节参数包括温度、湿度、气流速度、空气质量、空气压力等。

空气温度控制是空调系统最主要、最基本的功能，室内温度应按照人们的生理特征和生活习惯进行调节，一般夏季将人们生活与工作的室温保持在 25～27℃、冬季保持在 16～20℃，并要注意居住和工作环境与外界的温差不宜过大。空气过于潮湿或过于干燥都将使人感到不舒适，一般说来，空气相对湿度冬季在 40%～50%，夏季在 50%～60%，此时人的感觉良好，空调系统根据不同需求进行湿度调节以满足不同的要求。

1. 调节气流速度

空调可对空气气流速度调节，使人生活在舒适的气流环境中。人生活在低速流动的空气环境中，比在静止的空气环境中感到舒适，而处于变流速的空气环境中比处于恒流速环境更舒服。根据人的生理需求，空调制冷时水平风速以 0.3m/s 为宜，空调制热时，水平风速以 0.5m/s 为合适，过高或过低的气流速度也会给人带来不适。在监控气流速度时，通常选取距地面 1.2m 的空气流速作为监测标准。

2. 调节空气质量

通过空气质量调节可以影响人们的身体健康和生活质量，空气含氧量和空气清洁度的调节都属于空气质量调节。空气含氧量可通过调节新风量来保证。另外，空气中悬浮污物的含量直接影响人们的身体健康，空调房间中合适的温度和湿度也有利于细菌繁殖、悬浮污物的聚合，聚合后的悬浮污物携带各种细菌进入空调通风系统中，最终被人吸入体内，对人体带来危害，可通过对这些悬浮颗粒的过滤以保证空调环境的清洁度。

3. 调节空气压力

空气压力调节主要应用在一些特别的空调房间内，如有超洁净度的电子、光学、化学、制药等特殊生产工艺环境，通过控制使超洁净环境中的空气相对于外部环境的空气维持一定的正压，就避免了外部空气的进入，有利于保证空调房间的清洁度。一些空调房间可能有负压的要求，如在有毒、有害气体的空调环境中，为了避免有毒、有害气体泄漏到外部环境，可使该空调空间的气压相对于其他空间的气压保持一定的负压，以保证有害气体不向外泄漏造成对环境的污染和损害。

总之，空气调节系统的任务就是当室内外的空气参数（温度、湿度等）发生变化时，要求保持空调房间空气参数不变或不超出给定的变化范围。通常采取对空气进行加热或冷却达到温度调节的目的，基于加湿和除湿达到湿度调节的目的，通过过滤和调节新风量来达到空气质量调节的目的。

2.2.3 新风机组自动化系统设计

新风机组是半集中式空调系统中用来集中处理新风的空气处理装置，给风机盘管空调房间提供新风。新风机组根据其组成不同，可以对新风进行初步净化过滤和热、湿处理，而后由风机通过风管将其送入各个房间。

图 2-5 为新风机组的直接数字控制（DDC）系统原理图，其温度控制系统由温度传感器 TE-1、执行器 TV-1 及换热器和新风阀 TV-2 组成；湿度控制系统由湿度传感器 ME-1、湿电动双通调节阀 TVs、加湿器组成。报警与风机的运行状态和故障状态监视系统由过滤器的压差开关 PdS、防冻开关 TS、风机过流继电器动合触点（事故报警）、风机前后的压差开关的动合触点（状态监视）及 DDC 输出继电器模块组成。

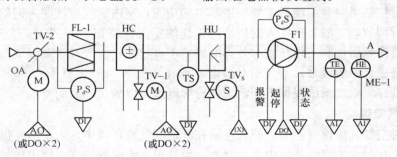

图 2-5　新风机组控制原理图

将上述各系统输入到 DDC 控制器中的信号称为输入信号，其中有模拟量输入 AI 和数字量输入 DI 由 DDC 控制器输出的信号称为输出信号，其中包括模拟量输出 AO 和数字量的输出 DO。

DDC 控制器通过其内置的通信模块可使 DDC 控制系统进入同层网络，与其他 DDC 控制器进行通信，共享数据信息。也可以进入集散型系统，构成分站，完成分站监控任务，同时与中央站通信。

新风机组采用 DDC 进行控制，即利用数字计算机，通过软件编程实现如下控制功能，如图 2-6 所示。

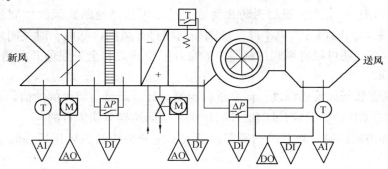

图 2-6 新风机组控制系统设计

1. 风机启停控制及运行状态显示。DDC 通过事先编制的启停控制软件，通过 1 路 DO 通道控制风机的启停。将风机电机主电路上交流接触器的辅助触点作为开关量输入（DI 信号），输入 DDC 监测风机的运行状态；主电路上热继电器的辅助触点信号（DI 信号），作为风机过载停机报警信号。

2. 送风温湿度监测及控制。在风机出口处设 4～20mA 电流输出的温、湿度变送器各一个（TT1、MT1），接至 DDC 的 2 路 AI 输入通道上，分别对空气的温度和相对湿度进行监测，以便了解机组是否将新风处理到所要求的状态，并以此控制盘管水阀和加湿器调节阀。

（1）送风温度控制。也称出风温度控制，控制器根据内部时钟确定设定温度（夏季和冬季设定值不同），比较温度变送器所采集的送风温度，采用 PID 控制算法或其他算法，通过调节热交换盘管的二通电动调节水阀 V1，以使送风温度与设定值一致。水阀应为连续可调的电动调节阀。图中采用 2 个 AO 输出通道控制，一路控制执行器正转，开大阀门；另一路控制执行器反转，关小阀门。

为了解准确的阀位还通过 1 路 A1 输入通道检测阀门的阀位反馈信号。如果阀门控制器中安装了阀位定位器，也可以通过 AO 输出通道输出 4～20mA 或 0～10mA 的电流信号直接对阀门的开度进行控制。

（2）新风相对湿度控制。控制器根据测定的湿度值 MT1，与设定湿度值进行比较，用 PI 控制算法，通过 AO 通道控制加湿电动调节阀 V2，使送风湿度保持在所需的范围。

干蒸汽加湿器也是通过一个电动调节阀来调节蒸汽量，其控制原理与水阀相同。

3. 过滤器状态显示及报警。风机启动后，过滤网前后建立起一个压差。用微压差开关即可监视新风过滤器两侧压差。如果过滤器干净，压差将小于指定值；反之如果过滤器太脏，过滤网前后的压差变大，超过指定值，微压差开关吸合，从而产生"通"的开关信号，通过一个 DI 输入通道接入 DDC。微压差开关吸合时所对应的压差可以根据过滤网阻

15

力的情况预先设定。这种压差开关的成本远低于可以直接测出压差的微压差传感器，并且比微压差传感器可靠耐用。因此，在这种情况下一般不选择昂贵的可连续输出的微压差传感器。

4. 风机转速控制。由 DDC 通过 1 路 AI 通道测量送风管内的送风压力，调节风机的转速，以调节送风量，确保送风管内有足够的风压。

5. 风门控制。在冬季停机后为防止盘管冻结，可选择通断式风阀控制器，通过 1 路 DO 通道来控制，当输出为高电平时，风阀控制器打开风阀，低电平时关闭风阀。为了解风阀实际的状态，还可以将风阀控制器中的全开限位开关和全关限位开关通过 2 个 DI 输入通道接入 DDC。

可对回风管和新风管的温度与湿度进行检测，计算新风与回风的焓值，按回风与新风的焓值比例，控制回风门和新风门的开启比例，从而达到节能的目的。

6. 安全和消防控制。只有风机确实启动，风速开关检测到风压后，温度控制程序才会工作。

当火灾发生时，由消防联动控制系统发出控制信号，停止风机运行，并通过 1 路 DO 通道关闭新风阀。新风阀开/闭状态通过 2 路 DI 送入控制器。

7. 防冻保护控制。在换热器水盘管出口安装水温传感器 TT2，测量出口水温。一方面供控制器用来确定是热水还是冷水，以自动进行工况转换；同时还可以在冬季用来监测热水供应情况，供防冻保护用。水温传感器可使用 4～20mA 电流输出的温度变送器，接到 DDC 的 AI 通道上。

当机组内温度过低时（如盘管出口水温低于 5℃ 或送风温度低于 10℃），为防止水盘管冻裂，应停止风机，关闭风阀，并将水阀全开，以尽可能增加盘管内与系统间水的对流，同时还可排除由于水阀堵塞或水阀误关闭造成的降温。

防冻保护后，如果热水恢复供应，应重新启动风机，恢复正常运行。为需设一防冻保护标志 Pt，当产生防冻动作后，将 Pt 置为 1。当测出盘管出口水温大于 35℃，并且 Pt 为 1 时，可认为热水供应恢复，应重新开启风机，打开新风阀，恢复控制调节动作，同时将标志 Pt 重置为 0。

如果风道内安装了风速开关，还可以根据它来预防冻裂危险。当风机电机由于某种故障停止，而风机开启的反馈信号仍指示风机开通时，或风速开关指示出风速度过低，也应关闭新风阀，防止外界冷空气进入。

8. 连锁控制。

启动顺序控制：开启新风机风阀→开启电动调节水阀→开启加湿电动调节阀。

停机顺序控制：关闭加湿电动调节阀→关闭电动调节水阀→关闭新风机风阀。

9. 最小新风量控制。为了保证基本的室内空气质量，通常采用测量室内 CO_2 浓度的方法来衡量。从节能角度考虑，室内空气质量的控制一般希望在满足室内空气质量的前提下，将新风量控制在最小。由于通常情况下人是 CO_2 唯一产生源，控制 CO_2 的浓度在一定的限度下，能有效地保证新风量满足标准的要求。而且与传统的固定新风量的控制方案相比，在保证室内空气质量不变的前提下，以 CO_2 浓度作为指标的控制方案具有明显的节能效果。

2.2.4 制冷机组控制系统设计

空调系统需要冷源，制冷是必不可少的。夏季供给制冷器的冷水就是由制冷系统提供的。空调制冷系统有压缩式制冷、吸收式制冷和蓄冰制冷三种。目前，无论是压缩式制冷系统、吸收式制冷系统或冰蓄冷系统，大多数制冷机组设备厂家的产品均带有成套的自动控制装置，系统本身能独立完成机组监控与能量调节的功能。

当纳入楼宇自动控制系统中时，主要考虑的问题一个是机组协调控制，设备的节能控制，另一个是如何与机组的控制盘进行数据通信。

图 2-7 为压缩式制冷系统监控原理图。

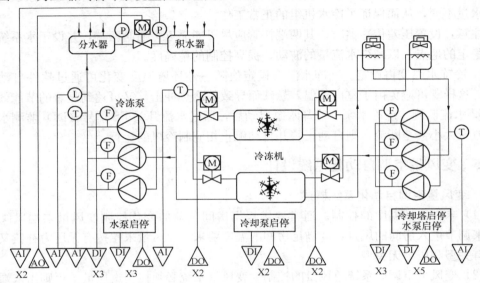

图 2-7　压缩式制冷系统监控原理图

1. 制冷系统启停程序控制。制冷系统设备启停通常按照事先编制的时间假日程序控制。为保证整个制冷系统安全运行，编程时需按照一定的顺序控制设备的启停：只有当润滑油系统启动，冷却水、冷（冻）水流动后，压缩机才能启动。

（1）启动顺序。冷却塔风机→闸阀→冷却水闸阀→冷却水泵→冷冻水闸阀→冷冻水泵→冷水机组。

（2）停止顺序。冷水机组→冷冻水泵→冷冻水闸阀→冷却水泵→冷却水闸阀→冷却塔风机→闸阀。

直接数字控制（DDC）通过开关量输出（DO）通道控制冷水机的启停。将冷水机主电路上交流接触器的辅助触点作为开关量信号（DI），输入 DDC 监测冷水机的运行状态；主电路上热继电器的辅助触点信号（DI），作为冷水机过载停机报警信号。

2. 冷水机组运行记录、台数控制。为了延长机组设备的使用寿命，需记录各机组设备的运行累计小时数及启动次数。通常要求各机组设备的运行累计小时数及启动次数尽可能相同。因此，每次初启动系统时，都应优先启动累计运行小时数最少的设备（除特殊设计要求，如某台冷水机组是专为低负荷节能运行而设置的）。

为使设备容量与变化的负荷相匹配以节约能源，通过供水管网中分水器上的温度传感器 TT1 检测冷冻水供水温度信号（AI），通过回水管网中集水器上的温度传感器 TT2 检测冷冻水回水温度信号（AI）以及供水总管上的流量传感器 FT 信号（AI）检测冷（冻）水流量，送 DDC，计算出实际的空调冷负荷，控制冷水机组投入台数及相关的循环水泵投入台数。

3. 压差旁通控制。由压差传感器 dPT 检测冷冻水供水管网中分水器与回水管网中集水器之间的压差，由 1 路 AI 信号送入 DDC 与设定值比较后，DDC 送出 1 路 AO 控制信号，调节位于供水管网中分水器与回水管网中集水器之间的旁通管上电动调节阀的开度，实现供水与回水之间的旁通，以保持供、回水压差恒定，并且基本保持冷冻水泵及冷水机组的水量不变，从而保证了冷水机组的正常工作。

注意，设置压差传感器时，其两端接管应尽可能靠近旁通阀两端，并设于水系统中压力较稳定的地点，以减少水流量的波动，提高控制的精确度。

4. 冷冻水温度再设定。冷冻水温度设定值随室外环境温度变化可通过软件自动进行修正，这样既可避免由于室内外温差悬殊而导致的冷热冲击，又可达到显著的节能效果。

5. 水流监测。冷冻水泵、冷却水泵启动后，通过水流开关 FS 信号（DI）监测水流状态，流量太小甚至断流，则自动报警并自动停止相应制冷机的运行。

2.2.5 变风量空调自动化系统设计

1. 变风量空调自动化系统概述

（1）末端区域温度的控制。通常要求根据房间负荷的变化控制变风量末端风阀的开度，来调节进入房间的风量，以满足房间的温度要求。变风量末端按有无压力补偿又分为压力有关型和压力无关型。

（2）变风量空调风系统总风量的控制。变风量系统必须控制送风量。否则当末端风阀调小时，系统总送风量减少，风管内静压升高，漏风增加。末端风阀会出现噪声增大，无法控制的情况。同时也造成风机能量浪费。

对于送风量的控制，目前普遍采用的是定静压控制法，即采用变频驱动器。当末端风量的变化引起送风管路系统的静压产生变化时，通过改变风机电机的转速来实现系统总送风量的调节，而维持的送风管路系统静压的恒定。静压控制点的静压应尽可能低，以节约风机能量。但必须保证设计工况下每个区域在此静压下能得到所需风量。

静压控制点的选择应在风管系统的压力曲线上优化选择，通常安装在送风机到系统末端的 2/3～3/4 之间。

（3）送风温度的控制。为了保证系统的相对稳定，变风量空调系统常采用"定风温，变风量"的控制方法。恒定的送风温度是通过调节空调机组的冷/热水流量来实现的。

（4）新风量的控制：

1）末端区域最小新风量的控制。设定变风量末端最小开度，使风阀永远不会完全关闭，始终有一部分空气进入房间，以保证房间的新风及换气要求。但是，采用从空调机组引入新风，在末端设定最小开度的方法，在室内负荷较低的情况下，有可能造成室内过冷。此时，对于带再热装置的变风量末端，可以采取提供再热实现冷热平衡。而对于双风管变风量系统，则可以采取送入一定量的热风，同样可以实现冷热平衡。

2）系统总新风量的控制。新风阀由新、回风焓控制器控制，当室外新风的焓值高于室内值时，新风阀位于最小开度。只要当室外新风的焓值低于室内值时，变风量系统就可以在经济循环模式下运行。即采用100％室外新风，充分利用室外新风作为冷源。

注意，变风量系统在采用经济循环模式时，必须对新风阀、回风阀及排风阀加以控制，以满足室内静压要求。

（5）房间正压控制。通过对送风机和回风机加以控制以维持恒定的房间正压。

（6）系统的网络化。利用网络将空调系统各个部分联系起来，用来对控制进行分析和优化，以得到最大的节能和舒适效果。

2. 变风量空调自动化系统的设计

（1）变风量的送风量，送风温度调节。变风量空调机组的系统类型很多，控制方式也随之不同。总风量控制是 VAV 系统控制的核心，这里仅对应用最广泛、最具代表性的单风管 VAV 空调系统的风量与温度控制进行设计，如图 2-8 所示。

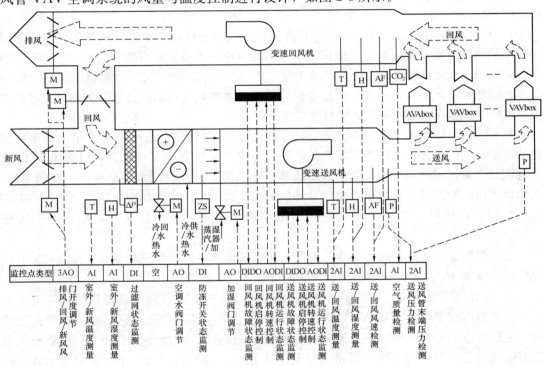

图 2-8　变风量机组控制系统设计

现在常用的总风量控制有定静压定温度法（CPT）、定静压变温度法（CPVT）、变静压变温度法，VPVT 和 VAV 总风量控制法。

1）定静压定温度法（CPT）。在定静压定温度控制法中，变风量空调机组的节能控制是通过空调房末端的静压来实现的，末端空调房间的空调负荷是通过风量来调节的。要稳定空调房间末端的温度，只要稳定空调房间末端的风量就行了。

定静压定温度法的控制原理，就是在送风温度保持不变的情况下，保证系统风管某一点或几点平均静压一定。通过控制变频器的输出频率以调节风机转速，将参考点（一点或多点的平均）静压值控制在设定值，间接实现总送风量的调节。

选送风干管末端的风道静压（一点或几点平均静压，或主干管末端与末端空调房的压差）作为被调节参数。根据被调参数的变化来调节机组风机转速，以稳定末端静压。当房间负荷需要风量增加（减少）时，风管的压降增加（减少）、末端静止降低（升高），DDC 根据末端定压传感器的静压测量值与设定值比较的偏差量，按调节规律（一般为 PI 调节）运算后输出控制信号至变频器。

变频器根据此信号调节风机（电机）转速，当风量逐步与所需负荷平衡时，静压恢复到原来状态，系统在新的平衡点工作。如果系统是多区系统（即空调机组送风机出口有两条以上主风道为多个区域输送冷/热负荷的系统），DDC 则根据所有干管末端的风道静压测量值进行加权平均（取最小值）与设定值比较的偏差量，运算输出控制信号并输出到变频调速器，变频调速器根据此信号调节送风机的转速以稳定系统静压。

在系统正常工作时，末端静压和送风温度都保持不变，这就是定静压定温度法（CPT）名称的由来。

2）定静压变温度法（CPVT）。定静压变温度法与定静压定温度法通过调整送风量以保持末端静压不变，使送风量适应末端空调负荷变化的工作原理有所不同。在定静压变温度法中，当 VAV 末端负荷改变时，除了像 CPT 法一样，通过调节空调机组送风量以保持末端静压和送风温度都不变，来适应负荷的变化之外，还可以通过改变空调机组送风温度来适应末端负荷改变引起 VAV 系统总负荷的变化。

在 CPVT 中，可以保持送风温度不变，通过调整空调机组总风量来满足末端负荷变化的需要，同时保证末端定静压不变的条件；也可以保持空调机组总调机组送风量不变，通过调整空调机组送风温度来满足末端负荷变化的需要，并保证末端定静压不变的条件。当然也可以同时调整空调机组总送风量和送风温度以满足末端负荷变化的需要并保持末端定压恒定。在这种方法中，末端静压恒定而送风温度可调，故称为定静压变温度法（CPVT）。

送风温度、总送风量均可调整，温度与总送风量调整的优先顺序及其具体的控制算法应根据实际 VAV 系统的热游特性、风管的气流特性等确定。

3）变静压变温度法（VPVT）。定静压法（CPT 或 CPVT）中总是保持末端静压恒定，而变静压变温度法（VPVT）则把末端静压也作为可调参数处理。在末端负荷变化时，可以考虑在最小末端静压（最大限度地节约风机送风动力）的条件下，同时调整风量和温度来满足末端负荷变化的需要。在 VPVT 法中，可调且增加一个，就增加了进一步节能的可能。

在 CPT、CPVT 和 VPVT 三种控制方法中，末端静压均是一个重要的被调参数。但在末端静压稳定的条件下，某一末端负荷发生变化会引起总风管系统特性的改变，而这种改变又会引起一些负荷没有变化的末端装置的气流条件发生变化，引起末端产生扰动。这表明静压控制的 VAV 系统存在整个系统稳定性能不是太好的问题，这是由于所有末端通过风路管网形成耦合所引起的。

4）VAV 总风量控制法。由于静压控制存在不稳定因素，对 VAV 系统的使用造成了极大的障碍。如果通过统计计算出各末端风量的总量，并通过送风机相似特性计算出此风量所对应的空调机组送风机的转速，控制空调机组送风机在此转速运行，从而保证送风量

20

与负荷需求一致。这就是总风量控制法的基本原理。

总风量控制法是开环控制的思路，其优点是控制算法简单、速度快、稳定性好；缺点是当设备性能变化时，空调系统会产生很大的误差，甚至完全失效无法工作。因此，需要和某种反馈方式结合起来才会取得好的效果。

（2）回风机转速自动调节。在变风量系统中，系统的调节是靠风量完成的。在末端数量多、分布广、风量大、风道管路长的变风量空调系统中，需要在总回风管上配备回风机。为了保证系统良好运行，除了对送风机进行变频控制以外，还必须对回风量（回风机）进行相应的连锁控制，以保证空调区域一定的定压和送风、回风量的平衡。大多数情况下，回风量应小于送风量，但在空调区域有负压要求时则回风量应大于送风量。在实际工程中应根据不同系统的不同要求，确定送、回风量的差值，再根据风管末端静压信号，来调节回风机的风量。另一种控制方法是DDC将送风机前后风道压差测量值和回风机前后风道压差测量值与各自的给定值比较，并根据比较所得到的偏差值，控制回风机转速以维持送风、回风量之差满足要求。

（3）湿度控制。一般以空调机组回风的相对湿度作为被调量，它代表了空调区域（室内）湿度的平均值。空调机组回风相对湿度的调整通过改变送风含湿量来实现。DDC控制器将回风管中的空气湿度测量值与给定值比较，对比较偏差进行PI运算得到控制信号调节加湿阀的开度，将空调机组回风的相对湿度控制在给定值。

（4）空气质量控制。为保证空调区域（房间）的空气质量，在回风总管安装空气质量传感器。当回风中的 CO_2、CO 浓度升高时，传感器输出信号到DDC，由DDC输出相应的控制信号，控制新风风门开度增加新风量，以保证空调区域（房间）的空气质量。

（5）新风量、回风量及排风量的比例控制。在对空气质量要求高的舒适空调系统中，新风量首先要保证室内空气的质量。在这个前提下，DDC根据新风的温湿度、回风的温湿度进行回风及新风焓值计算，按回风和新风的焓值比例控制新风门和回风门的开度比例，使系统在最佳的新风/回风比状态下运行，以便达到节能的目的。

在过渡季节或比较合适的天气，当室外空气的温湿度合适时，空调机组进行全新风运行不但节能，而且提供了最好的空气品质。

（6）过滤器差压报警、机组防冻保护。采用压差开关测量过滤器两侧差压，当差压超限时，压差开关报警，表明过滤网两侧压差过大，过泥网积灰积尘、堵塞严重，需要清理、清洗。采用防霜冻开关监测换热器出风侧温度，当温度低于5℃时报警，表明室外温度过低，应关闭风门，同时关闭风机，不使换热器温度进一步降低。风门应有良好的气密性，同时要有良好的保温性阻止与室外冷空气的传热。但大多数风门本身的气密性和保温性并不好，难以起到保温隔热的作用。比较可靠的方法是机组停止工作后仍然把水量调节阀打开（如开启30%），使换热端内的水流缓慢循环流动起来，若水泵已停机，则整个水系统还应开启一台小功率的水泵，保证水系统有一定的水流速度，而不至冻裂。

（7）空调机组的定时运行与设备的远程控制。VAV变风量空调机组的控制系统能够依据预定的运行时间表，实现空调机组的按时启停；中央监控系统应有对VAV变风量系统的设备进行远程开关操作的功能，也就是在控制中心能实现对空调机组现场设备的远程控制。

（8）变风量末端装置的自动调节。VAV空调系统的运行由VAV末端装置根据室内要求进行送风量控制,其控制方式依据末端装置的不同有所不同。这方面的内容在变风量系统组成与工作原理中已进行了讨论。

在具体的工程中,变风量的系统配置都是不一样的,并不是每个变风量系统都配置新风温湿度传感器或防冻开关;在洁净度要求较高的场合,变风量系统可能要配多级过滤网等。

不同系统中末端装置的原理和数量也不一样,在控制系统设计与设备选型时应该根据实际情况,统计出设备数量,作为选配 DDC 控制器的依据。

2.3 给水排水设备监控系统

2.3.1 给水排水系统的组成

1. 室内给水系统的组成。建筑内部给水与小区给水系统以建筑内的给水引入管上的阀门井或水表井为界。典型的建筑内部系统由以下部分组成。

（1）水源。一般是指市政给水接管或自备储水池等。

（2）管网。建筑内的给水管网是由水平或垂直干管、立管、横支管以及处在建筑小区给水管网和建筑内部管网之间的引入管组成。

（3）水管节点。是指引入管上装设的水表及前后设置的阀门、泄水阀等装置的总称或在配水管网中装设的水表,便于计量局部用水量,如分户水表节点就起该作用。

（4）给水附件。是指管网中的阀门、止回阀、减压阀及各式配水龙头等。

（5）升压和储水设备。在室外给水管网提供的压力不足或建筑内对安全供水、水压稳定有一定要求时,需设置各种附属设备,如水箱、水泵、气压罐、水池等升压和储水设备。

（6）室内消防设备。按照建筑物的防火要求及规定,需要设置消防给水系统时,一般应设置消火栓灭火设备。有特殊要求时,还需装设自动喷水灭火系统或气体灭火系统。

（7）给水局部处理设备。建筑物所在地点的水质若不符合实际要求,或高级宾馆、涉外建筑的给水水质要求超出我国现行标准的情况下,需要增设给水深处理构筑物和设备进行局部给水深处理。

2. 排水系统的组成。不论是分流或合流的生活排水和工业废水排水系统,均有以下基本组成部分。

（1）卫生器具或生产设备的受水器:是室内排水系统的起点,污、废水从器具排水栓经器具内的水封装置或与器具排水管连接的存水弯流入横支管。

（2）管道系统:由横支管、立管、横干管和自横干管与末端立管的连接点至室外检查井之间的排出管组成。

（3）通气管系统:使室内外排水管道与大气相通,其作用是将排水管道中散发的有害气体排到大气中去,使管道内常有新鲜空气流通,以减轻管内废气对管壁的腐蚀,同时使管道内的压力与大气取得平衡,防止水封破坏。

（4）清通设备:主要有检查口、清扫口和检查井,供清通工具疏通管道用。

（5）污水池:收集室内污水的中转站。

（6）室外排水管：从室外的污水池至城市下水道或企业排水干管的排水管段。

2.3.2 给水排水系统的监控与功能

1. 给水系统的监控与功能

给水系统的主要设备有：将室外用水管网接入室内给水主干水管的引入管、地下储水池、楼层水箱、生活给水泵、消防给水泵、气压给水设备、配水设备和管道。

给水方式普遍采用的有：直接给水，水箱给水，水泵给水，水泵、水池、水箱联合给水，气压给水，分区给水。智能建筑大多是高层建筑，目前应用最多的是分区减压给水方式。建筑下部较低楼层采用直接给水，上部较高楼层则采用水池、水泵与高位水箱联合给水。

给水系统监控原理图如图 2-9 所示。

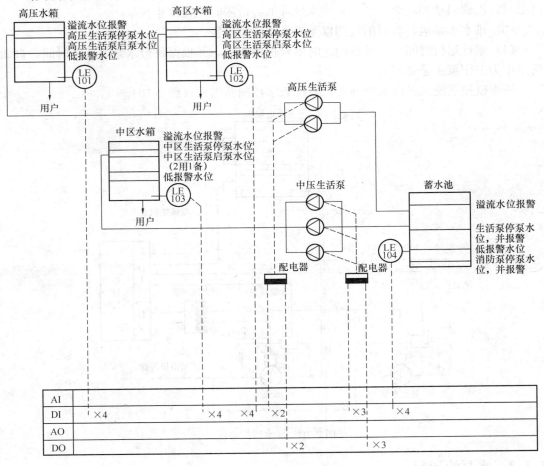

图 2-9　给水系统监控原理图

从图 2-9 中可以看出，给水监控系统的主要任务是监视各种储水装置的水位和各种水泵的工作状态，按照一定的要求控制各类水泵的运行和相应阀门的动作，并对系统内的设备进行集中管理，从而保证设备的正常运行，实现给水的合理调度。给水系统监控功能如下。

（1）地下储水池、楼层水池、地面水池水位的检测及高/低水位超限时的报警。

（2）根据水池（箱）的高/低水位控制水泵的停止/启动，检测水泵的工作状态。当使用的水泵出现故障时，备用水泵能够自动投入运行。

（3）气压装置压力的检测与控制。

（4）设备运行时间累计、用电量的累计。累计运行时间，可以为设备的维修提供依据，并能根据每台水泵的运行时间，自动确定作为运行泵还是备用泵。

2. 排水系统的监控与功能

排水系统的主要设备有排水水泵、污水集水池、废水集水池等。排水系统监控功能包括：

（1）污水集水池、废水集水池的水位检测及超限报警。

（2）根据污水集水池、废水集水池的水位，控制排水水泵的启动/停止。当水位达到高限时，连锁启动相应的水泵，直到水位降低到低限时连锁停止水泵。

（3）排水水泵运行状态的检测以及发生故障时报警。

（4）累计运行时间，为设备的定时维修提供依据，并根据每台水泵的运行时间，自动确定作为工作泵还是备用泵。

排水监控系统通常由水位开关，直接数字控制器组成（图 2-10）。

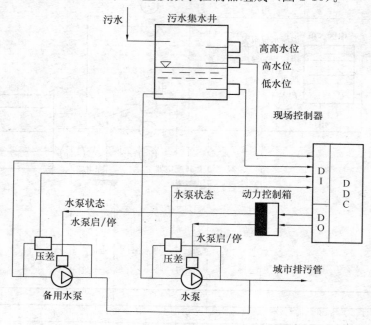

图 2-10　排水监控系统

2.3.3　水泵的运行

水泵是给水排水工程的心脏。在设计水泵站时，首要问题是提高泵站效率以降低运行费用。提高泵站效率的关键在于合理地选择水泵，水泵的性能和数量不但决定了泵站动力费用的大小，还影响泵站的造价以及运转管理和维修工作。

泵的通用性能曲线如图 2-11 所示，由图中可知，当泵的转速一定时（如为 n_4），泵的

扬程 H 在流量小的区域内是随着流量的增加而增加的，但超过一定的区域后，会随着流量的增加而急剧下降。泵的效率变化是呈马蹄形，先是随着流量的增加而增加，到达最高点之后又会下降。当泵的转速改变时，泵的扬程随转速的增减而增减。围绕高效率区呈现一个近似斜方形的面积，表示泵在某些转速下可以以较高的效率运行，如图 2-11 中 $n_3 \sim n_6$ 所示，流量在 Q_1 附近的区域即为高效运行区。流体在管路中流动，其流量与管路阻力有一定的关系。表示流量与阻力关系的曲线，称为此管路的特性曲线。当管路一定时，管路阻力与流量的平方成正比。

　　泵一般都装置在管路上工作。同一时间内在管路中流动的液体体积，即流量是一致的。在此流量的情况下，单位重量液体在泵中获得的能量，也正是这个重量的液体流经管路时所需要的能量。按同一比例尺将泵在给定的转速下的性能曲线 H-Q 与管路装置的特性曲线绘在同一坐标图上，这两条曲线的交点，就是泵在此管路系统中的工况点，表示当时泵在此管路系统中运转的工况：流量、扬程、功率、效率（图 2-12）。

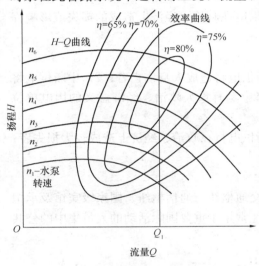

图 2-11 泵的通用性能曲线

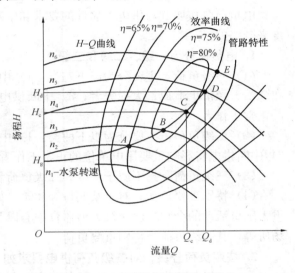

图 2-12 泵的调速运行工况

　　改变工况点的办法有以下三种：

1. 泵的性能曲线不变

　　改变管路特性曲线，通常用压出管路上的闸阀来调节；因为闸阀开启度减小，管路特性曲线变陡，如图 2-13 中的 R_2，工况点由 1 改变为 2，流量由 Q_1 改变为 Q_2，扬程由 H_1 改变为 H_2；同理，将闸阀的开启度加大，管路特性曲线变为较平坦，如图 2-13 中的 R_1，工况点为 1，流量与扬程分别为 Q_1 与 H_1。

2. 管路特性曲线不变

　　改变泵的性能曲线，即通过改变泵的转速来调节工况点（图 2-12）。当转速从 n_2 变到 n_6 时，工况

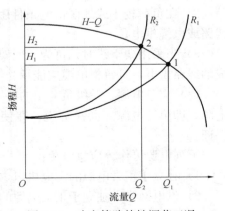

图 2-13 改变管路特性调节工况

25

点从 A 变到 E，其中 B、C 两点工况为最佳工况（效率最高）。这种调节办法比用闸阀调节更为经济，用变频器加三相交流电动机作动力，控制简便，容易实现最佳工况运行。

3. 泵的性能曲线与管路特性曲线同时改变

泵的性能曲线与管路特性曲线同时改变即泵的调速和管路上的闸阀调节同时进行。

水泵的节能运行即是通过合理的调节工况的方法，使泵运行在最佳工况区域，目前最实用的方法是用交流调速装置作为泵的动力，使泵调速运行。风机的节能运行的原理也是如此。

2.4 供配电自动化监控系统

2.4.1 供电要求

电负荷是按照其对供电可靠性的要求和中断供电在政治、经济上造成的损失或影响程度来分级的。

1. 电负荷分为一级、二级和三级。

（1）一级负荷，主要分为以下三类：1）中断供电将造成人身伤亡者；2）中断供电将在政治、经济上造成重大损失者；3）中断供电将影响有重大政治、经济意义的用电单位的正常工作者。

（2）二级负荷，主要分为以下两类：1）中断供电将在政治、经济上造成较大损失者；2）中断供电将影响重要用电单位的正常工作者。

（3）三级负荷。指不属于一级和二级负荷者。

（4）特别重要负荷。对于某些特等建筑，如交通枢纽与通信枢纽、国家级宾馆及承担重大国事活动的会堂、国家级大型体育中心以及经常用于重要国际活动的人员集中的公共场所等，其一级负荷为特别重要负荷。

2. 按照负荷分级，对各级负荷供电要求如下：

（1）一级负荷供电要求。一级负荷应由两个电源供电。

（2）二级负荷的供电要求。

1）二级负荷的供电系统宜由两回线路供电。

2）在负荷较小或地区供电条件困难时，二级负荷可由一回 10kV 及以上专用的架空线路或电缆供电。

3）当采用架空线时，可为一回架空线供电；当采用电缆线路时，应采用两根电缆组成的线路供电，且每根电缆应能承受 100% 的二级负荷。

（3）应急电源。一级负荷中的特别重要负荷除应有上述两个电源外，还必须增设应急电源，即第三电源。也就是说，即使两个电源同时断电，特别重要负荷还有第三电源保证。

下列电源可作为应急电源：

1）独立于正常电源的发电机组。

2）供电网络中独立于正常电源的专用的馈电线路。

3）蓄电池。

4）干电池。

根据允许中断供电的时间，可分别选择下列应急电源：

1）允许中断供电时间为15s以上的供电，可选用快速自启动的发电机组。

2）自投装置的动作时间能满足允许中断供电时间的，可选用带有自动投入装置的独立于正常电源的专用馈电线路。

3）允许中断供电时间为毫秒级的供电，可选用蓄电池静止型不间断供电装置、蓄电池机械储能电机型不间断供电装置或柴油机不间断供电装置。

2.4.2 供配电自动化监控系统的种类

供配电监控系统的种类

由于智能建筑的规模、用途、管理方式、设备与人员的配置不同，目前，供配电系统的监控大致上分为两部分：

1. 非独立的监控系统。一般依附于智能建筑本身的楼宇控制系统，由楼宇自控系统（BAS）提供一个或多个DDC控制器，将供配电参数变送设备采集的数据采集到智能建筑的BAS系统中，由BAS显示工作站做简单的监视。

2. 独立的计算机供配电监控系统。一般是按变电所有人值班，装设双主机监控系统，变电站的正常监视和控制以计算机监控和控制系统为主、人为辅。这种独立的计算机监控系统一般也具备接口与楼宇的BAS交换信息的功能。

2.4.3 负荷计算

负荷计算是按照设备的安装功率进行统计，同时把设备功率换算成计算负荷。负荷计算的内容包含设备功率计算、计算负荷、尖锋电流、一级负荷、二级负荷、季节性负荷、火灾情况下的负荷等计算。

负荷计算方法有单位指标法、需要系数法和二项式法三种。其中：单位指标法适用于方案阶段；需要系数法适用于初步设计、设备较多、容量相差不大的情况；二项式法适用于设备较少、容量相差大的情况。

1. 设备功率计算

对于不同负载持续率下的额定功率或额定容量，应换算为统一负载持续下的设备功率。

（1）用电设备工作制。用电设备工作制是电动机承受负载情况的说明，包括启动、电制动、空载、断能停转以及这些阶段的持续时间和顺序。

（2）不同工作制设备功率计算。连续工作制电动机的设备功率等于额定功率；短时工作制和断续周期工作制电动机设备功率计算有关公式计算；电焊机换算到负载持续率100%计算。

（3）照明设备功率。白炽灯、高压卤钨灯的设备功率是指灯泡标出的额定功率；低压卤钨灯的设备功率除灯泡功率外，还应考虑变压器的功率损耗；气体放电、金属卤化物灯的设备功率除灯泡功率外，还应考虑镇流器的功率损耗（荧光灯带电感镇流器时加20%、带电子镇流器时加10%，高效节能的金卤灯等镇流器加8%）；整流设备功率等于额定输入功率。

（4）单相负荷的设备功率。单相负荷接入三相电路，单相负荷应均衡地分配到各个相，使三相平衡。当单相负荷的总容量小于计算范围内三相对称负荷总容量的15%时，全部按三相对称负荷计算；当超过15%时，应将单相负荷换算为等效三相负荷，再与三相负荷相加。

（5）等效三相负荷计算。

1）仅有相负荷时的设备功率，等效三相负荷取最大相负荷的3倍。

2）仅有线负荷时的设备功率，等效三相负荷为：单台时取线间负荷的$\sqrt{3}$倍；多台时取最大线间负荷的$\sqrt{3}$倍加次大线间负荷的$(3-\sqrt{3})$倍。

3）既有相负荷又有线负荷时的设备功率，应先将线间负荷换算为相负荷，然后各相负荷分别相加，选取最大相负荷乘3倍作为等效三相负荷。

（6）用电设备分组计算。用电设备组按类型划分。用电设备分组计算方法如下：

设备<3台时，计算负荷＝设备功率总和；设备>3台时，计算负荷通过相应方法计算确定。

类型相同设备，总容量用算术加法；类型不同设备，总容量按有功、无功分别用算术加法。

2. 消防负荷

消防负荷是用于防火和灭火用电设备负荷的统称。消防负荷平时处于待命状态，基本上属长期备用，当建筑物发生火灾时才需要在高温环境中短时连续工作。

（1）消防负荷分级。民用建筑中的消防控制室、消防水泵、消防电梯、防排烟设施、火灾自动报警、漏电火灾报警系统、自动灭火装置、应急照明、疏散指示标志和电动防火门、窗、卷帘、阀门等消防用电的负荷等级应按国家现行标准《供配电系统设计规范》（GB 50052—2009）的规定进行设计，一类高层建筑应按一级负荷要求供电，二类高层建筑应按二级负荷要求供电。

10层及10层以上高层普通住宅消防负荷是二级，其他是三级负荷。

（2）消防设备功率和计算负荷。在计算用电单位总的设备功率和计算负荷时，一般不将消防泵、喷淋泵、正压送风机等消防用电负荷计算在内，仅考虑平时与火灾兼用的消防用电设备，如常明的应急照明与疏散指示、疏散标志，地下室的进风机、排风机及消防电梯与其井底的排水泵等。

但当消防用电的设备计算功率大于火灾时可能同时切除的一般电力及照明的计算功率时，应考虑消防设备的负荷，并进行用电单位总的设备功率和负荷计算。

3. 供电系统负荷

供电系统负荷按照设备容量计算如下：

（1）设备组计算负荷。按照需要系数法计算用电设备组计算负荷为：

$$P = k_d P_N \tag{2-1}$$

式中　P——计算负荷，kW；

　　P_N——设备额定功率，kW；

　　k_d——需要系数。

（2）建筑物配电干线计算负荷为：

配电干线计算负荷＝用电设备组计算负荷之和×同时系数

（3）变、配电所低压母线计算负荷为：

变、配电所计算负荷＝配电干线计算负荷之和×同时系数

（4）变、配电所高压母线计算负荷为：

变、配电所高压侧负荷＝变、配电所计算负荷＋变压器功率损耗

2.4.4 变配电系统

变配电系统是市电引入进行变压和分配的中心，向建筑物内的各种用电设备提供电能，是建筑物最主要的能源供给设备。变配电设备是现在建筑物最基本的设备之一。

高层建筑配电系统主要是指从变压器开始到最末端的配电箱之间的设备，包括变电设备、配电设备及保护设备。建筑配电系统的大部分设备都集中在变配电室（又称为配电所）中。变配电原理如图 2-14 所示。

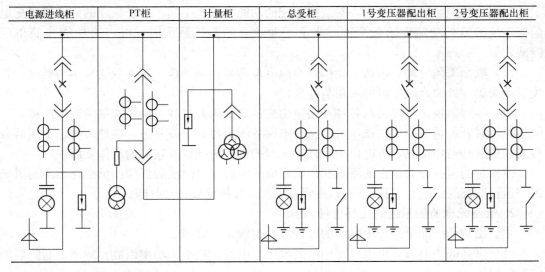

| 电源进线柜 | PT柜 | 计量柜 | 总受柜 | 1号变压器配出柜 | 2号变压器配出柜 |

图 2-14　变配电原理图

变配电室是物业小区从高压电网中引入高压电源，然后降压再分配给用户使用的场所。担负着接受电能、变换电压及分配电能的任务。大部分的小区将变配电所合建在一起，完成降压和高低压配电的任务。

1. 低压配电箱（盘）

低压配电箱（盘）是直接向低压用电设备分配电能的控制、计量盘，根据保护和控制要求，低压配电箱可以安装不同的设备，如漏电保护开关、自动空气开关、电度表以及各类的开关插座等。安装配电箱采用明装，如无特殊要求，离地为 1.2m，暗装为 1.4m。

为缩短配电线路和减少电压损失，单相配电盘的配电半径约 30m，三相配电盘的配电半径为 60～80m。

照明配电盘的配电要求电流不大于 60～100A。其中，单相分支线以 6～9 路为宜，每支路上应有过载、短路保护，支路电流不宜大于 15A。每支路所接用电设备如灯具、插座等总数一般不超过 25 具，总容量不超过 3kW；而彩灯支路应设专用开关控制和保护，每一支路负荷不宜超过 2kW。此外，还应保证配电盘的各相负荷之间不均匀程度小于 30%，

在总配电盘配电范围内，各相不均匀程度应小于10%。

2. 配电柜（屏）

配电柜是用于成套安装供配电系统中受、配电设备的定型柜，有高压、低压配电柜两大类。低压配电柜用于动力、照明及配电设备的电能转换、分配与控制之用。高压配电柜用于接受分配电能，并对电路具有控制、保护和测量等功能。

3. 建筑物的变配电所

变配电所由高压配电室、变压器室和低压配电室三部分组成。设计变配电所时应注意位置的选择、形式和布置原则。

2.4.5 供配电自动化监控系统的监控

1. 供电监控系统的主要监控内容

采用的监控系统种类不同，对监控系统的功能要求也不同，由于独立的计算机供配电监控系统的监控功能要求较全面，当采用非独立的监控系统时，可以对功能作简单的删减。

（1）数据采集处理。包括：模拟量与温度量的采集与处理、脉冲量的采集与处理、开关量的采集与处理，数据量的采集与处理。

（2）运行监视。主要是对各种开关量的变位情况的监视和各种模拟量的数值监视。

通过对开关量的变位监视，可监视变电所各断路器、隔离开关、接地刀闸、变压器分接头的位置和动作情况，继电保护和自动装置的动作情况以及它们的动作顺序。

模拟量的监视分为正常的测量和超限定值的报警、事故前后各模拟量变化情况的追忆等。运行监视的输出有三种：CRT画面显示、声音报警和自动打印。

2. 低压配电监控系统的主要监控内容

主要是对低压配电系统中电源的各种参数与状态的监测。

（1）对高低压电源进出线及变压器的电压、电流、功率、功率因数、频率、断路器的状态监测。

（2）负荷监测与控制。各级用电设备负荷监控。超负荷时，系统停止低优先级负荷的供电。

（3）备用电源控制。在主要电源供电中断时自动启动柴油发电机或燃气发电机组；在恢复供电时停止备用电源，并进行倒闸操作、直流电源监测、不间断电源的监测。

（4）供电恢复控制。当供电恢复时，按照设定的优先程序，启动各个设备电机，迅速恢复运行。避免同时启动各个设备，而使供电系统跳闸。

3. 变电所的低压配电设备监控内容

变电所的低压配电设备的监控分为监测功能和控制功能两大类。目前对设备进行监测是主要的工作，内容有：

（1）低压输出电源监测。供电电压、电流、有功功率、无功功率、功率因数、频率监测报警，供电量计量。

（2）线路状态监测。低压出线、多路出线的联络线的断路器状态监测、故障报警。

（3）负荷监测。各级用电负荷的电压、电流、功率监测。

（4）变压器监测。变压器温度监测、变压器通风机运行情况，油温和油位监测。

（5）遥控。低压进线、出线、联络线的断路器遥控；主要线路断路器的遥控。

（6）直流状态报警。当有直流电源时，对它的供电质量（电压、电流）监测、报警，过流过电压保护及报警。

（7）备用发动机组智能控制。如果有备用发电机组，当工作时，应有对发电机进行测量和控制。如发电机线路的电压、电流等电气参数的测量，发电机运行状况（转速、油温、油压、油量、水温、水压等）监测；发电机和线路状况的测量；发电机和有关线路的开关的控制。

2.5 照明控制系统

2.5.1 照明常用术语

照度表示被照面上的光强弱，以被照场所光通量的面积密度来表示，单位是勒克司（lx）。其表达式为

$$E = \mathrm{d}\Phi/\mathrm{d}A \tag{2-2}$$

式中　E——照度，lx；

　　　Φ——光通量，lm；

　　　A——面积，m^2。

光通量指单位时间内辐射能量的大小。光源发射并被人的眼睛接收能量之总和即为光通量。

色温表示灯发光的颜色，如暖白光、冷白光、冷日光，其单位是开尔文（K）。当光源所发出的光的色品与某一温度下的完全辐射体（黑体）的色品完全相同时，完全辐射体（黑体）的温度就称为该光源的色温。

眩光是照明装置发出的光，由于视野中的亮度分布或亮度范围不适宜，或存在极端的对比，对人眼引起不舒适感或降低观察细部或目标的能力的现象。通常用统一眩光（UGR）表示。

显色指数是在具有合理允差的色适应状态下，被测光源照明物体的心理物理色与参比光源照明同一色样的心理物理色符合程度的度量。

2.5.2 灯具选择

照明的标准按照功能要求而不同，如住宅、办公室、商用建筑、医疗建筑、博展馆建筑、影剧院、体育馆等各有其不同的标准。具体可以参考建筑照明设计标准的数值，见表2-2。

建筑照明设计标准　　　　　　　　　　　　　　　　　　　表2-2

场所	照度（lx）	场所	照度（lx）
居住建筑，如起居室	100～300	设计室	500
图书馆，阅览室	300～500	商店	300～500
普通办公室	300		

灯具选择主要考虑电光源、配光曲线、环境条件、灯具风格与建筑物风格、建筑物结构形式、建筑物功能等因素。

灯具布置方法有高度布置和水平布置两种。高度布置要考虑对灯具悬挂高度的要求。水平布置有均匀布置或选择布置。

灯具布置的原则是照度均匀，光线入射方向合理，不产生眩光和阴影。通常可以采取该灯具适宜（允许）的距高比（L/h）进行布灯。一般灯具的距高比可以从灯具的测光数据中查到。灯具垂直高度一般在 0.3~1.5m。

2.5.3 照明设计计算

1. 平均照度

利用系数是指工作表面或参考工作平面上接受的直射和多次反射的光通量与光源的额度光通量之比。

利用系数计算平均照度方法如下

$$E_{av} = N\phi_s UK/A \tag{2-3}$$

式中　E_{av}——工作面平均照度，lx；

　　　U——利用系数；

　　　N——灯具数；

　　　ϕ_s——每个光源光通量，lm；

　　　K——维护系数；

　　　A——工作面面积，m^2。

利用系数 U 可以根据室形指数和反射比通过查表确定。

2. 照明用电量

利用单位容量（也称照明功率密度，LPD）可以估算照明用电量，其计算式为：

$$P_0 = P/A = nP_L/A \tag{2-4}$$

式中　P_0——单位容量，W/m^2；

　　　P——总灯容量，W；

　　　n——灯数；

　　　P_L——单灯容量，W；

　　　A——面积，m^2。

一般场合单位容量 P_0 在 6~7W/m^2，办公室 P_0 在 9~11W/m^2。

3. 照明负荷

在初步设计可以用单位面积容量法计算照明负荷，施工设计阶段则采用需要系数法。

（1）需要系数法公式为

$$P = k_d P_n \tag{2-5}$$

式中　P——照明负荷，kW；

　　　k_d——需要系数；

　　　P_n——照明设备容量，kW。

（2）单位面积容量计算法公式为

$$P = P_D A \tag{2-6}$$

式中 P_D——单位容量，W/m^2；

A——房间面积，m^2。

4. 照明线路计算电流

线路中为同一光源时，计算电流 I 可以按照下列方式推出：

（1）三相供电时（星形负荷）

$$P = \sqrt{3} UI \cos\varphi \tag{2-7}$$

（2）单相供电时

$$P = UI \cos\varphi \tag{2-8}$$

2.5.4 照明控制

1. 照明自动控制主要是对照明设备的控制。照明自动控制系统的功能应满足用户的要求，具体如下：

（1）办公室。按设定的时间或室内有无人员控制照明开关。按照室外照度自动调节灯光亮度，室外光线强时适当调低灯光亮度，室外光线暗时适当调高灯光亮度，以保持室内照度一致。室内有人时控制照明开关亮灯，无人时控制照明开关关灯。

（2）公共部位。大空间、门厅、楼梯间及走道等公共场所的照明按时间程序控制（值班照明除外）。

（3）按照时间程序控制节日照明、室外照明、航空障碍灯。

（4）正常照明和应急照明的自动切换。在正常电源有故障时自动切换到应急照明。

（5）接待厅、餐厅、会议室、休闲室和娱乐场所按照时间安排控制灯光及场景。

（6）航空障碍灯、庭院照明、道路照明按时间程序或按亮度控制和故障报警。

（7）泛光照明的场景、亮度按时间程序控制和故障报警。

（8）广场及停车场照明按时间程序控制。

2. 照明控制有开关模式和调光模式两种。在控制方式上又可以分为集中控制和就地控制。

（1）开关模式。照明开关是指灯光全亮或全灭的开关控制。

一般用机械式开关来实现就地控制。就地控制可以在一处控制，也可以在多处控制。

照明集中控制采用遥控开关或断路器，也可以用继电器、接触器或晶闸管控制。

遥控开关目前使用相当广泛，但还需要有短路和过载保护的设备配合。遥控断路器经常用于公共场所灯的开关，它除了起开关的作用外，还有短路和过载保护功能。它可以采用单极开关，也可以采用双极开关。其中双极开关线路的安全性较高。

定时开关应用于有固定作息时间的房间，机械式或者电子式定时开关均可用。其区别是电子式定时开关本身需要有电源。

活动感应开关又称传感器开关，一般利用红外线或者超声波的原理制成。在探测到有人时，活动感应开关自动控制灯的开关。

还有一种将活动感应开关和延时开关结合的开关，用于廊道，人来时可自动开灯，延时一段时间后就自动关灯。

图 2-15（a）是开关模式照明控制的定时开关或活动感应开关控制方法；图（b）是用按钮开关遥控的方法，用接触器 1KM 控制主电路，按钮 1SB 和 2SB 分别是开关用；图

（c）是用小电流开关 S 通过控制接触器 1KM 控制电灯的方法，S 可以是其他的继电器输出触点；图（d）是用可编程控制器 PLC 或其他的继电器输出触点 2KM 控制接触器的方法，接触器 1KM 可向控制器提供一个反馈信息。其中 AB 端接电源。

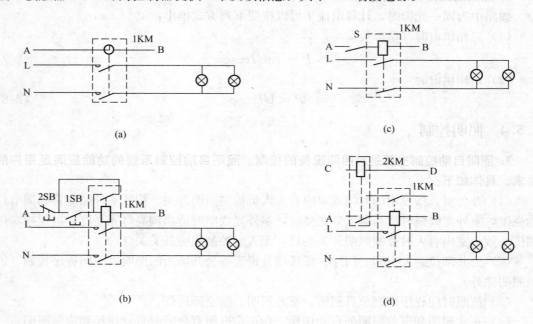

图 2-15　开关模式控制照明的自动控制或遥远控制

（2）调光模式。调光开关有多级或无级模式。灯光调节，其实就是根据某一区域的使用功能、不同的时间、室外光亮度等来控制照明灯光。灯光调节可以采用手动或自动方式。

电阻式调光开关因电耗较大，故目前已很少用。随着电子技术的发展，晶闸管或晶体管式调光器基本上代替了电阻式调光开关。

2.5.5　应急照明

应急照明又称事故照明，是在事故情况下能够继续工作的照明装置。

1. 应急照明的要求

（1）应急照明的照度

疏散照明在疏散通道的照度不低于 0.5lx；安全照明不低于该场所一般照明照度值的 5%；备用照明除另有规定外，不低于该场所一般照明照度值的 10%。

（2）应急照明转换时间和持续供电时间

对疏散照明和备用照明要求不大于 15s（金融交易场所不应大于 1.5s）；对安全照明要求不大于 0.5s。火灾应急照明的备用电源最小供电时间，按照不同情况而定：疏散照明一般大于 20min，多层、高层建筑大于 30min，超高层建筑大于 60min；安全照明大于 1h；备用照明按照要求提供长时间连续照明。

（3）疏散照明的布置

在主要出入口上方设置出口标志灯；在疏散走廊及转角处设置疏散指示灯，间距不大于 20m，高度 1.0m 以下；高层建筑楼梯间设置楼层标志灯；应急照明灯应设玻璃或其他非燃性材料制作的保护罩。安装在 1m 以下时，灯具外壳应有防止机械损伤和防触电的设施；安装位置可以在墙上、柱上或地面，也可以在顶棚上，但是要明装；安装位置应该满足容易找寻消防报警、消防通信和消防器材的要求。

（4）应急照明灯具

应急照明光源一般使用白炽灯、日光灯、卤钨灯、LED、电致发光灯等；应急照明灯应符合有关标准；蓄光型疏散标志可以作为电光源标志的辅助标志。

2. 应急照明的控制

应急照明不仅要保证火灾时能自动点亮，还要保证当正常照明断电时也能点亮。控制方式有以下六种。

（1）平时常亮，市电失电时自动亮。二线制带蓄电池应急灯接法用于需要平时常亮的情况，如图 2-16 所示。有市电时通过市电点亮，市电失电时蓄电池自动将灯点亮。

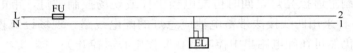

图 2-16　二线制带蓄电池应急灯接法

FU—熔断器；EL—带蓄电池的应急灯

（2）平时现场控制亮灯，市电失电时自动亮。带蓄电池应急灯供电可采用三线制接法。其中两根线提供整流器电源向蓄电池充电；另外一根提供有开关的交流市电线路。灯具自含内部切换继电器。

平时向蓄电池充电的电源线不能断开，否则会通过蓄电池放电使灯点亮，在电源中断时容易因为蓄电池电压过低不能点亮。

三线制带蓄电池应急灯接法如图 2-17 所示。这里不用断路器而采用熔断器 FU 作为线路保护，可以避免操作错误将充电线路断开。在各个应急灯的平时供电线路中可以加入现场开关 S，以控制平时的照明。

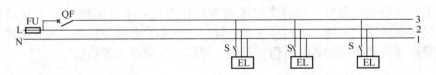

图 2-17　三线制带蓄电池应急灯接法

FU—熔断器；QF—断路器；EL—带蓄电池的应急灯

（3）平时配电箱手动控亮灯，也可控制室遥控亮灯，市电失电时自动亮。图 2-18 是一种采用三线接法带蓄电池应急灯的配电线路，现场无开关。应急灯在配电箱手动集中控制 QF 或在监控中心遥控开关 QC。

（4）平时控制室遥控亮灯或现场控制亮灯，市电失电时自动亮。图 2-19 是一种采用三线接法带蓄电池应急灯的配电线路，现场设双投开关。即使应急灯现场关掉，仍然可在监控中心遥控开关。

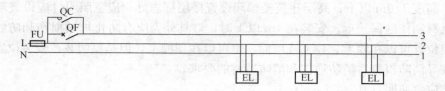

图 2-18　采用三线接法带蓄电池应急灯的配电线路，无现场开关

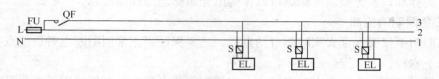

图 2-19　采用三线接法带蓄电池应急灯的配电线路，现场设双投开关

（5）平时控制室遥控亮灯，同时可配电箱手控或现场控制亮灯，市电失电时自动亮灯。图 2-20 是一种采用四线接法带蓄电池应急灯的配电线路，现场设双投开关。即使应急灯现场关掉，仍然可在配电箱集中控制或在监控中心遥控开关。

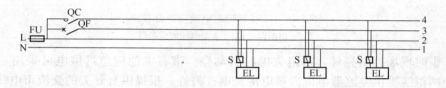

图 2-20　采用四线接法带蓄电池应急灯的配电线路，现场设双投开关

当应急照明采用节能自熄开关控制时，必须采取应急时自动点亮的措施。带蓄电池应急灯如果要遥控或配电箱手控或遥控，可以采用三线或四线制接线。

上面所有方式中，带蓄电池应急灯在市电失电时蓄电池自动将灯点亮。但是一般不希望在有市电时用切断市电的方法使应急灯自动点亮。因为带蓄电池应急灯可能有充电不足或蓄电池故障的情况，这时应急灯可能不会亮，或点亮时间不够。

（6）集中控制型应急灯。该应急灯装有智能化系统，平时能够对应急灯进行巡回检查，火灾时应急联动。系统可以检测光源、灯具、电源、电池等情况。火灾时能够接受火灾自动报警系统的联动控制，具有语音报警、频闪、自动指向等功能。

2.6　电 梯 监 控 系 统

2.6.1　电梯的分类及组成

电梯是现代建筑物中必不可少的配套设施之一。所谓电梯，指的是用电力拖动轿厢运行于铅垂的或倾斜不大于 15° 的两列刚性导轨之间，运送乘客或货物的固定设备。电梯属于起重机械，是一种间歇动作的升降机械，主要担负垂直方向的运输任务。

1. 电梯分类

目前电梯的基本分类方法见表 2-3。

电梯的主要分类   表 2-3

分类方式	种 类
按用途分类	乘客电梯、载货电梯、医用电梯、杂物电梯、观光电梯、车辆电梯、船舶电梯、建筑施工电梯、冷库电梯、防爆电梯、矿井电梯、电站电梯及消防员用电梯等
按驱动方式分类	交流电梯、直流电梯、液压电梯、齿轮齿条电梯、螺杆式电梯及直线电机驱动的电梯等
按速度分类	低速电梯（1.00m/s）、中速电梯（1.00～2.00m/s）、高速电梯（大于 2.00m/s）、超高速电梯（超过 5.00m/s）及特高速电梯（16.7m/s）
按有无司机分类	有司机电梯、无司机电梯及有/无司机电梯等
按操纵控制方式分类	手柄开关操纵、按钮控制电梯、信号控制电梯、集选控制电梯、并联控制电梯及群控电梯等
按特殊用途分类	冷库电梯、防爆电梯、矿井电梯、电站电梯及消防员用电梯等

现代物业建筑使用的电梯主要有信号控制、集选控制、并联控制及群控制电梯四种操控方式，其控制特点如下所述。

（1）信号控制电梯特点除具有自动平层，自动开门功能外，尚具有轿厢命令登记，层站召唤登记，自动停层，顺向截停和自动换向等功能。

（2）集选控制电梯是一种在信号控制基础上发展起来的全自动控制电梯，与信号控制的区别在于能实现无司机操纵。主要特点是：把轿厢内选层信号和各层外呼信号集合起来，自动决定上、下运行方向顺序应答。

（3）并联控制电梯是把 2～3 台电梯的控制线路并联起来进行逻辑控制，共用层站外召唤按钮，电梯本身都具有集选功能。

（4）群控电梯特点是用微机控制和统一调度多台集中并列的电梯。控制方式有以下两种。控制系统按预先编制好的交通模式程序，集中调度和控制梯群的运行，称为梯群程序控制。能实现自动数据的采集、交换及存储功能，还有进行分析、筛选及报告的功能，称为梯群智能控制。

2. 电梯的组成

曳引式电梯是垂直交通运输工具中最普遍的一种电梯，其结构主要由机械部分和电气部分组成见表 2-4。

电 梯 的 组 成   表 2-4

结 构	组 成、作 用
机械装置部分	①曳引系统作用是提供电梯运行动力的设备，把曳引机的旋转运动，转换为电梯的垂直运动 ②轿厢在曳引钢丝绳的牵引下沿电梯井道内的导轨作快速平稳的运行 ③门系统作用就是打开或关闭轿厢与层站厅门的出入口 ④导向系统作用是限制轿厢和对重的活动自由度，使轿厢和对重只能沿着导轨作升降运动 ⑤重量平衡系统由对重及重量补偿装置组成。对重将平衡轿厢自重和部分的额定载重。重量补偿装置，是补偿高层电梯中轿厢与对重侧曳引钢丝绳长度变化对电梯平衡设计影响的装置 ⑥机械安全保护装置由机械限速装置、缓冲器和端站保护装置组成。起到防止电梯超速行驶、终端越位、冲顶或蹾底等保护作用
电气装置部分	①电力拖动系统由曳引电机、供电系统、调速装置和速度反馈装置构成。对电梯实行速度控制 ②操作控制系统由操纵装置、平层装置与选层器等构成。对电梯实施操纵、监控的系统 ③电气安全系统指在电梯控制系统中用于实现安全保护作用的电路及电气元件

2.6.2　电梯自动控制原理

微机控制电梯使电梯实现自动化，主要是通过软、硬件两部分来完成各种功能。

1. 主电路

主电路系统是电梯的主要控制部分，它包括电动组（由三相对称反并联晶闸管组成）和制动组（由两个晶闸管、二极管接成的单相半控桥式整流电路组成）。制动时使电梯电动机的低速绕组实现能耗制动，如图 2-21 所示。

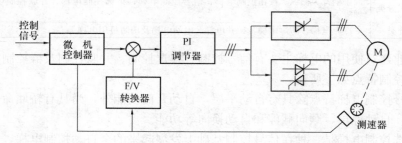

图 2-21　微机控制电梯原理图

2. 控制部分

控制部分包括微机控制器、PI 调节器和触发电路。微机控制器是按理想速度曲线计算出启动及制动时的给定电压，实时计算电动机速度及电梯运行行程，实现对系统的控制。

调节器采用比例积分调节器，即 PI 调节器。调节器是将微机控制器产生的给定电压测速器的反馈电压相比较后，输出相同信号的电压以控制触发电路，使晶闸管导电角变化（移相），达到改变交流电压的目的。

（1）控制过程。此系统采用起、制动闭环，稳速时开环控制启动加速过程，当系统接收到启动信号后，微机控制器给出一定的给定电压，此时电梯抱闸已打开，调节器输出电压为正，使电动组晶闸管触发电路移相，输出电压，电动机高速绕组得电开始转动。此时制动组晶闸管触发电路被封锁。

当电动机转动后，电动机轴上的测速装置（光电装置）发出脉冲输出反馈电压。与微机按理想速度曲线计算的给定电压进行比较，产生一个差值，使调节器的输出为正值，这样电动组晶闸管的导通角不断加大，电动机转速逐渐加快。当输出电压接近 380V 时，启动过程结束，如图 2-22 所示的 $t_1 \sim t_3$ 段；稳速过程，如图 2-22 所示的 $t_3 \sim t_4$ 段，当电动组晶闸管全部导通，整个系统处于开环状态时，微机的任务是测速、查减速点以及监控。

制动减速过程如图 2-22 所示的 $t_4 \sim t_7$ 段，当电梯运行至减速点时，微机开始计算行程和确定电梯的运行速度。此时，微机将实际速度按距离计算出制动时的给定电压作为系统调节器的输入值。由于制动时给定电压小于反馈电压，所以调节器输出为负值，电动组晶闸管被

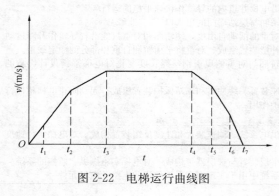

图 2-22　电梯运行曲线图

38

封锁。而制动组晶闸管触发电路移相输入为正，该组晶闸管导通，电动机的速度按理想速度曲线变化。当转速等于零或更低时，电梯在相应的平层停靠。

（2）调速的主要环节及原理。给定电源是一个典型的稳压电源，一般稳压精度较高，输出电压值根据不同要求有所不同，形成一个电梯的运行曲线。稳压电源输出不同等级的电压值，以便输出不同的阶跃信号。主要方法是将稳压电源的输出电压经过电阻分压，根据现场需要定出高速、中速和低速等运行的给定电压值。

调节器的组成有很多种，在电梯调速系统中，一般都采用比例积分调节器，利用 P 调节器的快速性和 I 调节器的稳定性。

在电梯的调速系统中，为得到理想的调速，大都采用闭环调速系统。在闭环调速系统中，又分为单闭环、双闭环和三闭环。在三闭环控制系统中，又分为带电流变化率调节器的三闭环、带电压调节器的三闭环以及电流、速度、位置三闭环控制系统。大多采用最后一种。

反馈信号可根据不同的目的采用不同的方法。如以测速发电机的电压信号作为反馈电压信号，光码盘反馈、光带反馈的脉冲数字信号以及旋转变压器反馈和电流互感器反馈信号等。

微机控制电梯运行的选层，已取消机械选层器，而采用光码盘或其他方法选层。它将电梯运行距离换成脉冲数，只要知道脉冲数，就知道电梯运行的距离。

在调速系统中，如果采用数字式调节方式，脉冲数可以直接输入。而如果采用模拟量调节方式，则脉冲数要通过数模转换为输入调节器。在脉冲计数选层方法中，为了避免钢丝绳打滑等其他原因造成的误差，在电梯井道顶层或基站设置了校正装置，即感应器或者开关，它起到了对微机计数脉冲进行清零的作用，保证平层精度或换速点的准确。微机控制的电梯开关门系统可以实现多功能化。此部分可以有速度给定、调节、反馈、减速、安全检查和重开等功能，使电梯门的控制系统达到理想状态。

微机控制电梯主要是通过接口电路把输入、输出信号送入微机进行计算或处理的，控制电梯的速度及管理系统方法有查表法和计算法等。其原理图如图 2-23 所示。

2.6.3　电梯的控制

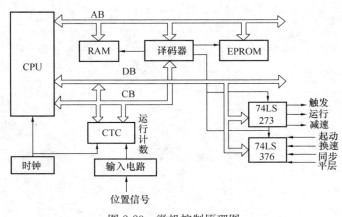

图 2-23　微机控制原理图

AB—地址总线；DB—数据总线；CB—控制总线

1. 电梯监控的特殊性

每台电梯本身都有自己的控制箱,对电梯的运行进行控制,如上下行驶方向、加/减速、制动、停止定位、停轿厢门开关、超重监测报警等。而且,拥有多台电梯的建筑场合一般都有电梯群控系统,通过电梯群控系统实现多部电梯的协调运行与优化控制。

楼宇自动化系统主要实现对电梯运行状态及相关情况的监视,只有在特殊情况下,如发生火灾等突发事件时才对电梯进行必要的控制。电梯监控系统的监控内容按照用户的要求不同分成两种内容:一种是仅仅从电梯的控制装置的开停机状态辅助触点读取电梯的开停机状态的简单监视;一种是通过接口与电梯的控制装置连接,读取电梯全部参数并作全方位监控。

2. 电梯本体控制系统的控制内容

(1) 按时间程序设定运行时间表启/停电梯。

(2) 电梯群控:对运行区域进行自动分配,自动调配电梯至运行区域的各个不同服务区段。

(3) 消防系统联动:火灾时,普通电梯直驶首层,放客后切断电梯电源;消防电梯由应急电源供电,在首层待命。

(4) 安防系统联动:按照保安级别自动行驶至规定的停靠楼层,并对车厢门进行监控。

3. 楼宇控制系统对电梯的监控内容

(1) 运行状态监视:包括启动/停止状态、运行方向、所处楼层位置等,通过自动检测并将结果送入 DDC,动态地显示出各台电梯的实时状态。

(2) 故障检测:包括电动机、电磁制动器等各种装置出现故障后,自动报警,并显示故障电梯的地点、发生故障时间、故障状态等。

(3) 紧急状况检测:包括火灾、地震检测、发生故障时是否关系人等,一旦发现,立即报警。

第三章　消防自动化系统

3.1　火灾探测器的选择

3.1.1　火灾探测器的构造

火灾探测器通常由敏感元件、电路、固定部件和外壳等部分组成。

1. 敏感元件。敏感元件是探测器的核心部分，作用是将火灾燃烧的特征物理量转换成电信号。凡是对烟雾、温度、辐射光和气体含量等敏感的传感元件都可以使用。

2. 电路。电路的作用是将敏感元件转换所得的电信号进行放大并处理成火灾报警控制器所需的信号，其电路框图如图3-1所示。

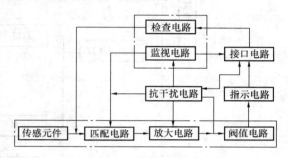

图3-1　火灾探测器电路框图

3. 固定部件和外壳。固定部件和外壳是探测器的机械结构，作用是将传感元件、印制电路板、接插件、确认灯和紧固件等部件有机地连成一体，保证一定的机械强度，达到规定的电气性能，以防止其所处环境（如光源、灰尘、气流和高频电磁波等）的干扰和机械力的破坏。

3.1.2　火灾探测器的种类

在火灾的早期阶段准确地探测到火情并迅速报警，对于及时组织有序快速疏散，有效地控制火灾的蔓延，快速灭火和减少火灾损失等具有重要的意义。火灾探测器是指用来响应其附近区域由火灾产生的物理或化学现象的探测器件。火灾探测器可以从结构造型、火灾参数、使用环境、安装方式、动作时刻等方面进行分类。

1. 按结构造型分类

火灾探测器按结构造型可分为点型探测器和线型探测器两大类。

点型探测器是指探测元件集中在一个特定的位置上探测该位置周围火灾情况的装置，或者说是一种响应某点周围火灾参数的装置。它广泛应用于办公楼、住宅、宾馆等建筑。

线型探测器是一种响应某一连续线路附近火灾参数的探测器。连续线路可以是硬线路也可以是软线路。硬线路是由一条细长的铜管或不锈钢管制成的，如差动气管式感温探测器和热敏电缆感温探测器等。软线路是由发送和接收的红外线光束形成的，如投射光束的感烟探测器等。当通向受光器的光路被烟遮蔽或干扰时探测器产生报警信号，因此，在光路上要保持无挡光的障碍物存在。

2. 按火灾参数分类

火灾参数是指发生火灾时产生的具有火灾特征的物理量，如烟雾、气体、光、热、气压、声波等。按探测火灾参数分类可分为感烟探测器、感温探测器、感光探测器、气体火灾探测器和复合式火灾探测器等几大类。这也是常用的一种分类方法，其分类型谱如图3-2所示。

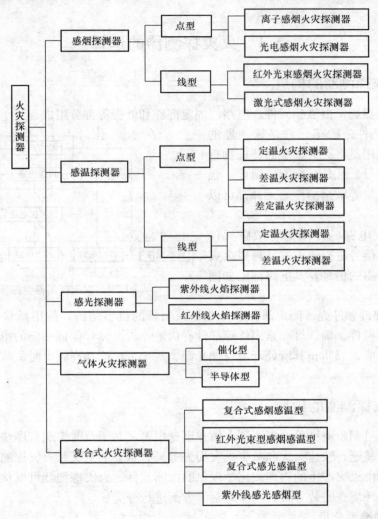

图 3-2　火灾探测器分类型谱

3. 按使用环境分类

由于使用场所和环境的不同，火灾探测器可分为陆用型、船用型、耐寒型、耐酸型、耐碱型和防爆型等。

4. 按安装方式分类

按探测器的安装方式可分为外露型和埋入型两种，后者主要应用于特殊装饰的建筑物中。

5. 按动作时刻分类

按探测器的动作时刻可分为延时动作探测器和非延时动作探测器两种，延时动作主要是便于建筑物内人员的疏散。

3.1.3　火灾探测器的选择

火灾探测器的选用和设置是否科学合理，直接影响着火灾探测器性能的发挥和火灾自动报警系统的整体特性，火灾探测器的选择必须按照《火灾自动报警系统设计规范》（GB 50116—1998）和《火灾自动报警系统施工及验收规范》（GB 50166—2007）等有关要求和规定执行。

1. 根据火灾的特点选择探测器

（1）如果在火灾初期有阴燃阶段，将产生大量的烟和少量热，很小或没有火焰辐射，此时应选用感烟探测器。

（2）如果火灾发展迅速，将产生大量的热、烟和火焰辐射，可选用感烟探测器、感温探测器、火焰探测器或其组合。

（3）如果火灾发展迅速，将会产生强烈的火焰辐射和少量烟和热，此时应选用火焰探测器。

（4）如果火灾形成的特点不可预料，则可进行系统模拟试验，根据试验结果选择探测器。

2. 根据安装场所环境特征选择探测器

（1）对于相对湿度长期大于 95%，气流速度大于 5m/s，有大量粉尘、水雾滞留，可能产生腐蚀性气体，在正常情况下有烟滞留，产生醇类、醚类、酮类等有机物质的场所，不宜选用离子感烟探测器。

（2）可能产生阴燃或者发生火灾时如果不及早报警将造成重大损失的场所，不宜选用感温探测器；温度在 0℃ 以下的场所，不宜选用定温探测器；正常情况下温度变化大的场所，不宜选用差温探测器。

（3）对于下列情形的场所，不宜选用火焰探测器：

可能发生无焰火灾；

在火焰出现前有浓烟扩散；

探测器的镜头易被污染；

探测器的视线易被遮挡；

探测器易被阳光或其他光源直接或间接照射；

在正常情况下有明火作业以及 x 射线、弧光等影响。

对于高层民用建筑及其有关部位火灾探测器类型的选择原则列于表 3-1 中。

高层民用建筑及有关部位火灾探测器类型选择表　　　　　　　表 3-1

项目	设　置　场　所	火灾探测器的类型											
		差温式			差定温式			定温式			感烟式		
		Ⅰ级	Ⅱ级	Ⅲ级	Ⅰ级	Ⅱ级	Ⅲ级	Ⅰ级	Ⅱ级	Ⅲ级	Ⅰ级	Ⅱ级	Ⅲ级
1	剧场、电影院，礼堂，会场，百货公司，商场，旅馆，饭店，集体宿舍，公寓，住宅，医院，图书馆，博物馆	□	○	○	□	○	○	○	□	□	×	○	○

项目	设 置 场 所	火灾探测器的类型											
		差温式			差定温式			定温式			感烟式		
		Ⅰ级	Ⅱ级	Ⅲ级	Ⅰ级	Ⅱ级	Ⅲ级	Ⅰ级	Ⅱ级	Ⅲ级	Ⅰ级	Ⅱ级	Ⅲ级
2	厨房,锅炉房,开水间,消毒室等	×	×	×	×	×	×	□	○	○	×	×	×
3	进行干燥烘干的场所	×	×	×	×	×	×	□	○	○	×	×	×
4	有可能产生大量蒸汽的场所	×	×	×	×	×	×	□	○	○	×	×	×
5	发电机室,立体停车场,飞机库等	×	○	○	○	○	○	○	×	×	○	□	○
6	电视演播室,电影放映室	×	○	□	○	○	○	○	○	○	×	○	○
7	发生火灾时,温度变化缓慢的小房间	×	×	×	×	×	×	×	×	×	○	○	○
8	楼梯及倾斜路	×	×	×	×	×	×	×	×	×	○	○	○
9	走道及通道	×	×	×	○	○	○	○	○	○	○	○	○
10	电缆竖井,管道井	×	×	×	×	×	×	×	×	×	○	○	○
11	电子计算机房,通信机房	□	○	○	○	○	○	○	○	○	○	○	○
12	书库,地下仓库	□	○	○	○	○	○	○	○	○	○	○	○
13	吸烟室,小会议室	×	○	○	○	○	○	○	○	○	×	○	○

注：○表示适于使用；□表示根据安装场所等状况,限于能够有效地探测火灾发生的场所使用；×表示不适于使用。

3. 根据房间高度选择探测器

不同种类探测器的使用与房间高度的关系如表 3-2 所示。

不同种类探测器的使用与房间高度的关系 　　　　表 3-2

房间高度 h/m	感烟探测器	感温探测器			火焰探测器
		Ⅰ级	Ⅱ级	Ⅲ级	
$12<h\leqslant20$	不适合	不适合	不适合	不适合	适合
$8<h\leqslant12$	适合	不适合	不适合	不适合	适合
$6<h\leqslant8$	适合	适合	不适合	不适合	适合
$4<h\leqslant6$	适合	适合	适合	不适合	适合
$h\leqslant4$	适合	适合	适合	适合	适合

探测区域内的每个房间至少应该设置 1 只火灾探测器。在工程设计时,确定一个探测区域内所需设置的探测器数量按下式计算：

$$N \geqslant S/KA \tag{3-1}$$

式中,N 为探测器数量（只）,N 应取整数；S 为该探测区域的面积（m^2）；A 为探测器的保护面积（m^2）；K 为修正系数,在特级保护对象时 K 取值为 $0.7\sim0.8$,在一级保护对象时 K 取值为 $0.8\sim0.9$,在二级保护对象时,K 取值为 $0.9\sim1$。

对于探测器灵敏度的选择,应根据探测器的性能及使用场所,以及在正常情况下（无火警时）系统没有误报警为准进行选择。目前,国内高层建筑中大部分使用光电感烟测器,只有在个别场所,如厨房、发电机房、车库及有气体灭火装置的场所才使用感温探测器。装有联动装置、自动灭火系统以及用单一探测器不能有效确认火灾的场合，宜采用感烟探测器、感温探测器、火焰探测器（同类型或不同类型）的组合。只采用一种探测器时，在联动系统中易产生误动作，这将造成不必要的损失，无联动系统时则易产生误报。因此，应选用两种或两种以上探测器。它们是"与"的逻辑关系，当两种或两种以上探测器同时报警时联动装置才动作，这样才能确保不必要的损失。总之，应根据实际环境情况选择合适的探测器，以达到及时和准确报警的目的。

3.1.4 火灾探测器的设计与布置

1. 火灾探测器的设置要求

火灾探测器的设置主要应考虑以下因素：

（1）探测器至墙壁、梁边的水平距离不应小于 0.5m。

（2）探测器周围 0.5m 内不应有遮挡物。

（3）探测器至空调送风口边的水平距离不应小于 1.5m，至多孔送风顶棚孔口的水平距离不应小于 0.5m。

（4）在宽度小于 3m 的内走道顶棚上设置探测器时，宜居中布置。感温探测器的安装间距不应超过 10m，感烟探测器的安装间距不应超过 15m。探测器距端墙的距离不应大于探测器安装间距的一半。

（5）探测器宜水平安装，当必须倾斜安装时，倾斜角不应大于 45°。

（6）探测区域内的每个房间至少应设置一个火灾探测器。感温和感光探测器距光源距离应大于 1m。

（7）感烟和感温探测器的保护面积和保护半径的取值如表 3-3 所示。

感烟和感温探测器的保护面积 A 和保护半径 R   表 3-3

火灾探测器的种类	地面面积 S/m^2	房间高度 h/m	探测器的保护面积 A 和保护半径 R					
			屋顶坡度					
			$\leqslant 15°$		$15° <$ 坡度 $\leqslant 30°$		$> 30°$	
			A/m^2	R/m	A/m^2	R/m	A/m^2	R/m
感烟探测器	$\leqslant 80$	$\leqslant 12$	80	6.7	80	7.2	80	8.0
	> 80	$6 < h \leqslant 12$	80	6.7	100	8.0	120	9.9
		$\leqslant 6$	60	5.8	80	7.2	100	9.0
感温探测器	$\leqslant 30$	$\leqslant 8$	30	4.4	30	4.9	30	5.5
	> 30	$\leqslant 8$	20	3.6	30	4.9	40	6.3

（8）探测器一般安装在室内顶棚上，当顶棚上有梁时，梁间净距小于 1m 时视为平顶棚。在梁突出顶棚的高度小于 200mm 的顶棚上设置感烟和感温探测器时，可不考虑梁对探测器保护面积的影响。当梁突出顶棚的高度为 200～600mm 时，应按实际确定探测器的安装位置。当梁突出顶棚的高度超过 600mm 时，被梁隔断的每个梁间区域应至少设置一个探测器。当被梁隔离的区域面积超过一个探测器的保护面积时，应将被隔断的区域视

为一个探测区域，并按有关规定计算探测器的设置数量。

（9）安装在顶棚上的探测器边缘与下列设施的边缘水平间距有如下要求：

1）与照明灯具的水平净距不应小于 0.2m。

2）感温探测器距高温光源灯具（如碘钨灯、容量大于 100W 的白炽灯等）的净距不应小于 0.5m。

3）距电风扇的净距不应小于 1.5m。

4）距扬声器净距不应小于 0.1m。

5）与各种自动喷水灭火喷头净距不应小于 0.3m。

6）距多孔送风顶棚孔口的净距不应小于 0.5m。

7）与防火门和防火卷帘的净距一般为 1～2m。

（10）房间被书架、设备或隔断等分离，其顶部至顶棚或梁的距离小于房间净高的 5％时，每个被隔开的部分至少安装一个探测器。

（11）当房屋顶部有热屏障时，感烟探测器下表面至顶棚距离应符合表 3-4 的规定。

（12）对于锯齿型屋顶和坡度大于 15°的人字形屋顶，应在每个屋脊处设置一排探测器，探测器下表面距屋顶最高处的距离应符合表 3-4 的规定。

感烟探测器下表面距顶棚（或屋顶）的距离   表 3-4

探测器的安装高度 h/m	感烟探测器下表面距顶棚（或屋顶）的距离 d/mm					
	屋顶坡度					
	≤15°		15°<坡度≤30°		>30°	
	最小	最大	最小	最大	最小	最大
≤6	30	200	200	300	300	500
6<h≤8	70	250	250	400	400	600
8<h≤10	100	300	300	500	500	700
10<h≤12	150	350	350	600	600	800

（13）在厨房、开水房、浴室等房间连接的走廊安装探测器时，应在其入口边缘 1.5m 处安装。

（14）在电梯井、升降机井设置探测器时，其位置宜在井道上方的机房顶棚上。隔层楼板高度在三层以下且完全处于水平警戒范围内的管道井（竖井）内可以不安装。

2. 火灾探测器数量的确定

在探测区域内，每个房间至少应设置一只火灾探测器。当房间被隔断或被书架、设备等分隔，且隔断、书架及设备等顶部到顶棚或梁下表面的距离小于整个房间高度的 5％时，则每个被隔开的部分应至少安装一只探测器。一个探测区域内所需设置的探测数量可按下式计算：

$$N \geqslant \frac{S}{k \cdot A} \qquad (3-2)$$

式中 N——一个探测区域内所设置的探测器的数量，只，N 应取整数（即小数进位取整

数);

S——一个探测区域的地面面积，m^2；

A——探测器的保护面积，m^2，指一只探测器能有效探测的地面面积。由于建筑物房间的地面通常为矩形，因此，所谓"有效"探测器的地面面积实际上是指探测器能探测到矩形地面的面积。探测器的保护半径 R（m）是指一只探测器能有效探测的单向最大水平距离；

k——称为安全修正系数。特级保护对象 k 取 $0.7\sim0.8$，一级保护对象 k 取值为 $0.8\sim0.9$，二级保护对象 k 取 $0.9\sim1.0$。

3. 火灾探测器的安装距离

探测器的安装间距是指安装的相邻两个火灾探测器之间的水平距离，它由保护面积 A 和屋顶坡度 θ 决定。

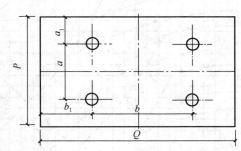

图 3-3 火灾探测器安装间距 a、b 示意图

火灾探测器的安装间距如图 3-3 所示，假定由点画线把房间分为相等的小矩形作为一个探测器的保护面积，通常把探测器安装在保护面积的中心位置。其探测器安装间距 a、b 应按下式计算：

$$a = P/2, b = Q/2 \tag{3-3}$$

式中 P——房间的宽度；

Q——房间的长度。

如果使用多个探测器的矩形房间，则探测器的安装间距应按下式计算：

$$a = P/n_1, b = Q/n_2 \tag{3-4}$$

式中 n_1——每列探测器的数目；

n_2——每行探测器的数目。

探测器与相邻墙壁之间的水平距离应按下式计算：

$$\begin{cases} a_1 = [P - (n_1-1)a]/2 \\ b_1 = [P - (n_2-1)b]/2 \end{cases} \tag{3-5}$$

还应注意以下问题：

（1）但所计算的 a、b 不应超过图 3-4 中感烟、感温探测器的安装间距极限曲线 $D_1 \sim D_{11}$（含 D_9'）所规定的范围，同时还要满足下式的关系：

$$ab \leqslant AK \tag{3-6}$$

式中 A——一个探测器的保护面积，m^2；

K——修正系数。

（2）探测器到墙壁的水平距离 a_1、b_1 均应不小于 $0.5m$。

（3）对于使用多个探测器的狭长房间，如果宽度小于 $3m$ 的内通道走廊等处，在顶棚设置探测器时，为了装饰美观，宜居中心线布置，可按表 3-5 取最大保护半径 R 的 2 倍作为探测器的安装间距，取 R 为房间两端的探测器距端墙的水平距离。

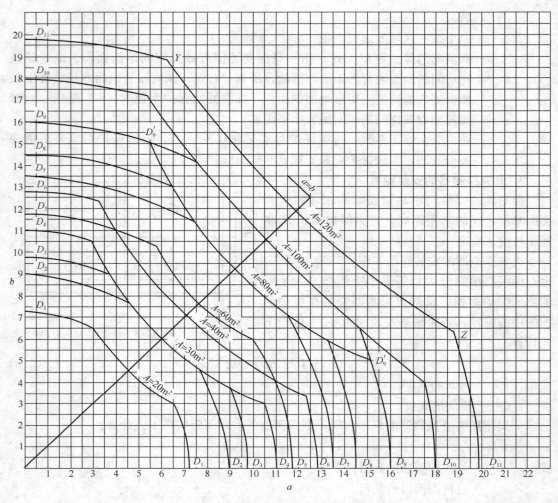

图 3-4 安装间距 a、b 的极限曲线

A—探测器的保护面积（m²）；a、b—探测器的安装间距（m）；D_1～D_{11}（含 D_9'）—不同保护面积 A 和
保护半径 R 下确定探测器安装间距 a，b 的极限曲线；Y、Z—极限曲线的端点（在 Y 和 Z 两点的
曲线范围内，保护面积可得到充分利用）。

按梁间区域面积确定一只探测器保护的梁间区域的个数 表 3-5

探测器的保护面积		梁横断的梁间区域面积 Q/m^2	一直探测器保护的梁间区域个数
感温探测器	20	$Q > 12$	1
		$8 < Q \leqslant 12$	2
		$6 < Q \leqslant 8$	3
		$4 < Q \leqslant 6$	4
		$Q \leqslant 4$	5
	30	$Q > 18$	1
		$12 < Q \leqslant 18$	2
		$9 < Q \leqslant 12$	3
		$6 < Q \leqslant 9$	4
		$Q \leqslant 6$	5

探测器的保护面积		梁横断的梁间区域面积 Q/m^2	一直探测器保护的梁间区域个数
感烟探测器	60	$Q>36$	1
		$24<Q\leqslant36$	2
		$18<Q\leqslant24$	3
		$12<Q\leqslant18$	4
		$Q\leqslant12$	5
	80	$Q>48$	1
		$32<Q\leqslant48$	2
		$24<Q\leqslant32$	3
		$16<Q\leqslant24$	4
		$Q\leqslant16$	5

（4）通常感温探测器的安装间距不应超过 10m，感烟探测器的安装间距不应超过 15m，且探测器到端墙的水平距离不应大于探测器安装间距的一半。

3.2 火灾控制器

3.2.1 火灾控制器的构成

火灾报警控制器由电源和主机两部分组成。

1. 电源。电源的主要作用是给主机和探测器提供可靠的电源，这就要求电源具有应有电源自动转换和备用电源自动充电的功能，如此才能保证整个系统的可靠工作，发挥技术性能。目前大多数控制器使用开关式稳压电源。

2. 主机。控制器的主机具有将火灾探测器送来的信号进行处理、控制和输出、通信的功能。制器按照工作原理，火灾报警控制器都必须具备信号输入部分、控制处理部分和控制输出部分。信号输入部分是收集探测器送来的探测信号和控制器本身所需要的输入信息。控制处理部分是按照预先确定的策略对收集的探测信号进行控制处理。控制输出部分是将处理的结果送到执行机构，如进行声和光报警等，发出联动控制信号以及与控制中心通信等。

3.2.2 火灾控制器的分类

火灾报警控制器的分类有很多方法，几种最主要的分类介绍如下：

1. 按使用要求分类。根据使用要求的不同，可将火灾报警控制器分为以下三类：

（1）区域火灾报警控制器。区域火灾报警控制器直接连接火灾探测器，处理各种报警信息，能组成功能简单的火灾自动报警系统。

（2）集中火灾报警控制器。集中火灾报警控制器通常与区域火灾报警控制器相连，处理区域火灾报警控制器送来的报警信号，常用在较大型系统中。

（3）通用火灾报警控制器。通用火灾报警控制器兼有区域、集中两级火灾报警控制器的所有特点，通过设置和修改某些参数，不但可以直接连接探测器作区域火灾报警控制器使用，而且还可连接区域火灾报警控制器作集中火灾报警控制器使用。

2. 按系统连线方式分类。根据系统连线方式的不同，可将火灾报警控制器分为以下两类：

（1）多线制火灾报警控制器。多线制火灾报警控制器的探测器与控制器之间的传输线连接采用一一对应的方式，每个探测器有两根线与控制器连接，其中一根是公用地线，另一根承担供电、巡检信息与自检的功能。当探测器的数量较多时，连线的数量就较多。该方式只适用于小型火灾自动报警系统。

（2）总线制火灾报警控制器。其探测器与控制器的连接采用总线方式，所有的探测器都并联在总线上。总线有二总线与四总线两种。对于每个探测器采用地址编码技术，整个系统只用两根或四根导线构成总线回路。

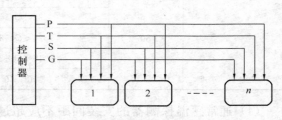

图 3-5　四总线制火灾报警控制器

四总线制的构成如图 3-5 所示。P 线给出探测器的电源、编码和选址信号；T 线给出自检信号，以判断探测器或传输线是否有故障；控制器从 S 线上获得探测器的信号；G 线为公共地线。P、T、S、G 均为并联方式连接。

二总线中，G 线为公共地线，P 线则完成供电、选址、自检及获取信息等功能。二总线制比四总线制用线量少，但却增加了技术的难度。目前，二总线制应用最多。新型智能火灾报警系统也采用二总线。

二总线系统的连接方法如图 3-6 所示，有枝形和环形两种。采用枝形接线方式时，如果发生断线，可以自动判断故障点，但故障点后的探测器不能工作。采用环形接法要求输出的两根总线返回控制器，构成环形，这种接线方式的优点在于当探测器发生故障时，不影响系统的正常工作。

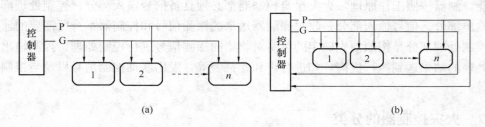

(a)　　　　　　　　　　　　　　(b)

图 3-6　二总线制的连接方法
（a）枝形接法；（b）环形接法

总线制火灾报警控制器具有安装、调试及使用方便的特点。由于整个系统只使用两根或四根线，工程造价较低，适用于大型火灾自动报警系统。

3. 按结构形式分类。根据结构形式的不同，可将火灾报警控制器分为以下三类：

（1）壁挂式火灾报警控制器。连接的探测器回路数较少，控制功能较简单，安装在墙壁上，通常区域火灾报警控制器采用这种结构。

（2）台式火灾报警控制器。连接的探测器回路数较多，联动控制比较复杂，操作使用方便，通常用于集中火灾报警控制器。

（3）柜式火灾报警控制器。连接的探测器回路数比台式多，可实现多回路连接，具有复杂的联动控制，常用在大型火灾自动报警系统中。

3.2.3 火灾控制器面板的设计

火灾报警控制器面板布置示意图如图 3-7 所示。

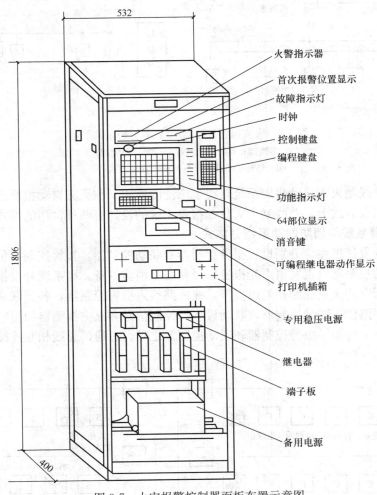

图 3-7 火灾报警控制器面板布置示意图

3.3 火灾自动报警系统

3.3.1 火灾自动报警系统的线制

所谓线制是指探测器与控制器之间的传输线的线数。它分为多线制和总线制，参见图 3-8。

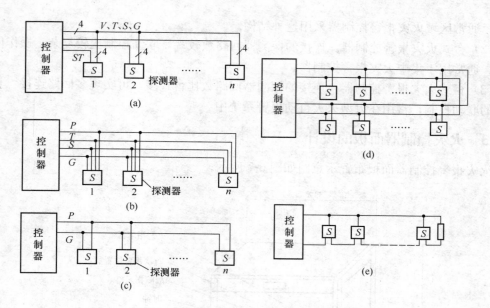

图 3-8 火灾报警控制器的线制与连接方式

(a) 多线制；(b) 四总线制；(c) 二总线制；

(d) 环形二总线制；(e) 链式连接方式

目前，二总线制火灾自动报警系统获得了广泛的应用。在火灾自动报警系统与消防联动控制设备的组合方式上，总线制火灾自动报警系统的设计有两种常用的形式。

1. 消防报警系统与消防联动系统分体式

这种系统的设计思想是分别设置报警控制器和联动控制器，报警控制器负责接收各种火警信号，联动控制器负责发出声光报警信号和启动消防设备。即系统分设报警总线和联动控制总线，所有的火灾探测器通过报警总线回路接入报警控制器，各类联动控制模块则通过联动总线回路接入联动控制器，联动设备的控制信号和火灾探测器的报警信号分别在不同的总线回路上传输。报警控制器和联动控制器之间通过通信总线相互连接。系统简图如图 3-9 所示。

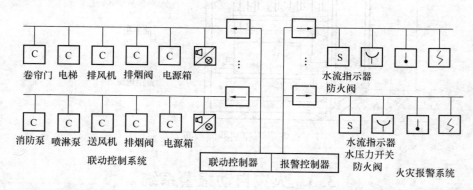

图 3-9 系统简图

此种系统的特点是由于分别设置了控制器及总线回路，报警系统与联动系统相对独立运行，整个报警与联动系统的可靠性较高；但系统的造价也较高，设计较为复杂，管线较

52

多，施工与维护较为困难。

该系统适合于消防报警及联动控制系统规模较大的特级、一级保护现象。

2. 消防报警系统与消防联动系统一体式

这种系统的设计思想是将报警控制器和联动控制器合二为一，即将所有的火灾探测器与各类联动控制模块均接入报警控制器，在同一总线回路中既有火灾探测器，也有消防联动设备控制模块，联动设备的控制信号和火灾探测器的报警信号在同一总线回路上传输。报警控制器既能接收各种火警信号，也能发出报警信号和启动消防设备。系统简图如图3-10所示。

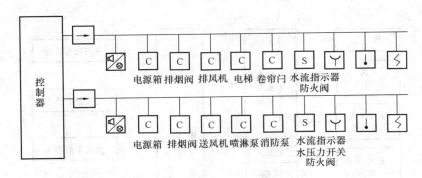

图 3-10　系统简图

此系统的特点是整个报警系统的布线极大简化，设计与施工较为方便，便于降低工程造价；但由于报警系统与联动控制系统共用控制器总线回路，余度较小，系统整体可靠性略低。该系统适合于消防报警及联动控制系统规模不大的二级保护对象。另外在设计与施工中要注意系统的布线应按消防联动控制线路的布线要求设计施工。

3.3.2　火灾自动报警系统的组成

1. 区域报警系统

区域报警系统由区域火灾报警控制器和火灾探测器组成，系统比较简单，操作方便，易于维护，应用广泛。它不但可以单独用于面积比较小的建筑，还可作为集中报警系统和控制中心报警系统的基本组成设备。系统的组成结构如图3-11所示。图中的左侧部分为枝状结构，右侧部分为环状结构，每个楼层需要安装报警灯。

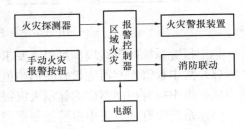

图 3-11　区域报警系统的组成结构

区域报警系统的设置应满足以下要求：

（1）区域火灾报警控制器应设置在有人值班的房间里。

（2）系统能够设置一些功能简单的消防联动控制设备。

（3）当该系统用于警戒多个楼层时，应在每层楼的楼梯口和消防电梯前等明显部位设置识别报警楼层的灯光显示装置。

（4）一个报警区域应设置一台区域火灾报警控制器。

（5）区域火灾报警控制器的安装应符合《火灾自动报警系统设计规范》（GB 50116—1998）。安装在墙壁上时，其底边距地面高度为 1.3～1.5m，其靠近门轴的侧面墙应不小于 0.5m，正面操作距离不小于 1.2m。

2. 集中报警系统

集中报警系统由区域报警控制器、火灾探测器、集中报警控制器、手动报警按钮及联动控制设备和电源等组成。系统的组成结构如图 3-12 所示，集中报警系统功能比较复杂，常用于比较大的场合。

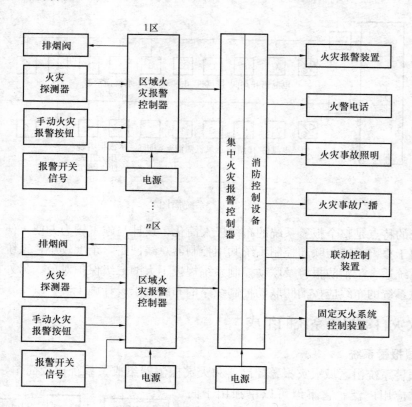

图 3-12　集中报警系统的组成结构

集中报警系统的设置应满足以下要求：

（1）集中报警控制器应设置在消防值班室。

（2）集中报警控制器应能显示火灾报警的具体部位，并能实现联动控制。

（3）系统应有一台集中报警控制器和两台以上区域报警控制器（区域显示器）。

（4）系统应设置消防联动控制设备。

3. 控制中心报警系统

控制中心报警系统由消防室的消防设备、集中报警控制器、区域报警控制器、火灾探测器、手动报警按钮及联动控制设备、电源等组成。系统结构如图 3-13 所示。控制中心报警系统功能复杂，一般用于规模较大、需要集中管理的场所，如大型建筑群、大型综合楼、大型宾馆和饭店等。

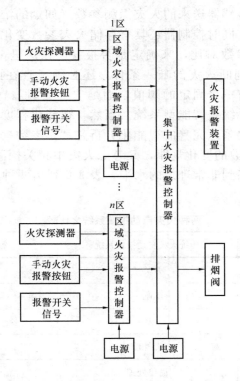

图 3-13 控制中心报警系统的结构组成

3.3.3 智能火灾报警系统

火灾自动报警系统发展至今，大致可分为三个阶段：

（1）多线制开关量式火灾探测报警系统，这是第一代产品。目前国内除极少数厂家生产外，它已处于被淘汰的状态。

（2）总线制可寻址开关量式火灾探测报警系统，这是第二代产品，尤其是二总线制开关量式探测报警系统目前还被大量采用。

（3）模拟量传输式智能火灾报警系统，这是第三代产品。目前我国已开始从传统的开关量式的火灾探测报警技术，跨入具有先进水平的模拟量式智能火灾探测报警技术的新阶段。它使系统的误报率降低到最低限度，并大幅度地提高了报警的准确度和可靠性。

传统的开关量式火灾探测报警系统对火灾的判断依据，仅仅是根据某种火灾探测器探测的参数是否达到某一设定值（阈值）来确定是否报警，只要探测的参数超过其自身的设定值就发出报警信号（开关量信号）。这一判别工作是在火灾探测器中由硬件电路实现，探测器实际上起着触发器件的作用。由于这种火灾报警的判据单一，对环境背景的干扰影响无法消除，或因探测器内部电路的缓慢漂移，从而产生误报警。

模拟量式火灾探测器则不同，它不再起触发器件的作用，即不对灾情进行判断，而仅是用来产生一个与火灾现象成正比的测量值（模拟量），起着传感器的作用，而对火灾的评估和判断由控制器完成。所以，模拟量火灾探测器确切地说应称为火灾参数传感器。控制器能对传感器送来的火灾探测参数（如烟的浓度）进行分析运算，自动消除环境背景的干扰，同时控制器还具有存储火灾参数变化规律曲线的功能，并能与现场采集的火灾探测参数对比，来确定是否报警。在这里，判断是否发生了火灾，火灾参数的当前值不是判断火灾的唯一条件，还必须考查在此之前一段时间的参数值。也就是说，系统没有一个固定的阈值，而是"可变阈"。火灾参数的变化必须符合某些规律，因此这种系统是智能型系统。当然，智能化程度的高低，与火灾参数变化规律的选取有很大的关系。完善的智能化分析是"多参数模式识别"和"分布式智能"，它既考查火灾中参数的变化规律，又考虑火灾中相关探测器的信号间相互关系，从而把系统的可靠性提高到非常理想的水平。表 3-6 列出两种火灾自动报警系统的比较。

两种火灾自动报警系统之比较 表 3-6

	传统火灾自动报警系统	智能火灾自动报警系统
探测器（传感器）	开关量	模拟量
火灾探测最佳灵敏度	不唯一	唯一（随外界环境变化而自行调整）
报警阈值	单一	多态（预警、报警、故障等）
探测器灵敏漂移	无补偿	"零点"自动补偿
信号处理算法	简单处理	各种火灾算法
自诊断能力	无	有
误报率	高（达 20：1）	低（至少降低一个数量级甚低至几乎为零）
可靠性	低	高

应该指出，这里所说的开关量系统或模拟量系统，指的是从探测器到控制器之间传输的信号是开关量还是模拟量。但是，以开关量还是模拟量来区分系统是传统型还是智能型是不准确的。例如，从探测器到控制器传输的信号是模拟量，代表烟的浓度，但控制器却有固定的阈值，没有任何的模式分析，则系统还是传统型的，并无智能化。再如，探测器若本身软硬件结构相当完善，智能化分析能力很强，探测器本身能决定是否报警，且没有固定的阈值，而探测器报警后向控制器传输的信号却是报警后的开关量。显然，这种系统是智能型而不是传统型。因此，区分传统型系统与智能型系统的简单办法不是"开关量"与"模拟量"之别，而是"固定阈"与"可变阈"之别。

目前，智能火灾报警系统按智能的分配来分，可分为三种形式系统：

（1）智能集中于探测部分，控制部分为一般开关量信号接收型控制器：

这种智能因受到探测器体积小等的限制，智能化程度尚处在一般水平，可靠性往往也不是很高。

（2）智能集中于控制部分，探测器输出模拟量信号：

这种系统又称主机智能系统。它是将探测器的阈值比较电路取消，使探测器成为火灾传感器，无论烟雾影响大小，探测器本身不报警，而是将烟雾影响产生的电流、电压变化信号以模拟量（或等效的数字编码）形式传输给控制器（主机），由控制器中的微计算机进行计算、分析、判断，作出智能化处理，辨别是否真正发生火灾。

这种主机智能系统的主要优点有：灵敏度信号特征模型可根据探测器所在环境特点来设定；可补偿各类环境干扰和灰尘积累对探测器灵敏度的影响，并能实现报警功能；主机采微处理机技术，可实现时钟、存储、密码、自检联动、联网等多种管理功能；可通过软件编辑实现图形显示、键盘控制、翻译等高级扩展功能。但是，由于整个系统的监测、判断功能不仅全部要控制器完成，而且还要一刻不停地处理成百上千个探测器发回的信息，因此出现系统程序复杂、量大、探测器巡检周期长，势必造成探测点大部分时间失去监控、系统可靠性降低和使用维护不便等缺点。目前，此种智能系统的产品较多。

（3）智能同时分布在探测器和控制器中：

这种系统称为分布智能系统。它实际上是主机智能与探测器智能两者相结合，因此也称为全智能系统。在这种系统中，探测器具有一定的智能，它对火灾特征信号直接进行分析和判决，然后传给控制器作进一步智能处理和判决，并显示判决结果。智能火灾报警系统的传输方式均为总线制。

3.4 消防联动控制系统

3.4.1 消防联动控制系统的设计要求

1. 消防联动控制设计要求

（1）消防联动控制对象应包括下列设施：

1）各类自动灭火设施；

2）通风及防、排烟设施；

3）防火卷帘、防火门、水幕；

4）电梯；

5）非消防电源的断电控制；

6）火灾应急广播、火灾警报、火灾应急照明、疏散指示标志的控制等。

（2）消防联动控制应采取下列控制方式：

1）集中控制；

2）分散控制与集中控制相结合。

（3）消防联动控制系统的联动信号，其预设逻辑应与各被控制对象相匹配，并应将被控对象的动作信号送至消防控制室。

（4）当采用总线控制模块控制时，对于消防水泵、防烟和排烟风机的控制设备，还应在消防控制室设置手动直接控制装置。

（5）消防联动控制设备的动作状态信号，应在消防控制室显示。

消防联动控制系统图如图 3-14 所示，火灾报警与消防控制关系如图 3-15 所示。

2. 消防设备的联动要求与控制逻辑关系

参见表 3-7 及表 3-8。

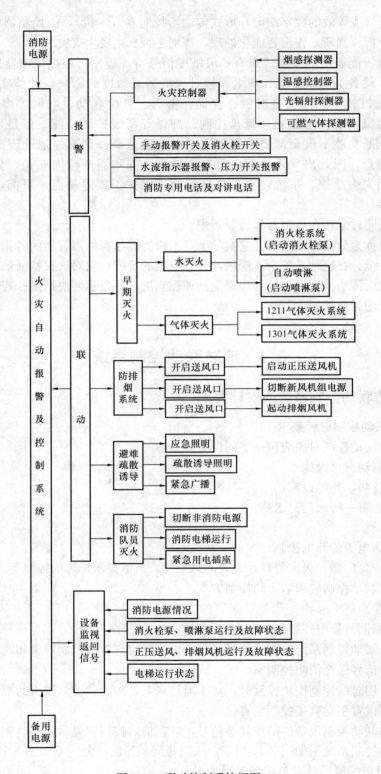

图 3-14 联动控制系统框图

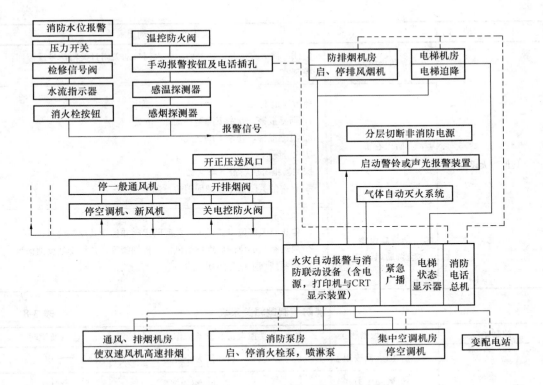

图 3-15　火灾报警与消防控制关系方框图

注：对分散于各层的数量较多的装置，如各种阀等，为使线路简单，宜采用总线模块化控制；对于关系全局的重要设备，如消火栓泵、喷淋泵、排烟风机等，为提高可靠性，宜采用专线控制或模块与专线双路控制；对影响很大，万一误动作可能造成混乱的设备，如警铃、断电等，应采用手动控制为主的方式。

消防设备及其联动要求　　　　　　　　　　　　　　　　　　　表 3-7

消 防 设 备		火灾确认后联动要求
火灾警报装置应急广播		1. 二层及以上楼层起火，应先接通着火层及相邻上下层； 2. 首层起火，应先接通本层，二层及全部地下层； 3. 地下室起火，应先接通地下各层及首层； 4. 含多个防火分区的单层建筑，应先接通着火的防火分区
非消防电源箱		有关部位全部切断
消防应急照明灯及紧急疏散标志灯		有关部位全部点亮
室内消火栓系统水喷淋系统		1. 控制系统启停； 2. 显示消防水泵的工作状态； 3. 显示消火栓按钮的位置； 4. 显示水流指示器，报警阀，安全信号阀的工作状态
其他灭火系统	管网气体灭火系统	1. 显示系统的自动、手动工作状态； 2. 在报警、喷射各阶段发出相应的声光报警并显示防护区报警状态； 3. 在延时阶段，自动关闭本部位防火门窗及防火阀，停止通风空调系统并显示工作状态
	泡沫灭火系统 干粉灭火系统	1. 控制系统启停； 2. 显示系统工作状态

消 防 设 备		火灾确认后联动要求
其他防火设备	防火门	门任一侧火灾探测器报警后,防火门自动关闭且关门信号反馈回消防控制室
	防火卷帘	疏散通道上: 1. 烟感报警,卷帘下降至楼面1.8m处; 2. 温感报警,卷帘下降到底; 防火分隔时: 探测器报警后卷帘下降到底; 3. 卷帘的关闭信号反馈回消防控制室
	防排烟设施 空调通风设施	1. 停止有关部位空调送风,关闭防火阀并接受其反馈信号; 2. 启动有关部位的放烟排烟风机,排烟阀等,并接受其反馈信号; 3. 控制挡烟垂壁等防烟设施

消防控制逻辑关系表 表3-8

控制系统	报警设备种类	受控设备及设备动作后结果	位置及说明
水消防系统	消火栓按钮	启动消火栓泵	泵房
	报警阀压力开关	启动喷淋泵	泵房
	水流指示器	报警,确定起火层	水支管
	检修信号阀	报警,提醒注意	水支管
	水防水池水位或水管压力	启动、停止稳压泵等	
预作用系统	该区域探测器或手动按钮	启动预作用报警阀充水	该区域(闭式喷头)
	压力开关	启动喷淋泵	泵房
水喷雾系统	感温、感烟同时报警或紧急按钮	启动雨淋阀,启动喷淋泵(自动延时30s)	该区域(开式喷头)
空调系统	感烟探测器或手动按钮	关闭有关系统空调机、新风机、送风机	
		关闭本层电控防火阀	
	防火阀70℃温控关闭	关闭该系统空调机或新风机、送风机	
防排烟系统	感烟探测器或手动按钮	打开有关排烟机与正压送风机	地下室,屋面
		打开有关排烟口(阀)	
		打开有关正压送风口	火灾层及上下层
		两用双速风机转入高速排烟状态	
		两用风管中,关正常排风口,开排烟口	
	防火阀280℃温控关闭	关闭有关排烟风机	地下室、屋面
	可燃气体报警	打开有关房间排风机,关闭煤气管道阀门	厨房、煤气表房等

控制系统	报警设备种类	受控设备及设备动作后结果	位置及说明
防火卷帘防火门	防火卷帘门旁的感烟探测器	该卷帘或该组卷帘下降一半	
	防火卷帘门旁的感温探测器	该卷帘或该组卷帘归底	
		有水幕保护时，启动水幕电磁阀和雨淋泵	
	电控常开防火门旁感烟或感温探测器	释放电磁铁，关闭该防火门	
	电控挡烟垂壁旁感烟或感温探测器	释放电磁铁，该挡烟垂壁或该组挡烟垂壁下垂	
手动为主系统	手动或自动，手动为主	切断火灾层非消防电源	火灾层及上下层
	手动或自动，手动为主	启动火灾层警铃或声光报警装置	火灾层及上下层
	手动或自动，手动为主	使电梯归首，消防电梯投入消防使用	
	手动	对有关区域进行紧急广播	火灾层及上下层
消防电话		随时报警、联络、指挥灭火	

3.4.2 气体灭火控制器

1. 通用要求

（1）气体灭火控制器主电源应采用220V，50Hz交流电源，电源线输入端应设接线端子。

（2）气体灭火控制器不应直接接收火灾报警触发器件的火灾报警信号。

（3）气体灭火控制器应具有中文功能标注，用文字显示信息时应采用中文。

2. 控制和显示功能

（1）气体灭火控制器应能直接或间接控制其连接的气体灭火设备和相关设备。

（2）气体灭火控制器接收启动控制信号后，应能按预置逻辑完成以下功能：

1）发出声、光信号记录时间，声信号应能手动消除，当再次有启动控制信号输入时，应能再次启动。

2）启动声光警报器。

3）进入延时，延时期间应有延时光指示，显示延时时间和保护区域，关闭保护区域的防火门、窗和防火阀等，停止通风空调系统。

4）延时结束后，发出启动喷洒控制信号，并有光指示，启动保护区域的喷洒光警报器。

5）气体喷洒阶段应发出相应的声、光信号并保持至复位，记录时间。

（3）气体灭火控制器的延时启动功能应满足下述要求：

1）延时时间应在0～30s内可调。

2）延时期间，应能手动停止后续动作。

（4）气体灭火控制器应有手动和自动控制功能，并有控制状态指示控制状态应不受复位操作的影响。气体灭火控制器在自动状态下，手动插入操作优先，手动停止后，如再有启动控制信号，应按预置逻辑工作。

（5）气体灭火控制器的气体喷洒声信号应优先于启动控制声信号和故障声信号；启动控制声信号应优先于故障声信号。

（6）气体灭火控制器应能接收消防联动控制器的联动信号。

（7）气体灭火控制器应具有分别启动和停止保护区域声光警报器的功能。

（8）气体灭火控制器每个保护区域应设独立的工作状态指示灯。

（9）气体灭火控制器应能向消防联动控制器发送启动控制信号、延时信号、启动喷洒控制信号、气体喷洒信号、故障信号、选择阀和瓶头阀动作信息。

（10）气体灭火控制器的输出特性应满足制造商规定的要求。

（11）气体灭火控制器应设复位按键（按钮），操作复位按键（按钮）后，仍然存在的状态和信息均应保持或在 20s 内重新建立。

（12）气体灭火控制器的日计时误差不应超过 30s，使用打印机记录时间时应打印出月、日、时、分等信息，但不能仅使用打印机记录时间。

3. 故障报警功能

（1）气体灭火控制器应设故障指示灯，该故障指示灯在有故障存在时应点亮。

（2）当发生下列故障时，气体灭火控制器应在 100s 内发出相应的故障声光信号，故障声信号应能手动消除，再有故障信号输入时，应能再启动；故障光信号应保持至故障排除。

1）气体灭火控制器与声光警报器之间的连接线断路、短路和影响功能的接地。

2）气体灭火控制器与驱动部件、现场启动和停止按键（按钮）等之间的连接线断路、短路和影响功能的接地。

3）给备用电源充电的充电器与备用电源间连接线的断路、短路。

4）备用电源与其负载间连接线的断路、短路。

5）主电源欠压。

其中 1）、2）项故障应指示出部位，3）、4）、5）项故障应指示出类型。

（3）气体灭火控制器的故障信号在故障排除后，可以自动或手动复位。手动复位后，气体灭火控制器应在 100s 内重新显示存在的故障。

4. 自检功能

（1）气体灭火控制器应具有本机检查的功能（以下称自检），气体灭火控制器在执行自检功能期间，受控制的外接设备和输出接点均不应动作。气体灭火控制器自检时间超过 1min 或不能自动停止自检功能时，气体灭火控制器的自检功能应不影响非自检部位和气体灭火控制器本身的灭火控制功能。

（2）气体灭火控制器应具有手动检查其音响器件、面板所有指示灯和显示器的功能。

5. 电源功能

（1）气体灭火控制器应具有主电源和备用电源转换装置。当主电源断电时，能自动转换到备用电源；主电源恢复时，能自动转换到主电源；主、备电源的工作状态应有指示，主电源应有过流保护措施。主、备电源的转换不应使气体灭火控制器误动作。备用电源的电池容量应保证气体灭火控制器正常监视状态下连续工作 8h 后，在启动状态下连续工作 30min。

（2）当交流供电电压变动幅度在额定电压（220V）的 110％和 85％范围内，频率偏差不超过标准频率（50Hz）的±1%时，气体灭火控制器应能正常工作。

3.4.3 消防电气控制装置

1. 控制功能

（1）消防电气控制装置应具有手动和自动控制方式，并能接收来自消防联动控制器的联动控制信号，在自动工作状态下执行预定的动作，控制受控设备进入预定的工作状态。

（2）消防电气控制装置仅可配接启动器件，配接启动器件的消防电气控制装置应能接收启动器件的动作信号，并在3s内将启动器件的动作信号发送给消防联动控制器。处于自动工作状态的消防电气控制装置在接收到启动器件的动作信号后，应执行预定的动作，控制受控设备进入预定的工作状态。

（3）消防电气控制装置应能以手动方式控制受控设备进入预定的工作状态。在自动工作状态下或延时启动期间，手动插入控制应优先。

（4）消防电气控制装置应能接收受控设备的工作状态信息，并在3s内将信息传送给消防联动控制器。

（5）消防电气控制装置的各控制、设置功能的操作级别应符合表3-9的规定。

操作级别划分表　　　　　　　　　　　　　　　　表 3-9

序号	操作项目	I	II	III	IV
1	查询信息	M	M	M	M
2	消除声信号	O	M	M	M
3	复位	P	M	M	M
4	手动操作	P	M	M	M
5	进入自检、屏蔽盒解除屏蔽等工作状态	P	M	M	M
6	调整计时装置	P	M	M	M
7	开、关电源	P	M	M	M
8	输入或更改数据	P	P	M	M
9	延时功能设置	P	P	M	M
10	报警区域编程	P	P	M	M
11	修改或改变软、硬件	P	P	P	M

注：1. P—禁止；O—可选择；M—本级人员可操作。

　　2. 进入II、III级操作功能状态应采用钥匙、操作号码，用于进入III级操作功能状态的钥匙或操作号码可用于进入II级操作功能状态，但用于进入II级操作功能状态的钥匙或操作号码不能用于进入III级和IV级操作功能状态。

（6）消防电气控制装置在接收到控制信号后，应在3s内执行预定的动作控制受控设备进入预定的工作状态（有延时要求除外）。

（7）消防电气控制装置在自动工作状态下可设置延时功能，延时时间应不大于10min，延时期间应有延时光指示。

（8）采用三相交流电源供电的消防电气控制装置在电源缺相、错相时应发出故障声光信号；具备自动纠相功能的消防电气控制装置，在电源错相能自动完成纠相时，可不发出故障声、光信号。消防电气控制装置在电源发生缺相、错相时不应使受控设备产生误动作。

（9）如果受控设备为一用、一备相互切换设备，在用的受控设备发生故障时，消防电气控制装置应能在 3s 内自动切换至备用设备，同时发出相应的指示信号。

2. 指示功能

（1）消防电气控制装置应设绿色主电源指示灯，在主电源正常时，该指示灯应点亮。消防电气控制装置应设红色启动指示灯，在执行启动动作后，该指示灯应点亮。

（2）消防电气控制装置应设绿色自动/手动工作状态指示灯，在处于自动工作状态时，指示灯应点亮。指示灯附近应用中文标注其功能。

（3）具有故障报警功能的消防电气控制装置应设音响器件和黄色故障指示灯。当有故障发生时，该指示灯应点亮，音响器件应发出故障声信号。

（4）具有延时启动功能的消防电气控制装置应设红色延时指示灯。在消防电气控制装置延时启动期间，该指示灯应点亮。

（5）消防电气控制装置应设红色受控设备启动指示灯，受控设备启动后指示灯应点亮。

（6）消防电气控制装置应设红色联动控制指示灯。配接启动器件的消防电气控制装置应设红色启动器件动作指示灯，也可共用联动控制指示灯。当有联动信号输入或启动器件动作时，指示灯应点亮并应发出与故障声有明显区别的声信号。

3.4.4 消防设备应急电源

1. 供电功能

（1）消防设备应急电源应能按标称的输出特性为消防设备供电。

（2）能接收联动信号的消防设备应急电源，应能在接收到联动信号后按预先设定的联动功能供电。

2. 显示功能

（1）交流输出消防设备应急电源应能显示以下信息：输入电压和输出电压；输出电流；主电工作状态；应急工作状态；充电状态；电池组电压。

（2）直流输出消防设备应急电源应能显示以下信息：输出电压；输出电流；主电工作状态；应急工作状态。

3. 保护功能

（1）电源输出回路的应急输出电流大于标称额定电流的 120%（或制造商允许的工作极限条件）时，应能发出声、光故障报警信号，大于标称额定电流的 150%（或制造商允许的工作极限条件）时，应能自动停止输出，且应能在过流情况解除后恢复到正常工作状态。

（2）消防设备应急电源任一输出回路保护动作不应影响其他输出回路的正常输出和消防设备应急电源的正常工作。

（3）交流三相输出的消防设备应急电源若仅配接三相负载，其输出的任一相的缺相应能使三相负载回路自动停止输出，发出声、光故障报警信号，在故障解除后应能恢复到正常工作状态。

（4）交流三相输出的消防设备应急电源若配接单相负载，其三相抗不平衡性能应满足制造商的要求。

4. 控制功能

（1）具有手动控制电源输出功能的消防设备应急电源，应能通过手动启动或停止消防设备应急电源的输出。

（2）具有自动控制电源输出功能的消防设备应急电源，应能在接收相应控制信号后自动启动和停止消防设备应急电源。

（3）同时具有手动和自动控制功能的消防设备应急电源，应设有手动/自动转换开关和手动/自动状态指示。在自动状态下，应能优先插入手动控制。处于手动状态下，应用密码或钥匙才能转换到自动状态。

5. 转换功能

（1）消防设备应急电源在主电源断电自动转换到电池组供电时，应发出声提示信号，声信号应能手动消除；当主电源恢复正常时，应自动转换到主电源供电；转换过程不应影响消防设备应急电源的正常工作。

（2）应急输出的转换时间不应大于5s。

（3）消防设备应急电源转入电池组供电的主电电压应在额定工作电压的60%～85%范围内；恢复到主电工作状态的主电电压不应大于额定工作电压的85%。

6. 充电功能

消防设备应急电源应能对蓄电池进行充电。当消防设备应急电源蓄电池放电中止后，充电24h，消防设备应急电源的应急工作时间应大于额定应急工作时间的80%；当消防设备应急电源蓄电池放电中止后，连续充电48h，电池组电压不应小于额定电压且应急工作时间不应小于额定应急工作时间。

7. 放电功能

（1）消防设备应急电源在额定负载的条件下应急工作时间不应小于标称的额定应急工作时间。

（2）配接消防水泵、喷淋泵等灭火设备的消防设备应急电源，其在满负载的条件下应急工作时间不应小于3h，且不小于标称的额定应急工作时间。

（3）消防设备应急电源应有过放电保护，电池组的放电终止电压不应小于额定电压的90%，且静态泄放电流不应大于$10^{-5}C_{20}$A。

（4）消防设备应急电源应有受密码或钥匙控制的强制应急启动装置，该装置启动后，消防设备应急电源的应急工作不受过放电保护的影响。

8. 故障报警功能

消防设备应急电源在下述情况下，应在100s内发出故障声、光信号，并指示出故障类型。故障声信号能手动消除，当有新的故障时，故障声信号应能再启动，故障光信号在故障排除前应保持。手动复位后，消防设备应急电源应在100s内重新显示尚存在的故障。

（1）蓄电池电压小于额定电压的90%。

（2）充电器与电池组之间的连接线断线。

（3）输出回路的保护动作。

（4）电池间连接线的断线。

其中（3）类故障还应指示回路的部位。

3.4.5　消防应急广播设备

1. 通用要求

（1）消防应急广播设备应具有中文功能标注，用文字显示信息时应采用中文。

（2）消防应急广播设备应设绿色工作状态指示灯。

（3）消防应急广播设备应设红色应急广播状态指示灯，当设备进行应急广播时，该指示灯应点亮。

（4）消防应急广播设备应设黄色故障状态指示灯，当设备存在故障时，该指示灯应点亮。

2. 应急广播功能

（1）消防应急广播设备应能同时向一个或多个指定区域广播信息，广播语音应清晰，距扬声器正前方 3m 处，应急广播声压级（A 计权）不应小于 65dB，且不应大于 115dB。

（2）消防应急广播设备应具有广播监听功能。

（3）当有启动信号输入时，消防应急广播设备应立即停止非应急广播功能，进入应急广播状态。

（4）消防应急广播设备应能显示处于应急广播状态的广播分区。

（5）消防应急广播设备应能分别通过手动和自动控制实现下述功能，且手动操作优先：

1）启动或停止应急广播。

2）选择广播分区。

（6）消防应急广播设备进入应急广播状态后，应在 10s 内发出广播信息，且声频功率放大器的输出功率应不能被改变。

（7）消防应急广播设备中任一扬声器故障不应影响其他扬声器的应急广播功能。

（8）消防应急广播设备应能预设广播信息，预设广播信息应贮存在内置的固态存储器或硬盘中。

（9）消防应急广播设备应能通过传声器进行应急广播并应自动对广播内容进行录音，录音时间不应少于 30min。当使用传声器进行应急广播时，应自动中断其他信息广播、故障声信号和广播监听停止使用传声器进行应急广播后，消防应急广播设备应在 3s 内自动恢复到传声器广播前的状态。

（10）消防应急广播设备使用的声频功率放大器应满足下述要求：

1）失真限制的有效频率范围为 80Hz～80kHz。

2）总谐波失真不大于 5%。

3）信噪比不小于 70dB。

3. 故障报警功能

（1）消防应急广播设备发生故障时，应在 100s 内发出故障声、光信号，故障声信号应能手动消除，再有故障发生时，应能再启动；故障光信号应保持至故障排除。

（2）消防应急广播设备发生下述故障时应能显示故障的类型及1）项故障的部位：

1）广播信息传输线路断路、短路。

2）主电源欠压。

3）给备用电源充电的充电器与备用电源间连接线的断路、短路（如有备用电源）。

4）备用电源与其负载间连接线的断路、短路（如有备用电源）。

4. 自检功能

消防应急广播设备应能手动检查本机所有指示灯、显示器和音响器件的功能。

5. 电源性能

（1）消防应急广播设备主电源应采用220V，50Hz交流电源，电源线输入端应设接线端子。

（2）消防应急广播设备应具有备用电源或备用电源接口。

（3）消防应急广播设备的电源部分应具有主电源和备用电源转换装置，当主电源断电时，能自动转换到备用电源；主电源恢复时，能自动转换到主电源；主、备电源的工作状态应有指示，主电源应有过流保护措施。主、备电源的转换不应影响消防应急广播设备的正常工作。

（4）当交流供电电压变动幅度在额定电压（220V）的110%和85%范围内，频率为50Hz±1Hz时，消防应急广播设备应能正常工作。

（5）消防应急广播设备的备用电源在放电至终止电压条件下，充电24h，其容量应能提供消防应急广播设备在监视状态下工作8h后，在制造商规定的最大容量满负载条件下工作30min。

3.4.6 消防电话

1. 消防电话总机性能

（1）消防电话总机应能为消防电话分机和消防电话插孔供电。消防电话总机应能与消防电话分机进行全双工通话。

（2）在线路条件为环路电阻不大于300Ω（不含话机电阻）、线间绝缘电阻不小于20kΩ、线间电容不大于0.7μF条件下，消防电话总机和消防电话分机之间应能清晰通话，无振鸣现象。

（3）收到消防电话分机呼叫时，消防电话总机应在3s内发出呼叫声、光信号，显示该消防电话分机的呼叫状态，声信号应能手动消除消防电话总机与消防电话分机接通后，呼叫声、光信号应自动消除，消防电话总机显示该消防电话分机为通话状态。消防电话总机或消防电话分机挂机后，显示通话状态的光信号应自动消除。

（4）处于通话状态的消防电话总机，在有其他消防电话分机呼入时，应发出呼叫声、光信号，通话不应受呼叫影响。呼叫的消防电话分机挂机后，呼叫声、光信号应自动消除。当消防电话分机再次呼叫消防电话总机时，消防电话总机应能再次发出呼叫声、光信号。消防电话总机在通话状态下应具有允许或拒绝其他呼叫消防电话分机加入通话的功能。

（5）多部消防电话分机（不少于两部）同时呼叫消防电话总机时，消防电话总机应能选择与任意一部或多部消防电话分机通话。

（6）示闲状态的消防电话总机摘机后，消防电话总机受话器应有拨号音提示。

（7）消防电话总机应能呼叫任意一部消防电话分机，并能同时呼叫至少两部消防电话分机。呼叫时，消防电话总机应能显示出被呼叫消防电话分机的状态和位置，消防电话总机受话器应有回铃音提示。任一被呼叫消防电话分机摘机后，回铃音应停止，进入通话状态。消防电话总机应显示该消防电话分机为通话状态，未摘机的被呼叫消防电话分机应保持被呼叫状态。

（8）处于通话状态的消防电话总机，应能呼叫其他消防电话分机，被呼叫的消防电话分机摘机后，应能自动加入通话。

（9）消防电话总机应能终止与任意消防电话分机的通话，且不影响与其他消防电话分机的通话。当与消防电话总机通话的所有消防电话分机挂机后，消防电话总机话机应有忙音提示。

（10）消防电话总机应具有记录和显示呼叫、应答时间的功能；并应能向前查询、显示不少于100条的消防电话总机与消防电话分机呼叫、应答时间的记录；其时钟日计时误差应不超过30s。

（11）消防电话总机在进行查询等操作时，不应影响系统正常工作。

（12）消防电话总机应有包括对其显示器件和音响器件进行功能检查的自检功能。自检期间，如非自检消防电话分机呼叫消防电话总机，消防电话总机应能发出呼叫声、光信号。

（13）在发生下列故障时，消防电话总机应能在100s内发出与其他信号有明显区别的故障声、光信号：

1）消防电话总机的主电源欠压。

2）给备用电源充电的充电器与备用电源之间连接线断线、短路。

3）备用电源向消防电话总机供电的连接线断线、短路。

4）消防电话总机与消防电话分机或消防电话插孔间连接线断线、短路（短路时显示通话状态除外）。

5）消防电话总机与消防电话分机间连接线接地，影响消防电话总机与消防电话分机正常通话。

对于1）、2）、3）类故障仅适用于采用内部供电方式工作的消防电话总机，应能指示出类型；对于4）和5）类故障应能指示出部位。故障声信号应能手动消除，当再有故障发生时，应能再次启动；故障光信号应保持至故障排除。故障期间，如非故障消防电话分机呼叫消防电话总机，消防电话总机应能发出呼叫声、光信号，并能与消防电话总机正常通话。

（14）故障排除后，故障信号可自动或手动复位。复位后，消防电话总机应在100s内重新显示尚存在的故障。

（15）消防电话总机应有通话录音功能。系统进行通话时，录音自动开始、并有光信号指示；通话结束，录音自动停止，消防电话总机可存储的录音时间应不少于20min。当剩余存储空间不足额定容量的10%时，消防电话总机应发出存储容量不足的声、光信号，声信号应能手动消除，光信号应保持至消防电话总机删除录音记录或更换存储介质。消防电话总机应能向前分次或分时查询和播放消防电话总机与消防电话分机的通话录音记录。

2. 消防电话分机性能

(1) 消防电话分机的正常监视状态应有光指示。

(2) 消防电话分机与消防电话总机应能进行全双工通话。通话应清晰，无振鸣现象。

(3) 消防电话分机摘机即自动呼叫消防电话总机，呼叫时受话器应有回铃音。消防电话分机在消防电话总机退出通话状态时应有忙音提示。

(4) 在收到消防电话总机呼叫时，消防电话分机应能在 3s 内发出声、光指示信号。

(5) 消防电话分机之间不能通话（由消防电话总机参与的多方通话除外）。

(6) 消防电话分机通话传输特性应满足《自动电话机技术条件》（GB/T 15279—2002）中的相关要求。

3. 消防电话插孔性能

(1) 消防电话插孔正常状态时应有光指示。

(2) 消防电话插孔接上消防电话分机后，消防电话分机应能与消防电话总机进行全双工通话。

4. 电源性能

(1) 消防电话可采用内部供电和外部供电的供电方式。

(2) 采用内部供电方式工作的消防电话总机主电源应有过压、过流保护措施。

(3) 采用内部供电方式的消防电话总机电源应满足以下要求：

1) 消防电话总机主电源应能保证消防电话总机总容量 30％消防电话分机（不少于 10 部，但不超过 30 部）同时摘机工作。消防电话分机总数少于 10 部时，消防电话总机主电源应能保证所有消防电话分机同时摘机工作。

2) 备用电源在放电终止条件下，充电 24h，其容量应能满足消防电话总机在正常满负载待机状态工作 8h 后，与一部消防电话分机连续通话 3h。

3) 消防电话总机应具有主、备电源自动转换功能。当主电源断电时，应能自动转换到备用电源；当主电源恢复时，应能自动转换到主电源。主、备电源的转换不应影响消防电话总机与消防电话分机间的通话。主、备电源的工作状态应有指示。

4) 主电源供电时，当交流供电电压变动幅度在额定电压（220V）的 110％和 85％范围内，频率偏差不超过标准频率 50Hz 的 ±1％时，系统应能正常工作。

(4) 采用外部供电方式的消防电话总机，供电直流电压的电压变动幅度在额定电压的 110％和 85％范围内时，系统应能正常工作。

3.4.7 传输设备

1. 火灾报警信息的接收与传输功能

(1) 传输设备应能接收来自火灾报警控制器的火灾报警信息，并发出火灾报警光信号。

(2) 传输设备应在 10s 内将来自火灾报警控制器的火灾报警信息传送给"建筑消防设施远程监控中心"（以下简称监控中心）。

(3) 传输设备在处理和传输火灾报警信息时，火灾报警状态指示灯应闪亮，在得到监控中心的正确接收确认后，该指示灯应常亮并保持直至该状态被确认或接收并处理新的火灾报警信息。当信息传送失败时应发出声、光信号。

（4）传输设备在传输监管、故障、屏蔽或自检信息期间，如火灾报警控制器发出火灾报警信息，传输设备应能优先接收并传输火灾报警信息。

（5）对传输设备进行的操作（手动报警操作除外）不应影响传输设备接收和传输来自火灾报警控制器的火灾报警信息。

2. 监管报警信息的接收与传输功能

（1）传输设备应能接收来自火灾报警控制器的监管报警信息，并发出指示监管报警的光信号。

（2）传输设备应能在 10s 内将来自火灾报警控制器的监管报警信息传送给监控中心。

（3）传输设备在处理和传输监管报警信息时，监管报警状态指示灯应闪亮，在得到监控中心的正确接收确认后，该指示灯应常亮并保持直至该状态被确认或接收并处理新的监管报警信息，当信息传送失败时应发出声、光信号。

3. 故障报警信息的接收与传输功能

（1）传输设备应能接收来自火灾报警控制器的故障报警信息，并发出指示故障报警状态的光信号。

（2）传输设备应在 10s 内将来自火灾报警控制器的故障报警信息传送给监控中心。

（3）传输设备在处理和传输故障报警信息时，故障报警状态指示灯应闪亮，在得到监控中心的正确接收确认后，该指示灯应常亮并保持直至该状态被确认或接收并处理新的故障报警信息。当信息传送失败时应发出声、光信号。

4. 屏蔽信息的接收与传输功能

（1）传输设备应能接收来自火灾报警控制器的屏蔽信息，并发出指示屏蔽状态的光信号。

（2）传输设备应在 10s 内将来自火灾报警控制器的屏蔽信息传送给监控中心。

（3）传输设备在处理和传输屏蔽信息时，屏蔽状态指示灯应闪亮，在得到监控中心的正确接收确认后，该指示灯应常亮并保持直至该状态被确认或接收并处理新的屏蔽信息。当信息传送失败时应发出声、光信号。

5. 手动报警功能

（1）传输设备应设手动报警按键（钮），当手动报警按键（钮）动作时，应发出指示手动报警状态的光信号。

（2）传输设备应在 10s 内将手动报警信息传送给监控中心。

（3）传输设备在手动报警操作并传输信息时手动报警指示灯应闪亮，在得到监控中心的正确接收确认后，该指示灯应常亮并保持 60s。当信息传送失败时应发出声、光信号。

传输设备在传输火灾报警、监管，故障、屏蔽或自检信息期间，应能优先进行手动报警操作和手动报警信息传输。

6. 本机故障报警功能

（1）传输设备应设本机故障指示灯，只要传输设备存在本机故障信号，该故障指示灯（器）均应点亮。

当发生下列故障时，传输设备应在 100s 内发出与火灾报警和手动报警有明显区别的本机故障声、光信号，并指示出类型，本机故障声信号应能手动消除，再有故障发生时，应能再启动；本机故障光信号应保持至故障排除。

1）传输设备与监控中心间的通信线路（或信道）不能进行正常通信。

2）给备用电源充电的充电器与备用电源间连接线的断路、短路。

3）备用电源与其负载间连接线的断路、短路。

（2）采用字母（符）—数字显示器时，当显示区域不足以显示全部故障信息时，应有手动查询功能。

（3）传输设备的本机故障信号在故障排除后，可以自动或手动复位。手动复位后，传输设备应在 100s 内重新显示存在的故障。

7. 自检功能

传输设备应能手动检查本机面板所有指示灯、显示器和音响器件的功能。

8. 电源性能

（1）传输设备应有主、备电源的工作状态指示，主电源应有过流保护措施。当交流电网供电电压变动幅度在额定电压（220V）的 110％和 85％范围内，频率偏差不超过标准频率（52Hz）的 ±1％时，传输设备应能正常工作。

（2）传输设备应有主电源与备用电源之间的自动转换装置。当主电源断电时，能自动转换到备用电源；主电源恢复时，能自动转换到主电源。主、备电源的转换不应使传输设备产生误动作。备用电源的电池容量应能提供传输设备在正常监视状态下至少工作 8h。

第四章 安全防范自动化系统

4.1 安全防范系统的概述

4.1.1 安全防范系统的定义

安全防范是指在建筑物或建筑群内（包括周边地域），或特定的场所、区域，通过采用人力防范、技术防范和物理防范等方式综合实现对人员、设备、建筑或区域的安全防范。通常所说的安全防范主要是指技术防范，是指通过采用安全技术防范产品和防护设施实现安全防范。

安全防范系统（SPS）以维护社会公共安全为目的，运用安全防范产品和其他相关产品所构成的入侵报警系统、视频安防监控系统、出入口控制系统、防爆安全检查系统等；或由这些系统为子系统组合或集成的电子系统或网络。安全防范系统的全称为公共安全防范系统，是以保护人身财产安全、信息与通信安全，达到损失预防与犯罪预防目的。

4.1.2 安全防范系统的内容

安全防范系统的内容（见表 4-1）

安全防范系统内容

表 4-1

项　目	说　明
视频安防（闭路电视）监控系统	采用各类摄像机，对建筑物内及周边的公共场所、通道和重要部位进行实时监视、录像，通常和报警系统、出入口控制系统等实现联动。 视频监控系统通常分模拟式视频监控系统和数字式视频监控系统，后者还可网络传输、远程监视。
入侵（防盗）报警系统	采用各类探测器，包括对周界防护、建筑物内区域/空间防护和某些实物目标的防护。 常用的探测器有：主动红外探测器、被动红外探测器、双鉴探测器、三鉴探测器、振动探测器、微波探测器、超声探测器、玻璃破碎探测器等。在工程中还经常采用手动报警器、脚挑开关等作为人工紧急报警器件
出入口控制（门禁）系统	采用读卡器等设备，对人员的进、出，放行、拒绝、记录和报警等操作的一种电子自动化系统。 根据对通行特征的不同辨识方法，通常有密码、磁卡、IC 卡或根据生物特征，如指纹、掌纹、瞳孔、声音等对通行者进行辨识
巡更管理系统	是人防和技防相结合的系统。通过预先编制的巡逻软件，对保安人员巡逻的运动状态（是否准时、遵守顺序巡逻等）进行记录、监督，并对意外情况及时报警。 巡更管理系统通常分为离线式巡更管理系统和在线式（或联网式）巡更管理系统。在线式巡更管理系统通常采用读卡器、巡更开关等识别。采用读卡器时，读卡器安装在现场往往和出入口（门禁）管理系统共用，也可由巡更人员持手持式读卡器读取信息

项　　目	说　　明
停车场（库）管理系统	对停车场（库）内车辆的通行实施出入控制、监视以及行车指示、停车计费等的综合管理。停车场管理系统主要分内部停车场、对外开放的临时停车场，以及两者共用的停车场
访客对讲系统	是对出入建筑物实现安全检查，以保障住户的安全。 访客对讲系统在住宅、智能化小区中已得到广泛采用
安全防范综合管理系统	早期的安全防范系统大都是以各子系统独立的方式工作，特点是子系统单独设置，独立运行。子系统间若需联动，通常都通过硬件连接实现彼此之间的联动管理。目前由于计算机技术、通信技术和网络技术的飞速发展，开始采用安全防范综合管理系统，也称集成化安全防范系统。 集成化安全防范系统的特点是采用标准的通信协议，通过统一的管理平台和软件将各子系统联网，从而实现对全系统的集中监视、集中控制和集中管理，甚至可通过因特网进行远程监视和远程控制。 集成化安全防范系统使建筑物的安全防范系统成为一个有机整体，可方便地接入建筑智能化集成管理系统。从而可有效地提高建筑物抗事故、灾害的综合防范能力和发生事故、灾害时的应变能力以及增强调度、指挥、疏散的管理手段等

4.1.3　安全防范系统的功能

一个完整的安全防范系统应具备以下功能：

1. 图像监控功能

（1）视像监控：采用各类摄像机、切换控制主机、多屏幕显示、模拟或数字记录装置、照明装置，对内部与外界进行有效的监控，监控部位包括要害部门、重要设施和公共活动场所。

（2）影像验证：在出现报警时，显示器上显示出报警现场的实况，以便直观地确认报警，并作出有效的报警处理。

（3）图像识别系统：在读卡机读卡或以人体生物特征作凭证识别时，可调出所存储的员工相片加以确认，并通过图像扫描比对鉴定来访者。

2. 探测报警功能

（1）内部防卫探测：所配置的传感器包括双鉴移动探测器、被动红外探测器、玻璃破碎探测器、声音探测器、光纤回路、门接触点及门锁状态指示等。

（2）周界防卫探测：精选拾音电缆、光纤、惯性传感器、地下电缆、电容型感应器、微波和主动红外探测器等探测技术，对围墙、高墙及无人区域进行保安探测。

（3）危急情况监控：工作人员可通过按动紧急报警按钮或在读卡机输入特定的序列密码发出警报。通过内部通信系统和闭路电视系统的连动控制，将会自动地在发生报警时产生声响或打出电话，显示和记录报警图像。

（4）图形鉴定：监视控制中心自动地显示出楼层平面图上处于报警状态的信息点，使值班操作员及时获知报警信息，并迅速、有效、正确地进行接警处理。

3. 控制功能

（1）对于图像系统的控制，最主要的是图像切换显示控制和操作控制，控制系统结构

有：央控制设备对摄像前端——对应的直接控制中央控制设备通过解码器完成的集中控制新型分布式控制

（2）识别控制

1）门禁控制：可通过使用 IC 卡、感应卡、威根卡、磁性卡等类卡片对出入口进行有效的控制。除卡片之外还可采用密码和人体生物特征。对出入事件能自动登录存储。

2）车辆出入控制：采用停车场监控与收费管理系统，对出入停车场的车辆通过出入口栅栏和防撞挡板进行控制。

3）专用电梯出入控制：安装在电梯外的读卡机限定只有具备一定身份者方可进入，而安装在电梯内部的装置，则限定只有授权者方可抵达指定的楼层。

（3）响应报警的联动控制：这种连动逻辑控制，可设定在发生紧急事故时关闭保库、控制室、主门等出入口，提供完备的保安控制功能。

4. 自动化辅助功能

（1）内部通信，内部通信系统提供中央控制室与员工之间的通信功能。这些功能包括召开会议、与所有工作站保持通信、选择接听的副机、防干扰子站及数字记录等功能，它与无线通信、电话及闭路电视系统综合在一起，能更好地行使鉴定功能。

（2）双向无线通信，双向无线通信为中央控制室与动态情况下的员工提供灵活而实用的通信功能，无线通信机也配备了防袭报警设备。

（3）有线广播，矩阵式切换设计，提供在一定区域内灵活地播放音乐、传送指令、广播紧急信息。

（4）电话拨打，在发生紧急情况下，提供向外界传送信息的功能。当手提电话系统有冗余时，与内部通信系统的主控制台综合在一起，提供更有效的操作功能。

（5）巡更管理，巡更点可以是门锁或读卡机，巡更管理系统与闭路电视系统结合在一起，检查巡更员是否到位，以确保安全。

（6）员工考勤，读卡机能方便地用于员工上下班考勤，该系统还可与工资管理系统联网。

（7）资源共享与设施预订，综合保安管理系统与楼宇管理系统和办公室自动化管理系统联网，可提供进出口、灯光和登记调度的综合控制，以及有效地共享会议室等公共设施。

4.2   出入口管制系统

4.2.1   出入口管理系统的概念

出入口管理系统控制各类人员的出入以及他们在相关区域内的活动，通常称为门禁控制系统。它的控制原理是：按照人的活动范围，预先制作出各种层次的卡或预定的密码，在相关的出入口安装磁卡识别器或密码键盘，用户持有效卡或输入密码才能通过，否则自动报警。

出入口管理系统要与防盗报警系统、电视监控系统和消防系统联动，才能有效地实现安全防范。出入口管理系统形成了智能建筑第一个层次的防护，能够在侵入发生的第一时间发现，并防止侵入。

4.2.2 出入口管制系统的组成和功能

1. 出入口管制系统的组成

出入口管理系统一般由出入口目标识别子系统、出入口信息管理子系统和出入口控制执行机构三部分组成，其构成如图 4-1 所示。

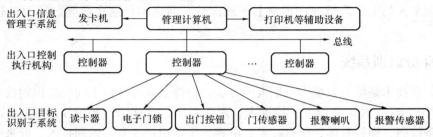

图 4-1 出入口管理系统的构成

（1）出入口目标识别子系统。出入口目标识别子系统是直接与人打交道的设备，通常采用各种卡式识别装置和生物辨识装置。卡式识别装置包括 IC 卡、磁卡、射频卡和智能卡等。生物辨识装置是利用人的生物特征进行辨识，如利用人的指纹、掌纹及视网膜等进行识别。卡式识别装置因价格便宜，而得到广泛使用。由于每个人的生物特征不同，生物辨识装置安全性极高，一般用于安全性很高的军政要害部门或大银行的金库等地方的出入口管制系统。

（2）出入口控制执行机构。出入口控制执行机构由控制器、出口按钮、电动锁、报警传感器、指示灯和喇叭等组成。控制器接收出入口目标识别子系统发来的相关信息，与自己存储的信息进行比较后做出判断，然后发出处理信息，控制电动锁。若出入口目标识别子系统与控制器存储的信息一致，则打开电动锁开门。若门在设定的时间内没有关上，则系统就会发出报警信号。单个控制器就可以组成一个简单的出入口管制系统，用来管理一个或几个门。多个控制器由通信网络与计算机连接起来组成可集中监控的出入口管制系统。

（3）出入口信息管理子系统。出入口信息管理子系统由管理计算机和相关设备以及管理软件组成。它管理着系统中所有的控制器，向它们发送命令，对它们进行设置，接收其送来的信息，完成系统中所有信息的分析与处理。

出入口管制系统可以与电视监控系统、电子巡更系统和火灾报警系统等连接起来，形成综合安全管理系统。

2. 出入口管制系统的功能

出入口管制系统的主要功能如下：

（1）设定电动锁的开关时间。门的状态和被控信息记录到上位机中，可方便查询。

（2）自动识别火灾报警信号。当接到火灾报警信号时，系统能够自动开启电动锁，保障人员疏散。

（3）方便信息查询。能够对人员的进出情况或者某人的出入状况进行统计、查询和打印。

（4）设定卡片权限。出入口管制系统可管理并制作相应的通行证，设置各种进出权限，即每张卡可进入哪道门，需不需要密码等。凭有效的卡片、代码和特征，根据其进出权限允许进出或拒绝进出，属于黑名单者将报警。

（5）通过设置传感器检测门的状况。如果读卡机没有读卡或没有接到开门的信号，传感器检测到门被打开，则会发出报警信号。

（6）可与考勤系统结合。通过设定初次和时间，系统可以对存储的记录进行考勤统计。如查询某人的上下班情况、正常上下班次数、迟到和早退次数等，从而进行有效的管理。

4.2.3　身份识别系统

身份识别技术是信息系统中识别人的方法。目前已经有许多不同身份识别技术，常用的有磁（带）卡、（嵌）磁线卡、接近卡、水印磁卡、智能卡（IC 卡）、MT 卡，其他还有红外线条纹码、钡铁氧体、全息技术、电容、生物识别等身份识别技术。近来电子标签（RFID）的应用发展也很快。同时，生物识别技术，如指纹、掌形、脸谱、声音的识别技术近几年也得到了很大的发展，还有手机、身份证、短信等开锁方式实现。

1. 常用身份识别技术

目前主要用卡和生物识别技术进行身份识别。

（1）卡主要分为条码卡、磁带卡、智能卡（IC）、电子标签或射频识别（RFID）和蓝牙卡。

（2）生物识别技术。生物特征识别是一种计算机识别技术，主要有指纹识别、掌纹识别、语音识别、虹膜识别、人脸识别、步态识别、抗体识别、全方位生物特征识别等。它将一个人的面貌、声音以及嘴唇运动三种生物特征相结合，在 1s 内快速完成识别。

2. 智能卡技术

智能卡又称为集成电路卡，即 IC 卡。它将一个集成电路芯片镶嵌于塑料基片中，封装成卡的形式，其外形与覆盖磁条的磁卡相似。智能卡可进行如下分类：

（1）按集成电路类型分类。根据卡中所镶嵌的集成电路的不同，可以分为以下三类：

1）存储器卡。卡中的集成电路为 EEPROM（可用电擦除的可编程只读存储器）。

2）逻辑加密卡。卡中的集成电路具有加密逻辑和 EPROM。

3）CPU 卡。卡中的集成电路包括中央处理器 CPU、EEPROM、随机存储器 RAM 及固化在只读存储器 ROM 中的片内操作系统（COS）。

（2）按读取信息的方式分类。读取信息的方式有接触式和非接触式（感应式）两类。

1）接触式。接触式 IC 卡与磁卡相比，更加安全可靠，除了存储容量大，还可一卡多用，同时可靠性比磁卡高，寿命长，读写机构比磁卡读写机构简单可靠，造价便宜，维护方便，容易推广。

2）非接触式。非接触式 IC 卡与传统的接触式 IC 卡相比，在继承了接触式 IC 卡的优点的同时，如大容量、高安全性等，又克服了接触式所无法避免的缺点，如读写故障率高，由于触点外露而导致的污染、损伤、磨损、静电以及插卡不便的读写过程等。非接触式 IC 卡完全密封的形式及无接触的工作方式，使之不受外界不良因素的影响，从而使用寿命完全接近 IC 芯片的自然寿命，因而卡本身的使用频率和期限及操作的便利性都大大高于接触式 IC 卡。

3. 读卡器

读卡器读出卡片上的信号供处理器处理用，不同的卡需要配置不同的读卡器。

一般智能卡读卡器有划拉式和插入式两种。其他读卡器有转动围栏读卡器、键式读卡器和感应式读卡器。安装方式有暗装式和明装式两种。

（1）插入式读卡器。它是一种推拉式读卡器，面板较小，用于不适合安装表面式读卡器的地方。插入式读卡器适合墙壁暗装，常用于磁条卡及水印磁卡。

（2）划拉式读卡器。划拉式读卡器是一种明装的读卡器，有一槽及有角度的卡片进口。它适用于除接近式读卡器之外的其他磁性编码技术。

（3）非接触式（感应）读卡器。非接触式读卡器可安装在任何出入口，甚至在墙壁内或玻璃屏后。用一个远距离感应卡及自动门可免去手操作。注意，在大的金属封闭物和可以屏蔽无线电频率电波的地方安装接近式读卡器要谨慎。

4. 身份识别技术在智能建筑中的应用

在智能建筑中，身份识别技术可以用于：

（1）出入口控制。通过持卡人授权，实现通道、电梯的出入安全管理。

（2）电子巡查管理。通过智能卡记录巡逻安防人员的巡逻路线、巡逻时间、巡逻到位的信息，实施巡逻安全管理。

（3）停车场管理。实现临时停车无现金付费与常租停车位管理，智能卡与安防系统联动实现车辆安全管理。

（4）物业管理。可用于建筑物内的水、电、气、风的计量、记录和付费等一系列物业管理。

（5）商业收费。建立持卡人资料、信用等级，实现电子购物与电子转账付费。

（6）人事考勤管理。使用智能卡建立员工人事档案资料，记录员工出勤时间。

5. 中央控制器及软件

中央控制器的硬件大多采用微机，其配置与建筑物自动化系统所使用的类似，有的就是建筑物自动化系统的一个子系统。中央控制器的软件是出入口控制系统的核心。

（1）出入口控制系统的软件必须便于使用。软件可以对系统设备和卡片进行注册管理、卡片级别设置、时区管理、数据库管理、事件记录、报表生成，一般有图形操作指示。

（2）必须有足够大的存储器，以便开发软件及保留历史资料、数据。通过存储器数据保护作用，可将历史资料、卡数据库及系统参数保存数年。

（3）智能建筑的中央计算机软件功能应强一些，它不仅要支持大量读卡器及用户，而且要与终端通信，还要足够灵活，以进行其他安防功能。

（4）多种读卡技术应能综合在一个系统中。

（5）高级出入口控制系统的软件应有操作员接口、信息通道、报警确认、优先报警、劫持报警、多用户、多任务、报告、查错等功能。

4.2.4　出入口管制系统的布线

1. 出入口控制系统布线

分控制器和中央控制器之间用总线或网络联结。总线结构使得安装接线只需 2 芯电缆或 4 芯电缆。分控制器的控制单元可以在靠近门的地方安装，这样连接到读卡器和开门器的电缆都很短。开门器、门关探测触点、开门按钮和报警指示装置都可连接到门的安装盒上。该盒可由控制单元通过三根线进行控制（＋，－，数据线），数据以数字的形式在数据线上双向传输。在控制单元和接线盒内装有特别的数据传输控制装置。任何对系统的破坏都会立即被探知。控制单元应有防破坏能力并且安装简便，以保证了系统的安全性和可靠性。

图 4-2 和图 4-3 所示为两种出入口控制系统。

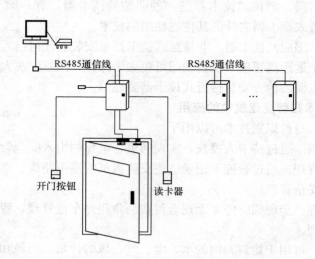

图 4-2 出入口控制系统 1

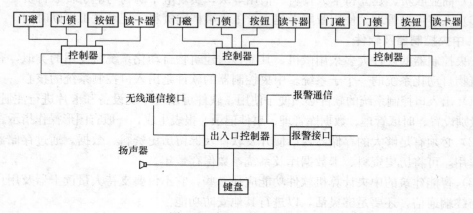

图 4-3 出入口控制系统 2

2. 管路、线缆敷设

（1）管路、线缆敷设应符合设计图样的要求及相关标准和规范的规定，有隐蔽工程的应办隐蔽验收。

（2）线缆回路应进行绝缘测试，并有记录，绝缘电阻应大于 20MΩ。

（3）地线、电源线应按规定连接，电源线与信号线分槽（或管）敷设，以免干扰。采用联合接地时，按地电阻应小于 1Ω。

4.3 防盗报警系统

4.3.1 防盗报警系统的概念

1. 概念

入侵报警系统（IAS）又称为防盗报警系统，能根据建筑物安全防范技术要求的需要，在建筑物内某些地点设置探测器并进行布防，在探测到有非法入侵时，对非法入侵、盗窃、破坏和抢劫进行报警，并有报警复核功能。

2. 构建过程

入侵报警系统的构建过程是在对建筑物平面及各功能区分析之后，安装布置红外微波双鉴、门磁、玻璃破碎、震动、紧急按钮等多种探测器组合的探测装置，配上报警控制主机，即可建成局部范围的防盗报警系统，负责监视该范围内外各个点、线、面和整个区域的侦测任务。

每个报警控制主机可有数十个防区，所有防区可以编程为多种防区类型之一，主机板上还固定了几个常用的防区。每个前端探测器均带有地址码，所有报警信号均使用编码方式以总线制方式传输，可采用双绞线、电缆、光缆等不同线缆进行传输。有的系统为了增加传输线路的保密性和防破坏性，还对报警信号重新编码后才传送。报警控制主机在接收到由前端传送来的报警信号后，能立即显示出报警区域的地址，并产生声光报警。

在此基础上如若再配上以有线为主、无线为辅的报警传输手段，用于将各处报警控制主机过滤后的报警信号近距离或远距离地传送到报警监控中心，实现与报警监控中心相连通，从而使警报能上传到报警中心和接收报警中心下达的指令，以此即可组成大范围联网型的报警系统。

报警监控中心既可与计算机联网使用，又能识别传输线路短路、断路等故障原因，提示报警故障信息。但当遇到停电、计算机故障等情况发生时，也应能脱离计算机独立工作。

3. 组成

防盗报警系统通常由防盗探测器、防盗报警控制器和传输系统组成，如图4-4所示。

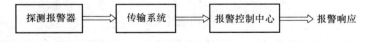

图4-4　防盗报警系统的基本组成

（1）防盗探测器由电子及机械部件组成，它是用来探测防范现场是否有入侵者进入的一种装置，通常由信号传感器和前置信号处理电路两部分组成。可根据不同的防范现场选用不同的信号传感器，如振动、幅度传感器、气压、温度等来探测和预报各种危险情况。前置信号处理电路将传感器输出的电信号处理后变成信道中传输的电信号，送入信号传输系统。

（2）信号传输系统的信道种类极多，通常分有线信道和无线信道。有线信道常使用同轴电缆、双绞线、电话线或光缆传输探测电信号。则无线信道是将控测电信号调制到规定的无线电频段上，用无线电波传输探测电信号。

（3）防盗控制器通常由信号处理器和报警装置组成。由信号传输系统送来的探测电信号经信号处理器作进一步的处理，以判断"有"或"无"危险信号。如果有情况，防盗报警控制器就控制报警装置发出声、光报警信号，引起值班人员的警觉，以采取相应的措施，或者直接向公安保卫部门发出报警信号。

4. 入侵报警系统的功能。除了监测报警功能外，入侵报警系统应具有以下功能：

（1）布防和撤防功能。可以设置某些时间、某些地点的探测器工作或不工作。

（2）防破坏。防备探测器线路被切断或短路。系统能对运行状态和信号线路进行监测，在线路受到破坏时报警装置会发出信号。

（3）与其他计算机系统联网功能。便于进行远程通信和综合控制。

4.3.2　防盗报警探测器

1. 防盗报警探测器的种类

（1）开关报警器。开关报警器是一种可以把防范现场传感器的位置或工作状态的变化转换为控制电路通断的变化，并以此来触发报警电路的探测报警器。由于这类探测报警器的传感器类似于电路开关，因此称为开关报警器。它作为点控型报警器，可分为以下几种类型：

1）门磁开关。门磁开关是一种广泛使用，成本低，安装方便，且不需要调整和维修的探测器。门磁开关由可移动部件和输出部件构成。两者安装距离要适当，以保证门、窗关闭时干簧管触点在磁力作用下闭合。输出部件上有两条线，正常状态为常闭输出。当门窗开启时，磁铁与干簧管远离，干簧管附近磁场消失或减弱，干簧管触点断开，输出转换成为常开。当有人破坏单元的大门或窗户时，门磁开关将立即将这些动作信号传输给防盗报警控制器进行报警。

门磁开关的结构如图 4-5 所示。

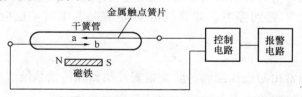

图 4-5　门磁开关结构

2）微动开关型。微动开关是一种依靠外部机械力的推动实现电路通断的电路开关，其结构如图 4-6 所示。

从图 4-6 中可看到，当外力通过按钮作用于动簧片上时，簧片末端的动触点 a 与静触点 b 快速接通，同时断开 c 点；当外力撤除后，动簧片在弹簧的作用下，迅速恢复原位，则 a、c 两点接通，a、b 两点断开。

在使用微动开关作为开关报警传感器

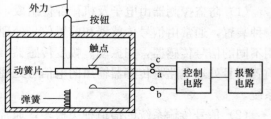

图 4-6　微动开关报警器结构示意

时，需要把它固定在被保护物之下。一旦被保护物被意外移动或抬起时，控制电路发生通断变化，引起报警装置发出声光报警信号。

3）压力开关型。压力开关是利用压力控制开关的通断。压力垫就是典型的应用。压力垫由两条长条形金属带平行且相对应地分别固定在地毯背面，两条金属带相互隔离。当有入侵者踏上地毯时，两条金属带就接触上，相当于开关点闭合产生报警信号。

4）水银开关型。使用时，当水银开关倾斜并达到所需角度即可接通电路进行报警。水银开关体积小、重量轻、接触电阻小、寿命长，没有机械磨损，不会粘接和烧坏。开关被设计成环状，可将整个开关密封在缸体内，具有高度的坚固性和耐用性。此外，它还可以在保护气体里工作，能实现无触点回跳，并能承受剧烈的电压冲击。

（2）玻璃破碎探测器。根据探测原理的不同，玻璃破碎防盗探测器分为振动式和声音分析式两种。

1）振动式玻璃破碎防盗探测器。振动式玻璃破碎防盗探测器一般粘附在需防范的玻璃的内侧，温度、湿度的变化及轻微震动产生的低频振动，甚至敲击玻璃所产生的振动都不会使报警探测器发出报警信号。只有当报警探测器探测到玻璃破碎或足以使玻璃破碎的强冲击力产生的特殊频率范围的振动时才触发控制电路产生报警信号。

2）声音分析式玻璃破碎防盗探测器。它利用微处理器的声音分析技术来分析与破碎相关的特定声音频率后进行准确的报警。声音分析式玻璃破碎防盗探测器利用拾音器对高频的玻璃破碎声音进行有效的检测，主要用于周界防护，安装在单元窗户和玻璃门附近的墙上或天花板上，不会受到玻璃本身的振动而引起反应。当窗户或阳台门的玻璃被打破时，玻璃破碎防盗探测器探测到玻璃破碎的声音后即将探测到的信号传给防盗报警控制器进行报警。

（3）电场感应周界防盗探测器。电场感应周界防盗探测器将电磁场在保护区域通过场线向周围空间发射，在一定的距离上，再设置一根感应线或称天线。当无人入侵时，感应线的输出是恒定的；当有人入侵时，使干扰电场，使感应线上的感应电荷发生变化。如果这种变化满足预定的标准，便触发报警。

电场感应周界防盗探测器非常灵敏，同时不受雨、雾、雪的影响，能探测人的很慢的运动，但小动物及由风吹动的物体对其影响极小。其报警时，工作人员能立即识别哪个区域出了问题。

（4）泄漏电缆传感器。所谓泄漏电缆是一种特制的同轴电缆，如图 4-7 所示。泄漏电缆传感器一般用来组成周界防护。该传感器由平行埋在地下的两根泄漏电缆组成：一根泄漏同轴电缆与发射机相连，向外发射能量；另一根泄露同轴电缆与接收机相连，用来接收能量。发射机发射的高频电磁能（频率为 $30\sim300\mathrm{MHz}$）经发射电缆向外辐射，部分能量耦合到接收电缆。收发电缆之间的空间形成一个椭圆形的电磁场的探测区域。当非法入侵者进入探测区域时，改变了电磁场，使接收电缆接收的电磁场信号发生了变化，发出报警信息，起到了周界防护作用。

（5）电子围栏式防盗探测器。电子

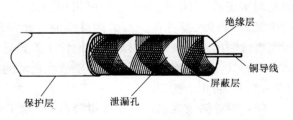

图 4-7　泄漏电缆结构

围栏式防盗探测器是一种用于周界防范的探测器。它由脉冲电压发生器、报警信号检测器以及前端的电子围栏三部分组成。当有入侵者入侵时，触碰到前端的电子围栏或试图剪断前端的电子围栏，都会发出报警信号。

（6）双鉴防盗探测器。各种报警器各有优缺点，单一类型的报警器因为环境干扰和其他因素容易引起误报警的情况。为了减少误报，人们提出了互补探测技术的方法，即把两种不同探测原理的探测器组合起来，组成具有两种技术的组合报警器，称为双鉴探测报警器，又称为双技术探测报警器。这种双技术组合必须符合以下条件：

1）组合中的两个探测器有不同的误报机理，而且两个探测器对目标的探测灵敏度又必须相同。

2）当上述条件不能满足时，应选择对警戒环境产生误报率最低的两种类型的探测器，如果两种类型的探测器对外界环境的误报率都很高，当两者组合成双鉴探测器时，不会显著降低误报率。

3）选择的两种类型的探测器都应对外界经常或连续发生的干扰不敏感的探测器，且两者都能为对方的报警互相做鉴证，即必须同时或者在短暂时间间隔内相继探测到目标后，经过鉴别才发出报警信号。

常用的双鉴探测报警器有微波与超声波、超声波与被动式红外线、微波与被动式红外线等。

（7）红外线防盗探测器。红外线报警器是利用红外线能量的辐射及接收技术做成的报警装置。按照工作原理，可以分为主动式和被动式两种类型。

1）主动式红外线报警器。主动式红外线报警器是由发射、接收装置两部分组成。发射装置向安装在几米甚至几百米远的接收装置发射一束红外线光束，此光束被遮挡时，接收装置就发出报警信号。因此它也是阻挡式报警器，或称为对射式报警器。红外线对射探头要选择合适的响应时间：太短容易误报，如小鸟飞过、小动物穿过等，甚至刮风都可以引起误报；太长则会漏报。一般以 10m/s 的速度来设定最短遮光时间。比如，人的宽度为 20cm，则最短遮挡时间为 20ms，大于 20ms 报警，小于 20ms 不报警。

主动式红外线报警器有较远的传输距离，因红外线属于非可见光源，入侵者难以发觉与躲避，防范效果明显。

2）被动式红外防盗探测器。被动式红外防盗探测器不向空间辐射能量，而是依靠接收人体发出的红外辐射来进行报警。任何物体因表面热度的不同，都会辐射出强弱不等的红外线。因物体的不同，其所辐射的红外线波长也有差异。人体的体表温度约为 36℃，大部分辐射集中在 8～12μm 的波段范围内。

（8）超声波防盗探测器。超声波报警探测器与微波报警器一样，都是利用多普勒效应的原理实现的。不同的是，它们所采用的波长不同。通常把 20kHz 以上破裂的声波称为超声波。当有入侵者在探测区内移动时，超声反射波会产生大约 ±100Hz 的频率偏移，接收机检测出发射波与反射波之间的频率差异后，就发出报警信号。超声波报警器容易受到震动和气流的影响。使用时，不要放在松动的物体上，同时还要注意周围是否有其他超声波存在，防止干扰。

（9）声控防盗探测器。声控报警器是用微音器作传感器，用来监测入侵者在防范区域内走动或作案时发出的声响，并将此声响转换为电信号经传输线送到报警控制器。此声响也可供值班人员对防范区域进行监听。

声控报警器通常与其他类型的报警装置配合使用，作为报警复核装置，可以大大降低误报和漏报的概率。因为任何类型的报警器都存在误报和漏报现象，在配有声控报警器的情况下，当其他报警器报警时，值班人员可以监听防范现场有无相应的声音，若没有，就可以认为是误报；在其他报警器虽未报警，但是从声控报警器听到有异常响声时，也可以认为现场已有入侵者，而其他报警器已漏报，应进行相应的检修。

（10）微波防盗探测器。微波防盗探测器是利用微波能量的辐射及探测技术构成的防盗探测器。这类报警探测器既能警戒空间，也可警戒周界。微波防盗探测器按工作原理的不同又可分为微波移动防盗探测器和微波阻挡防盗探测器两种。

1）微波移动防盗探测器。微波移动防盗探测器也称为雷达防盗探测器，它将微波发射器与接收器装在一个装置内。微波发射器通过天线向防范区域内发射微波信号，当防范区域内无移动目标时，接收器接收到的微波信号频率与发射信号频率相同。当有移动目标时，由于多普勒效应，目标反射的微波信号频率将发生偏移，接收机分析频率发生偏移的大小以产生报警信号。微波移动防盗探测器对静止目标不产生反应，一般用于监控室内目标。由于微波的辐射可以穿透水泥墙和玻璃，在使用时需考虑安装的位置和方向。

2）微波阻挡防盗探测器。微波阻挡防盗探测器由微波发射机、微波接收机和信号处理器组成，使用时将发射天线和接收天线相对放置在监控场地的两端，发射天线发射微波束直接送达接收天线。当没有运动目标遮断微波波束时，微波能量被接收天线接收，发出正常工作信号；当有运动目标阻挡微波束时，接收天线接收到的微波能量将减弱或消失，此减弱的信号经检波、放大及比较，即可产生报警信号。

（11）激光防盗探测器。激光防盗探测器同主动红外防盗探测器一样，都是由发射机和接收机组成的，都属视距离遮挡型报警探测器。发射机发射一束近红外激光光束，由接收机接收，在收发机之间构成一条看不见的激光光束警戒线。当被探测目标侵入所防范的警戒线时，激光光束被遮挡，接收机接收到的光信号发生突变。接收机提取这一变化信号，经放大并作适当处理后，即发报警信号。

各种探测器误报率的比较见表 4-2。从表 4-2 中可以看出，微波与被动式红外线双鉴探测报警器的误报率最低，可信度最高，因而应用最广泛。

各种探测器误报率的比较 表 4-2

类　　别	报警器类别	误报率（％）	可信度
单一类型探测器	超声波报警器 微波报警器 声控报警器 红外线报警器	4.21	低
双鉴式探测器	超声波/被动式红外线 被动式红外线/被动式红外线 微波/超声波	2.70	中
	微波/被动式红外线	1	高

2. 防盗报警探测器的选用

上述各种防盗报警器的主要差别在于探测器，探测器选用依据主要有以下几个方面：

（1）保护对象的重要程度。对于保护对象必须根据其重要程度选择不同的保护，特别重要的应采用多重保护。

（2）保护范围的大小。根据保护范围选择不同的探测器，小范围可采用感应式报警器或发射式红外线报警器；要防止人从门、窗进入，可采用电磁式探测报警器；大范围可采用遮断式红外线报警器等。

（3）防范对象的特点和性质。如果主要是防范人进入某区域活动，则采用移动探测报警器，可以考虑微波报警器或被动式红外线报警器，或者同时采用微波与被动式红外线两者结合的双鉴探测报警器。

4.3.3 防盗报警控制器

1. 报警控制的基本概念

（1）布防与撤防。在正常状态时，监视区的探测设备处于撤防状态，不会发出报警。

在布防状态时，如果探测器有报警信号向报警控制主机传来，就立即报警。报警控制主机既可手动布防或撤防，也可以定时自动对系统进行自动布防、撤防。

（2）布防后的延时。如果布防时人员尚未退出探测区域、报警控制器能够自动延时一段时间，等人员离开后布防才生效，这是报警控制主机的布防延时功能。

（3）防破坏。如果有人对报警线路和设备进行破坏，线路发生短路或断路、非法撬开情况时，报警控制主机会发出报警，并能显示线路故障信息；任何一种情况发生，都会引起报警控制主机报警。

（4）微机联网功能。报警控制主机具有通信联网功能，使区域性的报警信息能上传送到报警监控中心，由监控中心的计算机来进行资料分析处理，并通过网络实现资源的共享及异地远程控制等多方面的功能，大大提高系统的自动化程度。

2. 报警控制器的功能

防盗报警控制器功能包括可驱动外围设备、系统自检功能、故障报警功能、对系统的编程等。防盗报警控制器能接受的报警输入有：

瞬时入侵：为入侵探测器提供瞬时入侵报警。

紧急报警：接入按钮可提供 24h 的紧急呼救，不受电源开关影响，能保证昼夜工作。

防拆报警：提供 24h 防拆保护，不受电源开关影响，能保证昼夜工作。

延时报警：实现 0～40s 可调进入延迟和 100s 固定外出延迟。

凡 4 路以上的防盗报警器必须有 3 种报警输入。由于入侵探测器有时会产生误报，通常控制器对某些重要部位的监控，采用声控和电视复核。

3. 报警控制器的分类

报警控制器的一般划分。

（1）按系统规模不同，报警控制器可分为小型、中型和大型报警控制器。

（2）按防范控制功能不同，报警控制器又可分为仅具有单一安全防范功能的报警控制器（如防盗、防入侵报警控制器、防火报警控制器等）和具有多种安全防范功能集防盗、防入侵、防火、电视监控、监听等控制功能为一体的综合型多功能报警控制器。将各种不同类型的报警探测器与不同规格的报警控制器组合起来，就能构成适合于不同用途、警戒范围大小不同的报警系统网络。

（3）按照信号的传输方式不同，报警控制器可分为具有有线接口的报警控制器和具有无线接口的报警控制器以及有线接口和无线接口兼而有之的报警控制器。

（4）按报警控制器的安装方式不同，报警控制器又可分为台式、柜式和壁挂式。

（5）按报警控制器的容量，可分为单路或多路报警控制器。而多路报警控制器则多为 2、4、8、16、24、32 路。

（6）按用户的管理机制及对报警的要求，警戒可组成独立的小系统、区域互连互防的区域报警系统和大规模的集中报警系统。

4. 报警控制器的设置

（1）系统主要有以下 5 种工作状态：布防（又称设防）；撤防；旁路；24h 监控（不受布防、撤防操作的影响）；系统自检、测试。

1）布防状态。是指操作人员执行了布防指令后，该系统的探测器开始工作（开机），并进入正常警戒状态。

2）撤防状态。是指操作人员执行了撤防指令后，该系统的探测器不能进入正常警戒工作状态，或从警戒状态下退出，使探测器无效。

3）旁路状态。是指操作人员执行了旁路指令，防区的探测器就会从整个探测器的群体中被旁路掉（失效），而不能进入工作状态，当然它也就不会受到对整个报警系统布防、撤防操作的影响。在报警系统中可以只将其中一个探测器单独旁路，也可以将多个探测器同时旁路掉。

4）24h 监控状态。是指某些防区的探测器处于常布防的全天候工作状态，一天 24h 始终担任着正常警戒（例如，用于火警、匪警、医务救护用的紧急报警按钮、感烟火灾探测器、感温火灾探测器等）。不会受到布防、撤防操作的影响。

5）系统自检、测试状态。这是在系统撤防时操作人员对报警系统进行自检或测试的工作状态。如可对各防区的探测器进行测试，当某一防区被触发时，键盘会发出声响。

（2）报警控制器的防区布防

综合起来看，大致可以有以下几种防区的布防类型。

1）按防区报警是否设有延时时间来分。主要分为两大类：瞬时防区和延时防区。

2）按探测器位置和防范功能不同来分。按探测器安装的不同位置和所起的防范功能不同来分，可分为以下几种：

①出入防区：主要对于进出防区进行探测防范。

②周边防区：主要对于内部防区之外的周边进行防范。

③内部防区：接于该防区的探测器主要用来对室内平面或空间的防范，多采用被动红外探测器、微波—被动红外双技术探测器等。

④日夜防区（或称为日间防区）：对于白天和夜间区分不同情况进行探测防范。

⑤火警防区：用于消防报警系统的辅助探测防范。

⑥24h 报警防区：接于该防区的探测器 24h 都处于警戒状态，不会受到布防、撤防操作的影响。一旦触发，立即报警，没有延时。

除火警防区是属于 24h 报警防区外，还有像使用振动探测器和玻璃破碎探测器、微动开关等来对某些贵重物品、保险柜、展示柜等防止被窃、被撬的保护；或在工厂车间里对某些设备的监控保护，如利用温度或压力传感器来防止设备过热、过压等的保护；或用于突发事件、紧急救护的紧急报警按钮等。

3）按主人外出的不同布防情况来分。按用户的主人外出还是逗留室内的不同布防情况来分可分为 4 种类型：

①外出布防：有进入延时，对全部防区有效，无旁路防区，用于外出无人情况下。

②留守布防：有进入延时，对内部防区无效，旁路内部防区，用于室内有人情况下。

③快速布防：无进入延时，对内部防区无效，旁路内部防区，用于夜晚休息情况下。

④全防布防：无进入延时，对全部防区有效，无旁路防区，用于长期外出无人情况下。

这 4 种布防状态全部都有外出延时，防止主人设防后来不及推出而引发报警。设防时只需在控制键盘上执行不同的操作码即可实现。

4.3.4 防盗报警系统的设计

1. 对入侵报警系统的技术要求

（1）入侵报警控制器的要求。入侵报警控制器是入侵报警系统的关键设备，它是我国强制认证的产品（也即属 3C 认证），《防盗报警控制器通用技术条件》GB 12663—2001 对该类产品的功能有很多具体细致的要求，并对该类产品的环境适应性也有明确的要求，它包含气候和机械环境适应性和电磁兼容适应性。同时，国标对该类产品的安全性也有明确要求。

按国家标准对"入侵报警控制器通用技术条件"的定义，入侵报警控制器应是在入侵报警系统中实施设置警戒、解除警戒、判断、测试、指示、传送报警信息以及完成某些控制功能的设备。入侵报警控制器按防护功能分为 A、B、C 三级：A 级为较低保护功能级；B 级为一般防护功能级；C 级为较高防护功能级。

（2）气候和机械环境适应性要求。入侵报警控制器应能承受以下环境条件的影响：《报警系统环境试验》GB/T 15211—1994 中 51 严酷等级 4 的高温环境；GB/T 15211—1994 中 52 严酷等级 6 的低温环境；GB/T 15211—1994 中 56 严酷等级 4（工作）、2（寿命）的恒定湿热环境；GB/T 15211—1994 中 54 严酷等级 1（工作）、2（寿命）的机械振动环境。同时，试验中功能正常，不应产生漏报警和误报警。

（3）电磁兼容适应性要求。入侵报警控制器应能承受以下电磁干扰的有害影响：GB/T 17626.2—2006 中严酷等级 3 的静电放电干扰；GB/T 17626.3—2006 中严酷等级 3 的射频电磁场干扰；GB/T 17626.4—2008 中严酷等级 3 的电快速瞬变脉冲群干扰；GB/T17626.5—2008 中严酷等级，电源线不超过 3，直流、信号、数据、控制及其他输入线不超过 2 的浪涌（冲击）干扰；GB/T 17626.11—2008 中严酷等级 40%UT10 个周期的电压暂降，0%UT10个周期的短时中断干扰；同时，试验中功能正常，不应产生漏报警和误报警。

（4）对入侵报警控制器的安全性要求。包含电源线、绝缘电阻、抗电强度、过压运行、过流保护、泄漏电流、防过热、温升、阻燃要求等。

（5）其他项目要求。结合实际情况，还可以选择以下几点：

1）入侵报警控制器气候和机械环境适应性属于一般要求，对于在真正的严酷条件下，如高温、严寒、海洋性（湿热高、咸）、化工场地等还应采取措施。

2）对于工作在强力振动和冲击时，还应采取措施。

3）入侵报警控制器电磁适应性也是属于一般要求，对于雷击，外界电磁干扰强的区域还需加强防护，有些产品采用了措施，有些产品措施太弱，在设计该类产品中应加强防护。

4）《防盗报警控制器通用技术条件》GB 12663—2001 只注意了外界对入侵报警控制器的干扰和影响，而没有注意到入侵报警控制器对外界的干扰，注意是在组成系统时对其他的设备的干扰，以及应采取何种措施使其减弱影响。同时应注意入侵报警控制器特别是键盘外接线缆等的对外干扰。

5）《防盗报警控制器通用技术条件》GB 12663—2001 没有提到外壳保护等级产品应提出可能的防护等级，应注明室内、室外、高尘、强雨等。

2. 对入侵报警控制器的传输要求

（1）入侵探测器与入侵报警控制器的信号传输要求。传输方式一般有：有线、无线、有线＋无线。例如：有线有四路、六路、八路、十六路等；无线有四路、六路、八路、十六路等；有线＋无线有八路无线＋八路有线、四路无线＋四路有线。

（2）入侵探测器加编码器通过总线向入侵报警控制器传输。其优点是省布线、省工时，为了可靠使用，常常应增加短路保护器，最好是一路一个短路保护器，也有的一个短路保护器可接四路或八路等。短路保护器又称短路隔离器，其作用可避免1路短路总线整个瘫痪。

3. 入侵探测器的计算与选用

设计人员要根据防范要求、工作环境，选择不同类型、不同级别的入侵探测器。

（1）只能在一般室内条件下使用，能适应偶尔的震动，中等程度的高低温和湿度的变化；

（2）能经受突然跌落或频繁移动中较大震动和冲击，能适应较大程度的高低温和湿度的变化，能在露天（或者简易遮盖）条件下使用；

（3）除（2）中的条件外，还能在严寒露天条件下使用。

根据不同的防范要求，可以选择不同等级的入侵探测器，入侵探测器在正常工作条件下平均无故障工作时间分为 A、B、C、D 共 4 级，分别是 A：1000h；B：5000h；C：20000h；D：60000h。

不同的报警探测器选用不同的技术、不同的结构，适用于不同的场所。

4. 报警控制器的计算与选用

报警控制器的选用应根据防范系统的大小、功能，以及防护级别来确定。若防范范围较小，防范点也少，则可选用小型报警控制器。如防范区域较分散，采用无线发射探测器的系统，控制器应有多路无线接收的功能。若防范区域很大，保护监控点很多，则应采用区域报警控制器或集中报警控制器。

5. 接警中心的设计

（1）接警中心的建立模式选择

接警中心的建立模式选择可以从下列中选取：

1）简单接警中心。一种组成为：标准接警机、PC 机、显示器、打印机、软件等；另一种组成为接警板卡、PC 机、显示器、打印机、软件等。

2）复杂的接警中心。例如博物馆、银行与金库、大型商场、宾馆等，还会有电视监控系统、卫星定位系统、电子地图、门禁系统等。有些智能化系统中还有安全防范系统（内含入侵报警系统、周界防范系统、门禁系统、电视监控系统、电子巡更系统等）。

一般在智能化系统中有楼宇自控系统、火灾报警系统、安全防范系统、通信系统、综合布线、集成系统等。

（2）入侵报警控制器传输的信息接收设计

1）各入侵报警控制器传输信息的内容。各种报警信息，如瞬时报警、防拆报警、防破坏报警、延时报警、紧急报警、传递延时报警、胁迫报警等；设置警戒（设防）/解除警戒（撤防）信息；隔离（旁路）/暂时隔离（暂时旁路）信息；复位信息；时间信息；故障信息；防拆/防破坏信息；更改有效用户密码事件信息；传输故障信息；修改编程信息；主电源掉电信息；备用电源欠压信息。

上述信息中有些基本信息一定要传输，有些信息可向远程监控站（接警中心）可传或不传的（即留在控制器内），有些信息一般留在控制器内。

2）入侵报警控制器程序的修改和编辑。接警中心有修改和编辑前方入侵报警控制器程序的能力，目前国内入侵报警控制器编程是现场解决，而国外大部分是接警中心通过电话线对前方入侵报警控制器编辑。这样节省大量时间、人力、交通，并提高了编程的效率和正确性。

（3）接警中心（中控室）的数据库设计

1）存储能力规划。一般的入侵报警系统要求大于 31d（1个月）的信息存储能力，存储的内容有三大块：入侵报警控制器传过来的信息；接警中心（中控室）工作人员操作的信息（全过程）；接警中心（中控室）与处警人员交接信息。

存储信息量和种类要能满足分清责任时能起法律作用的信息，所以信息的实时性、不可修改性等均是非常必要的。存储方式有：硬盘、数据磁带和语音磁带等。

2）接警中心（中控室）的数据库规划。接警中心（中控室）的数据库资料包括：用户的档案资料（名称、负责人、通信联系、防护等级）；用户所在位置图；用户防护的点位；处警的预案；可用警力的配置、通信和交通的保障，到报警点的预见时间；气象、环境等信息。

3）数据检索方式规划。完整的数据和各种检索方式均能方便实施，打印出来的数据能达到法律和办案的高度。其检索方式有：各用户名，流水账（按时间顺序排列）；某个用户，某个时段的信息；某几个用户，某个时段的信息；某个时段，全体用户的全信息；某个时段，个别用户的全信息；某个时段，全体用户的个别信息；某个时段，个别用户的个别信息；为办案所需的某种检索；表格简明扼要，内容完整；系统应有时间校正功能，达到系统统一的时间。

4.5 停车场管理系统

4.5.1 停车场管理系统工作原理

智能车库管理是一个以非接触式 IC 卡或 ID 卡为车辆出入车库凭证、用计算机对车辆的收费、车位检索、保安等进行全方位智能管理的系统。

停车管理系统主要起到停车与收费两大管理功能。停车管理功能具备车辆进入时进行身份识别、空车位选择、引导，保障安全停车；车辆离开时出口控制。收费管理功能是为实现车库的科学管理和获得更好的经济效益，实现按不同的停车情况进行月卡、固定卡、临时停车等方式进行收费管理，达到使停车者使用方便，并能使管理者实时了解车库管理系统整体组成部分的运转情况，能随时读取、打印各组成部分数据情况并进行整个车库的经济分析。

在系统中，持有月卡和固定卡的车主在出入车库时，经车辆检测器检测到车辆后，将非接触式 IC 卡或 ID 卡在出入口控制机的读卡区感应后，读卡器读卡并判断该卡的有效性，同时将读卡信息送到管理计算机和收银处计算机，计算机自动显示对应该卡的车型和车牌，且将此信息记录存档，开启道闸给予放行。

临时停车的车主在车辆检测器检测到车辆后，按自动出卡机上的按键取出一张临时IC 卡或 ID 卡，并完成读卡、摄像，计算机存档后放行。在出场时，在出口控制机上的读卡器上读卡，计算机上显示出该车的进场时间、停车费用，同时进行车辆图像对比，在收费确认自动收卡器收卡后，道闸自动升起放行。

4.5.2 停车场管理系统的主要设备

停车管理系统的主要设备包括挡车器、车辆检测器、地感线圈、读卡器、彩色摄像机、车位模拟显示屏、对讲系统、停车车辆检测器、防盗电子栓、管理计算机等。

1. 挡车器

挡车器又称为道闸，是停车场关键设备，主要用于控制车辆的出入，由于要长期频繁动作，挡车器一般采用精密的四连杆机构使闸杆能够作缓启、渐停、无冲击的快速动作，并使闸杆只能限定在 90°范围内运行，箱体采用防水结构及抗老化的室外型喷塑处理，坚固耐用、不褪色。挡车器具有"升闸"、"降闸"、"停止"和用于维护与调试的"自栓"模式。可以手动、自动控制和遥控三种方式操作。

2. 车辆检测器与地感线圈

地感线圈主要埋在需要检测的车辆的路面下，它与车辆检测器配合使用能够自动探测到车辆的位置和到达情况。当汽车经过地感线圈的上方时，地感线圈产生感应电流传送给车辆检测器，车辆检测器输出控制信号给挡车器或主控制器。一般情况下，在停车场入口设置两套车辆检测器和地感线圈，在入口票箱旁边设置一套，当检测到车辆驶入信号后提示司机取卡或读卡，另外在入口处挡车器闸杆的正下方设置一套，直接与挡车器的控制机构连锁，防止在闸杆下有车辆时，由于各种意外造成的闸杆下落，砸坏车辆。在出口处由于是人工放行，只需在闸杆下设置一下用于防砸车。

3. 读卡器

停车场的读卡器与前面讲过的门禁控制系统中的感应卡读卡器相同。根据所用的卡片感应距离不同，可分为短距离、中长距离和远距离读卡器。一般中长距离和远距离用得较多。

4. 彩色摄像机

摄像机与电视监控摄像机原理一样，车辆进入停车场时，自动启动彩色摄像机，记录车辆外形、色彩、车牌信息，存入计算机，供识别之用。同时配备相应的辅助设备，如照明、云台和保护外罩等。

5. 车位模拟显示屏

对每个停车位用双色 LED 指示，红色表示无空车位，绿色表示有空车位。

6. 对讲系统

每一读卡器都装有对讲系统，工作人员可指导用户使用停车场，另外出入口处也可互通信息。

7. 停车车辆检测器

停车车辆检测器主要是对停车场内的车位占用状态进行检测的装置。一般采用可控制的 64 路的超声波车位检测器、也有采用地感线圈和红外检测装置进行检测，将信息传送至管理系统进行处理和分析并在车位模拟显示屏上显示。

4.5.3 停车场管理系统的组成

停车场（库）管理系统通常由入口管理系统、出口管理系统和管理中心等部分组成，如图 4-8 所示。系统的基本部件是车辆探测器、读卡机、发卡（票）机、控制器、自动道闸、满位显示器、计/收费设备和管理计算机。

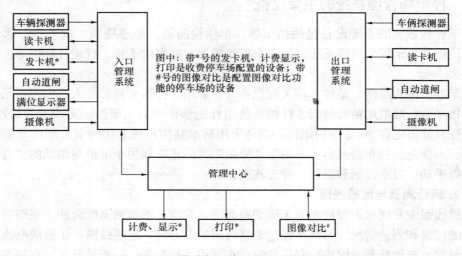

图 4-8　停车场（库）管理系统框图

1. 车辆探测器

车辆探测器是感应数字电路板，传感器都采用地感线圈，由多股铜芯绝缘软线按要求规格现场制作，线圈埋于栏杆前后地下 5cm～10cm，只要路面上有车辆经过，线圈产生感应电流传送给电路板，车辆探测器就会发出有车的信号。对车辆探测器的要求是灵敏度和抗干扰性能符合使用要求。

2. 读卡机

对出入口读卡机的要求与出入口控制（门禁）系统对读卡器的要求相同，要求对有效卡、无效卡的识别率高；"误识率"和"拒识率"低；对非接触式感应卡的读卡距离和灵敏度符合设计要求等。

3. 发卡（票）机

发卡（票）机是对临时停车户进场时发放的凭证。有感应卡、票券等多种形式，一般感应卡都回收复用。对收费停车场入口处的发卡（票）机的要求是吐卡（出票）功能正常；卡（票）上记录的进场信息（进场日期、时间）准确。

4. 通行卡

停车场（库）管理系统所采用的通行卡可分：ID 卡、接触式 IC 卡、非接触式 IC。非接触式 IC 卡还按其识别距离分成近距离（20mm 左右）、中距离（30～50mm 左右）和长距离（70mm 以上）等种。

5. 控制器

控制器是根据读卡机对有效卡的识别，符合放行条件时，控制自动道闸抬起放行车辆。对控制器的要求是性能稳定可靠，可单独运行，可手动控制，可由管理中心指令控制，可接受其他系统的联动信号，响应时间符合要求等。

6. 自动道闸

自动道闸对车辆的出入起阻挡作用。自动道闸一般长 3～4m（根据车道宽度选择），通常有直臂和曲臂两种形式，前者用于停车场出入口高度较高的场合，后者用于停车场出入口高度较低，影响自动道闸的抬杆。其动作由控制器控制，允许车辆放行时抬杆，车辆通过后落杆。对自动道闸的要求是升降功能准确；具有防砸车功能。防砸车功能是指在栏杆下停有车辆时，栏杆不能下落，以免损坏车辆。

7. 满位显示器

满位显示器是设在停车场入门的指示屏，告知停车场是否还有空车位。它由管理中心管理。对满位显示器的要求是显示的数据与具体情况相符。

4.5.4 控制系统的设计

1. 车辆出入检测方式

车辆出入检测与控制系统如图 4-9 所示。为了检测出入车库的车辆，目前有两种典型的检测方式：红外线方式和环形线圈方式，如图 4-10 所示。

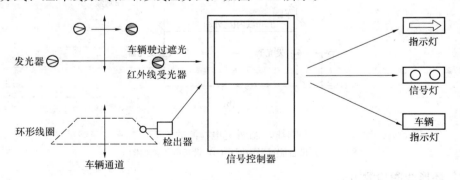

图 4-9 车辆出入检测与控制系统

（1）红外线检测方式

如图 4-10（a）所示，在水平方向上相对设置红外收、发装置，当车辆通过时，红外光线被遮断，接收端即发出检测信号。图中一组检测器使用两套收发装置，是为了区分通

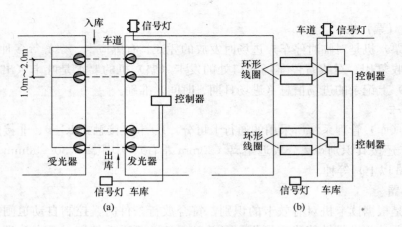

图 4-10 检测出入车辆的两种方式

(a) 红外光电方式；(b) 环形线圈方式

过是人还是汽车。而采用两组检测器是利用两组的遮光顺序，来同时检测车辆行进方向。

安装时如图 4-11 所示，除了收、发装置相互对准外，还应注意接收装置（受光器）不可让太阳光线直射到。此外，还有一种将受光器改为反射器的收发器＋反射器的方式。

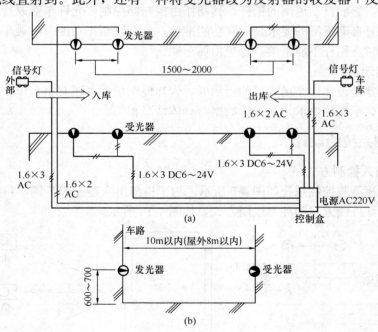

图 4-11 红外光电检测的施工

（a）设备配置平面图；（b）设备配置侧面图

（2）环形线圈检测方式

如图 4-10（b）所示，使用电缆或绝缘电线做成环形，埋在车路地下，当车辆（金属）驶过时，其金属体使线圈发生短路效应而形成检测信号。所以，线圈埋入车路时，应特别注意有否碰触周围金属。环形线圈周围 0.5m 平面范围内不可有其他金属物。环形线圈的施工可参见图 4-12。

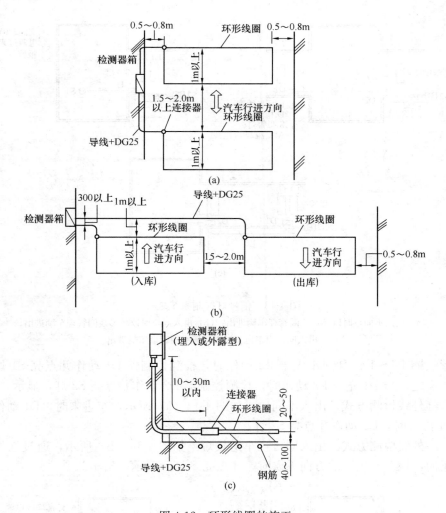

图 4-12　环形线圈的施工

（a）平面图（出入库单车道）；（b）平面图（出入库双车道）；（c）剖面图

2. 控制系统的设计

停车库管理系统的一个重要用途是检测车辆的进出。但是车库有各种各样，有的进出为同一口同车道，有的为同一口不同车道，有的不同出口。进出同口的，如引车道足够长则可进出各计一次；如引车道较短，又不用环形线圈式，则只能检"出"或"进"通常只管（检测并统计）"出"。

信号灯（或红绿灯）控制系统，根据前述两种车辆检测方式和三种不同进出口形式，可有如下几种配置的设计：

（1）环形线圈检测方式。出入不同口：如图 4-13（a）所示，通过环形线圈 L1 使灯 S1 动作（绿灯），表示"进"；通过线圈 L2 使灯 S2 动作（绿灯）。

（2）环形线圈检测方式。出入同口且车道较短：如图 4-13（b）所示，通过环形线圈 L1 先于 L2 动作而使灯 S1 动作，表示"进车"；通过线圈 L2 先于 L1 而使灯 S2 动作，表示"出车"。

（3）环形线圈检测方式。出入同口且车道较长：如图 4-13（c）所示在引车道上设置

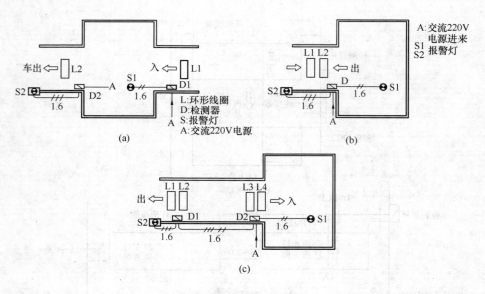

图 4-13　信号灯控制系统之一

（a）出入不同口时以环形线圈管理车辆进出；（b）出入同口时以环形线圈管理车辆进出；

（c）出入同口而车道长时以环形线圈管理车辆进出

四个环形线圈 L1～L4。当 L1 先于 L2 动作时，检测控制器 D1 动作并点亮 S1 灯，显示
"进车"；反之，当 L4 先于 L3 动作时，检测控制器 D2 动作并点亮 S2 灯，显示"出车"。

（4）红外线检测方式。出入不同口：如图 4-14（a）所示，车进来时，D1 动作并点亮
S1 灯；车出去时，D2 动作并点亮 S2 灯。

（5）红外线检测方式。出入同口且车道较短：如图 4-14（b）所示，通过红外线检测
器辨识车向，核对"出"的方向无误时，才点亮 S 灯而显示"出车"。

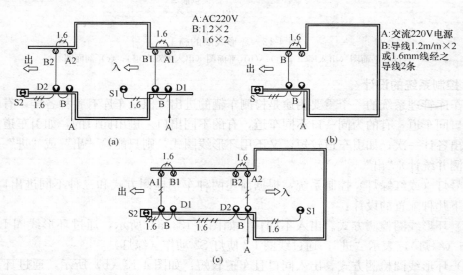

图 4-14　信号灯控制系统之二

（a）出入不同时以光电眼管理车辆进出；（b）出入同口时以光电眼管理车辆进出；

（c）出入同口而车道长时以光电眼管理车辆进出

94

（6）红外线检测方式。出入同口且车道较长：如图 4-14(c)所示，车进来时，D1 检测方向无误时就点亮 S1 灯，显示"进车"；车出去时 D2 检测方向无误时就点亮 S2 灯并显示"出车"。

以上叙述的环形线圈和红外线两种检测方式各有所长，但从检测的准确性来说，环形线圈方式更为人们所采用，尤其对于与计费系统相结合的场合，大多采用环形线圈方式。不过，还应注意的是：

1）信号灯与环形线圈或红外装置的距离至少在 5m 以上，最好有 10～15m。

2）在积雪地区，若车道下设有解雪电热器，则不可使用环形线圈方式；对于车道两侧没有墙壁时，虽可竖杆来安装红外收发装置，但不美观，此时宜用环形线圈方式。

4.6 电子巡更系统

电子巡更系统是管理者考察巡更者是否在指定时间按巡更路线到达指定地点的一种手段。巡更系统帮助管理者了解巡更人员的表现，而且管理人员可通过软件随时更改巡逻路线，以配合不同场合的需要。它是一种对巡逻人员的巡更巡检工作进行科学化，规范化管理的全新产品。任何一个有时限、频次管理的地方都可以使用。

4.6.1 电子巡更系统的组成

电子巡更系统可分离线式和在线式（或联网式）两种。

1. 离线式电子巡更系统

离线式电子巡更系统通常有：接触式和非接触式两类。

（1）接触式：在现场安装巡更信息钮，采用巡更棒作巡更器，见图 4-15。巡更员携

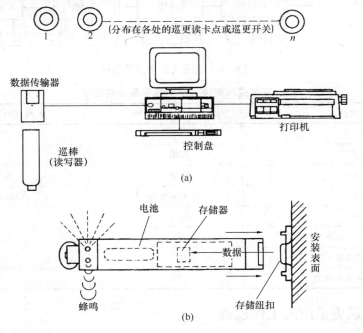

图 4-15　离线时电子巡更系统
（a）离线式电子巡更系统示意图；（b）巡棒和信息纽扣

95

巡更棒按预先编制的巡重班次、时间间隔、路线巡视各巡更点，读取各巡更点信息，返回管理中心后将巡更棒采集到的数据下载至电脑中，进行整理分析，可显示巡更人员正常、早到、迟到、是否有漏检的情况。

（2）非接触式：在现场安装非接触式磁卡，采用便携式 IC 卡读卡器作为巡更器。巡更员持便携式 IC 卡读卡器，按预先编制的巡更班次、时间间隔、路线，读取各巡更点信息，返回管理中心后将读卡器采集到的数据下载至电脑中，进行整理分析，可显示巡更人员正常、早到、迟到、是否有漏检的情况。

现场巡更点安装的巡更钮、IC 卡等应埋入非金属物内，周围无电磁干扰，安装应隐蔽安全，不易遭到破坏。

在离线式电子巡更系统的管理中心还配有管理计算机和巡更软件。

2. 在线式电子巡更系统（图 4-16）

在线式一般多以共用防侵入报警系统设备方式实现，可由防侵入报警系统中的警报接收与控制主机编程确定巡更路线。每条路线上有数量不等的巡更点。巡更点可以是门锁或读卡机，视作一个防区。巡更人员在走到巡更点处，通过按钮、刷卡、开锁等手段，将以无声报警表示该防区巡更信号，从而将巡更人员到达每个巡更点时间、巡更点动作等信息记录到系统中，从而在中央控制室，通过查阅巡更记录就可以对巡更质量进行考核。

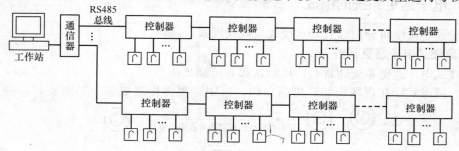

图 4-16 在线式电子巡更系统

在线式和离线式电子巡更系统的比较 表 4-3

比较项目	离线式电子巡更系统	在线式电子巡更系统
系统结构	简单	较复杂
施工	简单	较复杂
系统扩充	方便	较困难
维护	一般无需维修	不需经常维修
投资	较低	较高
对巡更过程中意外事故的反应功能	无	可及时反应
对巡更员的监督功能	有	极强
对巡更员的保护功能	无	有

4.6.2 电子巡更系统的工作过程

电子巡更系统的工作程序是在巡更点上安装信息钮，巡更人员巡逻时，手持巡更机（或称巡更棒）到各点，在信息钮上触碰一下，巡更机便读取信息钮数据。完成整个巡逻任务后，到监控中心，管理人员通过软件把手持巡更机（棒）内存储的信息传回到电脑，对巡更数据进行分析并生成打印报表，以备查验。

电子巡更系统是利用先进的碰触卡技术开发的管理系统，可有效管理巡更员巡视活动，加强保安防范措施。系统由巡检纽扣、手持式巡更棒、巡更管理软件等组成。

在确定的巡更线路设定一合理数量的检测点并安装巡检纽扣，巡检纽扣无需连线，防水、防磁、防震，数据存储安全，适合各种环境安装；以手持式巡更棒作为巡更签到牌，不锈钢巡更棒坚固耐用，抗冲击，同时巡更棒中可存储巡更签到信息，便于打印历史记录；软件用于设定巡更的时间、次数要求以及线路走向等。

巡检时巡更员手持不锈钢巡更棒，按规定时间及线路要求巡视，到达巡更检测点只需轻轻一碰安装在墙上的巡检钮，即把巡更员巡检日期、时间、地点等数据自动记录在巡更棒上。巡逻人员完成巡检，根据需要将巡更棒插入传输器，所有巡逻情况自动下载至电脑。管理人员可以随时在电脑中查询保安人员巡逻情况、打印巡检报告，并对失盗失职现象进行分析。

电子巡更系统由电脑采器、电脑阅读器、个人标识钮、地点标识钮、情况标识钮、计算机及软件、打印机构成。当保安人员巡查时，首先用电脑采集器触一下代表其个人的个人标识钮，电脑采集器被声明为此保安人员携带。保安人员巡查各个重要地点时用电脑采集器触一下现场的地点标识钮，电脑采集器精确地记录当时的日期、时间、地点等信息，如果保安人员发现有必要记录一些情况则用电脑采集器触一下代表各种情况的情况标识钮，最后通过电脑阅读器把电脑采集器中的日期、时间、地点、人物和事件等信息传递给计算机，通过相应的软件处理成各种报告，供管理者查阅，使管理者对部下及管区工作了如指掌。

4.6.3 电子巡更系统的分类

1. 离线式和在线式系统

（1）离线式电子巡更系统。保安值班人员开始巡更时，必须沿着设定的巡视路线，在规定时间范围内顺序达到每一巡更点，以信息采集器去触碰巡更点处的信息钮。如果途中发生意外情况时，及时与保安中控值班室联系。

组成离线式电子巡更系统，除需一台 PC 电脑及 windows 操作系统外，还应包括信息采集器、信息钮和数据发送器三种装置。

（2）在线式电子巡更系统。在线式电子巡更系统可以与如与报警系统或者门禁系统合用一套装置，因为在某个巡更点的巡查可以视为一个已知的报警。

在线式电子巡更系统可以由入侵报警系统中的警报控制主机编程确定巡更路线，每条路线上有数量不等的巡更点，巡更点可以是门锁或读卡机，视作为一个防区，巡更人员在走到巡更点处，通过按钮、刷卡、开锁等手段，将以无声报警表示该防区巡更信号，从而将巡更人员到达每个巡更点时间、巡更点动作等信息记录到系统中，从而在中央控制室，通过查阅巡更记录就可以对巡更质量进行考核，这样对于是否进行了巡更、是否偷懒绕过或减少巡更点、增大巡更间隔时间等行为均有考核的凭证，也可以此记录来判别发案大概时间。倘若巡更管理系统与闭路电视系统综合在一起，更能检查是否巡更到位以确保安全。监控中心也可以通过对讲系统或内部通信方式与巡更人员沟通和查询。

在线式电子巡更系统可以与前述报警系统合用一套装置，因为在某个巡更点的巡查可以视为一个已知的报警。

2. 接触式和非接触式系统

（1）接触式巡更系统。也叫信息钮式巡更产品，它是利用美国 Dallas 公司的 Touch Momery 和 Ibut-ton 技术。巡更棒和巡更点是全金属材质，TM 卡的优点在于它的号码是全球唯一的，使用寿命 15 年以上，耐高温且不怕明火，耐腐蚀且抗酸碱，不受电磁干扰，识读无误差，抗破坏且防雨雪。另外，物理性能坚固，不怕雨雪，耐高低温、耐腐蚀性能优越，一般在恶劣的环境下非常适用。

其缺点是由于这种系统需要"接触"，因此一些弊端就显现出来了：一是巡更机（巡更棒）与信息钮必须非常准确地接触才能读取信息，操作起来很不方便，尤其在晚上，光线不好，不易找准；二是信息钮外露的金属外壳易受污染，造成接触不良，导致不能有效地采集信息；三是外露的信息钮容易遭到破坏。

（2）非接触式巡更系统。或称为感应式巡更系统，可以将巡更点浅埋入墙体。具有读卡不用接触、密封防水、耐用抗摔等优点。

非接触巡更点有圆片形，圆片带孔型和钉子型几种，安装方式主要有：

1）螺丝固定法：用于圆片带孔型片，可在墙上打孔安装涨塞用螺丝固定，优点：巡更点明显；缺点：易受破坏。

2）埋入法：可将巡更点埋入墙内，深度小于 1cm，用于钉子形及柱形钮。对于柱形卡打一个 5mm 的孔子将卡埋入，外面可用水泥固定。优点：不易破坏；缺点：巡更点不够明显。

接触式和非接触式巡更系统的比较见表 4-4。

接触式与非接触式巡更系统的比较　　　　　　　　　　　　表 4-4

参　数 ＼ 类　型	非接触式	接触式
巡更点使用环境要求	低：−40～＋85℃能适应恶劣环境	高：在雨雪冰尘等环境下无法使用
巡更点安装方便性	方便：多种安装方式	复杂：需可靠固定
巡更点破坏性	很好：可埋入墙内	不好：因必须外装，易受破坏
巡更点造价	低：用量大，厂家多	较高：因用量减少，单价较高
巡更点通用性	好：各种非接触卡格式可选	差：生产厂家较少，应用领域少
巡更机坚固性	好	好
巡更机防水性	好	好
巡更机电池使用寿命	长	长
巡更机损坏率	低	触头故障率高
巡更机一卡通应用	可方便组成一卡通系统	接触卡不通用
巡更机使用方便性	使用连接线与计算机通信	需要通信座与计算机通信
巡更系统价格	低	整个系统价格高
统计报表查询功能	好	好

4.6.4 设计要求

1. 系统可独立设置，也可与出入口控制系统或入侵报警系统联合设置。

2. 系统应能编制保安人员巡查软件，在预先设定的巡查图中，用读卡器或其他方式，对巡查保安人员的行动、状态进行监督和记录。在线式巡查系统的保安人员在巡查发生意外情况时，可以及时向安防监控中心报警。

3. 系统设备选择与设置应满足下列要求：

(1) 对于新建的智能建筑，可根据实际情况选用在线式或离线式巡查系统；

(2) 对于住宅小区，宜选用离线式巡查系统；

(3) 对于已建的建筑物宜选用离线式巡查系统；

(4) 对实时性要求高的场所宜选用在线式巡查系统；

(5) 巡查点宜设置于楼梯口、楼梯间、电梯前室、门厅、走廊、拐弯处、地下停车场、重点保护房间附近及室外重点部位；

(6) 巡查点安装高度宜为底边距地 1.4m。

第五章 闭路监控电视系统

5.1 视频监控系统的构成

5.1.1 视频监控系统的组成

视频监控系统一般由摄像、传输、控制、显示与记录四部分组成，各个部分之间的关系如图 5-1 所示。

1. 摄像部分

摄像部分一般安装在现场，它的作用是对所监视区域的目标进行摄像，把目标的光、声信号变成电信号，然后送到系统的传输部分。

摄像机是摄像部分的核心设备，它是光电信号转换的主体设备。如今随着光电技术的快速发展，摄像机有很多的类型和品种，而摄像机在使用时必须根据现场的实际情况来进行选择，才能保证使用效果。

图 5-1 视频监控系统的功能关系

2. 传输部分

传输部分的任务是把现场摄像机发出的电信号传送到控制中心，它一般包括线缆、调制与解调设备、线路驱动设备等。传输的方式有两种，一是利用同轴电缆、光纤这样的有线介质进行传输；二是利用无线电波这样的无线介质进行传输。

3. 显示与记录部分

显示与记录部分是把从现场传送来的电信号转换成图像在监视设备上显示并记录，它包括的设备主要有监视器、录像机、视频切换器、画面分割器等。

4. 控制部分

控制部分一般安放在控制中心机房，通过有关的设备对系统的摄像、传输、显示与记录部分的设备进行控制与图像信号的处理，其中对系统的摄像、传输部分进行的是远距离的遥控。被控制的主要设备有电动云台、云台控制器和多功能控制器等。

典型的电视监控系统结构组成如图 5-2 所示。

5.1.2 视频监控系统的主要性能

1. 视频监控系统的主要功能

视频监控系统主要完成对监视区域实现自动监视、录像管理功能。在监控系统的矩阵主机中能对摄像机进行编组、设定巡检，能对快球设定预置点，响应报警时指定显示器，24h 录像或报警录像，支持数字硬盘录像设备，图像字符叠加显示等功能，都能在电视监控系统中实现。

（1）图像的实时显示功能。在控制中心设高清晰度监视器，可对监视范围的各个场景

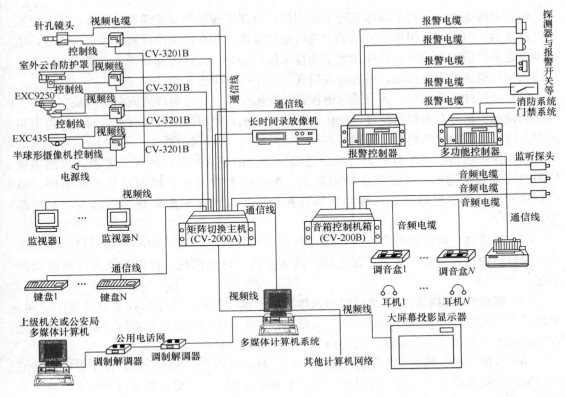

图 5-2 典型的电视监控系统结构组成

进行实时显示。

（2）监视功能。对现场场景的监视为在无特殊情况发生时，可在监视器上根据预设的程序进行各个场景显示，并可由值班人员手动切换控制显示的次序和位置远近等；当有意外情况发生时，系统控制主机自动切换报警画面到规定的监视器上，便于保安人员对各种状况的管理。

（3）图像记录功能。安防系统的图像记录可以采用普通录制、报警联动录制和硬盘录制三种方式。由于楼内的监视点较少，设计采用长延时录制的方式。正常情况下，对图像进行常规记录；接收报警信号后，对报警区域图像进行记录。

（4）图像传输功能。闭路监视系统可以在需要时为安防中央管理系统、上级楼控系统和公安部门提供图像信息。

2. 视频监控系统的主要特点

（1）实时性。监控电视设备可以及时摄取现场景物的图像，并能立即传送到控制室。

（2）灵敏度。采用微光电视设备时，可在阴暗的夜间或星光条件下，拍摄到清晰的画面。也可以将非可见光信息转为可见图像，如摄取红外线信息，并转为可见光图像。

（3）可视化管理。在电视监控子系统中，系统操作员通过观察控制中心屏幕墙上的显示器，可以直观地观察被监控现场的连续图像。这些显示器与摄像机配合，可以是彩色的，也可以是黑白的。

（4）录像备查。所有的摄像机传来的图像，全部能通过画面处理器或是直接进入录像机进行录制，也能够由报警信号驱动录像机报警录像。所有的录像资料可以进行回放，也可以设定条件后进行搜索。当应用数字硬盘录像设备时，这种功能变得非常强大；符合条件的画面能很快被搜索出来，供查看或用视频打印机打印出来。

（5）操作性。系统操作者可通过电视监控专用键盘（和方向杆或方向球）或多媒体工作站的键盘、鼠标对电视监控进行操作；选择摄像机、控制摄像机（有云台时，可调节角度和方位；镜头为变焦型时，可调节焦点和焦距等）；选择显示器等。

（6）程序巡检。在矩阵中，可编制巡检程序，由矩阵按设定的程序要求，控制摄像机的巡回检视。例如：可在指定显示器上，按程序先后显示各摄像机传来的图像。也可对快速球形摄像机的预置点编制巡回检视程序，以跳过不需要观察的地方，减短巡检周期。

（7）适应性。视频监控系统中，可以根据不同场合的情况，选配了多种摄像机、镜头、云台、快球等设备。例如：在大厅，通常配置全球摄像机，可以观察大厅内四周的情况。

（8）联动性。视频监控系统可以与入侵报警、消防控制、楼宇自控等其他系统联动。例如：当与入侵报警系统联动时，一旦入侵报警发生，闭路电视监视系统的摄像系统就进入紧急状态，并实施定格录像，入侵报警中心立即报警警示。

（9）方便升级、维护。在视频监控系统设计时，会留有一定的余量，便于以后在系统中增加摄像机等设备。系统在维护时，可以不断电作业。在对单台摄像机进行维护时，系统中的其他部件不需要停止工作。

（10）灵活性。使用小型摄像机，便于隐蔽和安装，并能远距离监视及进行录像。

与云台配合使用可扩大监视范围，在此范围内的空间安装多部摄像机，组成多层次、立体化监视，使监视范围不出现死角。

5.1.3 视频监控系统的设置

视频监控系统的摄像设防要求：

1. 重要建筑物周界宜设置监控摄像机；

2. 地面层出入口、电梯轿厢宜设置监控摄像机；停车库（场）出入口和停车库（场）内宜设置监控摄像机；

3. 重要通道应设置监控摄像机，各楼层通道宜设置监控摄像机；电梯厅和自动扶梯口，宜预留视频监控系统管线和接口；

4. 集中收款处、重要物品库房、重要设备机房应设置监控摄像机；

5. 通用型建筑物摄像机的设置部位应符合表 5-1 的规定。

摄像机的设置部位
表 5-1

建设项目 部　位	饭店	商场	办公楼	商住楼	住宅	会议 展览	文化 中心	医院	体育 场馆	学校
主要出入口	★	★	★	★	☆	★	★	★	★	☆
主要通道	★	★	★	★	△	★	★	★	★	☆

建设项目 部　位	饭店	商场	办公楼	商住楼	住宅	会议展览	文化中心	医院	体育场馆	学校
大堂	★	☆	☆	☆	☆	☆	☆	☆	☆	△
总服务台	★	☆	△	△	—	☆	☆	△	☆	—
电梯厅	△	☆	☆	△	△	☆	☆	☆	☆	△
电梯轿厢	★	★	☆	△	△	★	☆	☆	☆	△
财务、收银	★	★	★	☆	☆	☆	☆	★	★	☆
卸货处	☆	★	—	—	—	★	☆	☆	☆	—
多功能厅	☆	△	△	—	☆	☆	☆	△	△	☆
重要机房或其出入口	★	★	★	☆	☆	★	★	★	★	★
避难层	★	—	★	★	—	—	—	—	—	—
检票、检查处	—	—	—	—	—	☆	☆	—	★	△
停车库（场）	★	★	★	☆	△	☆	☆	☆	☆	△
室外广场	☆	☆	☆	△	—	☆	☆	△	☆	☆

注：★应设置摄像机的部位；☆宜设置摄像机的部位；△可设置或预埋管线部位。

5.2　摄像机及布置

5.2.1　摄像机

1. 摄像机的一般概念

摄像机是摄像部分最关键的设备，它负责将现场摄取的图像信号转换为电信号并传送到控制中心监控器上，因此摄像部分的好坏以及它产生的图像信号的质量将影响着整个系统的质量，认真选择摄像部分的设备是至关重要的。

摄像机的主要技术参数为 CCD 尺寸、像素数、分辨率、最低照度和信噪比等。

CCD 尺寸指的是 CCD 图像传感器感光面的对角线尺寸，常见的规格为 1/3 英寸、1/2 英寸、2/3 英寸等，如图 5-3 所示。近年来用于视频监控的摄像机的 CCD 尺寸以 1/3 英寸规格为主流。

(a)　　　　　　　　　　(b)　　　　　　　　　　(c)

图 5-3　各种摄像机
(a) 1/2 英寸彩色 CCD 摄像机；(b) 1/3 英寸彩色 CCD 摄像机；
(c) 1/4 英寸黑白球形摄像机

像素数指的是摄像机 CCD 传感器的最大像素数。对于一定尺寸的 CCD 芯片，像素数越多则意味着每一像素单元的面积越小，因而由该芯片构成的摄像机的分辨率也就越高。

分辨率指的是当摄像机摄取等间隔排列的黑白相间条纹时，在监视器（应比摄像机的分辨率高）上能够看到的最多线数。当超过这一线数时，屏幕上就只能看到灰蒙蒙的一片而不能分辨出黑白相间的线条。监视用摄像机的分辨率通常在 420～650 线之间，标清摄像机的分辨率则可达到 720 线左右，目前常用的摄像机的分辨率通常在 480～520 线之间。

低照度指的是当被摄景物的光亮度低到一定程度而使摄像机输出的视频信号电平低到某一规定值时的景物光亮度值。

信噪比也是摄像机的一个主要参数。其基本定义是信号与噪声的比值，一般摄像机给出的信噪比值均是在 AGC（自动增益控制）关闭时的值，因为当 AGC 接通时，会对小信号进行提升，使得噪声电平也相应提高。CCD 摄像机的信噪比的典型值一般为 45～55dB。

2. 摄像机的分类

摄像机按摄像器件类型分为电真空摄像管的摄像机和 CCD（固体摄像器件）摄像机，目前一般都采用 CCD 摄像机。

（1）按颜色划分

有黑白摄像机和彩色摄像机。由于目前彩色摄像机的价格与黑白摄像机相差不多，故大多采用彩色摄像机。

（2）按图像信号处理方式划分

1）数字式摄像机（网络摄像机）。

2）带数字信号处理（DSP）功能的摄像机。

3）模拟式摄像机。

（3）按摄像机结构区分

1）普通单机型，镜头需另配。

2）机板型：摄像机部件和镜头全部在一块印刷电路板上。

3）针孔型：带针孔镜头的微型化摄像机。

4）球型：是将摄像机、镜头、防护置或者还包括云台和解码器组合在一起的球形或半球形摄像前端系统，使用方便。

（4）按摄像机分辨率划分

1）影像像素在 25 万像素左右、彩色分辨率为 330 线、黑白分辨率 400 线左右的低档型。

2）影像像素在 25～38 万之间、彩色分辨率为 420 线、黑白分辨率 500 线上下的中档型。

3）影像像素在 38 万点以上、彩色分辨率大于或等于 480 线、黑白分辨率 600 线以上的高分辨率型。

（5）按摄像机灵敏度划分

1）普通型：正常工作所需照度为 1～3lx；

2）月光型：正常工作所需照度为 0.1lx 左右；

3）星光型：正常工作所需照度为 0.01lx 以下；

4）红外照明型：原则上可以为零照度，采用红外光源成像。

（6）按摄像机管径划分

有 1 英寸、2/3 英寸、1/2 英寸、1/3 英寸、1/4 英寸等几种。目前是 1/2 英寸摄像机所占比例急剧下降，1/3 英寸摄像机占据主导地位，1/4 英寸摄像机将会迅速上升。各种英寸靶面的高、宽尺寸和表 5-2 所示。

CCD 摄像机靶面像场 a、b 值　　　　　　　　　　　　表 5-2

像场尺寸　　　　　摄像机管径 /in(mm)	1 (25.4)	2/3 (17)	1/2 (13)	1/3 (8.5)	1/4 (6.5)
像场高度 a/mm	9.6	6.6	4.6	3.6	2.4
像场宽度 b/mm	12.8	8.8	6.4	4.8	3.2

5.2.2　镜头

1. 镜头的概念

镜头是视频监控系统中必不可少的部件，它与 CCD 摄像机配合，可以将远距离目标成像在摄像机的 CCD 靶面上。镜头的质量（指标）优劣直接影响着摄像机的整机指标。

镜头的分类见表 5-3。

镜头的分类　　　　　　　　　　　　表 5-3

按外形功能分	按尺寸大小分	按光圈分	按变焦类型分	按焦距长短分
球面镜头	1×25mm	自动光圈	电动变焦	长焦距镜头
非球面镜头	1/2×13mm	手动光圈	手动变焦	标准镜头
针孔镜头	1/3×8.5mm	固定光圈	固定焦距	广角镜头（短焦距）
鱼眼镜头	2/3×17mm			

2. 镜头的基本参数

镜头的特性参数很多，主要有焦距、光圈、视场角、镜头安装接口、景深等。

(a)　　(b)　　(c)

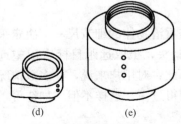

(d)　　　　(e)

图 5-4　几何常用镜头

（a）针孔镜头；（b）定焦镜头；
（c）手动 2 倍变焦镜头；（d）自动
光圈镜头；（e）10 倍变焦镜头

（1）焦距一般用毫米表示，它是从镜头中心到主焦点的距离。光圈即是光圈指数 F，它被定义为镜头的焦距（f）和镜头有效直径（D）的比值，即

$$F = \frac{f}{D} \tag{5-1}$$

（2）光圈值决定了镜头的聚光质量，镜头的光通量与光圈的平方值成反比（$1/F^2$）。具有自动可变光圈的镜头可依据景物的亮度来自动调节光圈。光圈 F 值越大，相对孔径越小。不过，在选择镜头时要结合工程的实际需要，一般不应选用相对孔径过大的镜头，因为相对孔径越大，由边缘光量造成的像差就大，如要去校正像差，就得加大镜头的重量和体积，成本也相应增加。

（3）视场是指被摄物体的大小。视场的大小应根据镜头至被摄物体的距离、镜头焦距及所要求的成像大小来确定，如图 5-5 所示。其关系可按下式计算：

$$H = \frac{aL}{f} \tag{5-2}$$

$$W = \frac{bL}{f} \tag{5-3}$$

式中　H——视场高度（m）；

　　　W——视场宽度（m），通常 $W = \frac{4}{3} H$；

　　　L——镜头至被摄物体的距离（视距 m）；

　　　f——焦距（mm）；

　　　a——像场高度（mm）；

　　　b——像场宽度（mm）。

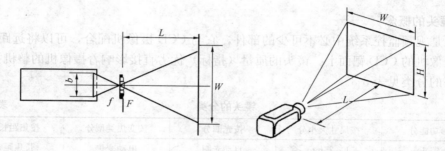

图 5-5　镜头特性参数之间的关系

（4）景深。景深是指焦距范围内景物的最近和最远点之间的距离。景深的大小与镜头的焦距和光圈有关。焦距长的镜头景深小，焦距短的镜头景深大。光圈越小，景深越大，反之，景深越小。另外，前景深小于后景深，即精确对焦后，对焦点前面只有很短一点距离内的景物能清晰成像，而对焦点后面很长一段距离内的景物都是清晰的。

（5）镜头安装接口。CCD 摄像机的镜头安装接口有两种标准，即 C 型和 CS 型。两者螺纹部分相同，但从镜头安装基准面到焦点的距离不同。C 型安装接口从镜头安装基准面到焦点的距离为 17.526mm，则 CS 型的距离为 12.5mm。如果要将一个 C 型镜头安装到一个 CS 型安装接口的摄像机上时，需增配一个 5mm 厚的接圈，而将 CS 镜头安装到 CS 接口的摄像机时就不需要接圈。

3. 镜头的选择

（1）根据被摄物体的尺寸，被摄物到镜头的焦距和需看清物体的细节尺寸，决定采用定焦镜头或变焦镜头。通常，摄取固定目标宜选用定焦镜头，摄取远距目标宜用望远镜头。变焦镜头结构复杂，价格要比定焦镜头高出几倍，因此，对用户来说，在多数情况下都考虑使用变焦镜头，但对大型监视系统，若变焦镜头用得过多，这样不但增加造价，而且还会增加系统的故障率。因此，要综合考虑。

（2）一般在室内光线变化不大的情况下，可选用手动光圈镜头；在室外通常选用自动光圈镜头。

（3）镜头的大小应与摄像机配合，该镜头的尺寸一般应与摄像机尺寸一致，但大尺寸镜头可装在小尺寸摄像机上使用。

（4）为了使摄像机得到广阔的视野，可考虑采用广角镜头，但随着广角镜视角的扩大，图像的几何失真也会随之增大。

5.2.3 安装套件

摄像机安装套件包括支架、云台和防护罩。防护罩是为了保证摄像机和镜头有良好工作环境的辅助性装置，它将二者包含在其中。支架是固定云台及摄像机防护罩的安装部件。一般方式是在支架上安装云台，再将带或不带防护的摄像机固定在云台上。

1. 支架

普通支架有短的、长的、直的、弯的，根据不同的要求选择不同的型号。室外支架主要考虑负载能力是否合乎要求，再有就是安装位置。实践中很多室外摄像机安装位置特殊，有的安装在电线杆上，有的立于塔吊上，有的安装在铁架上。

由于种种原因，现有的支架可能难以满足要求，需要另外加工或改进。制作支架的材料有塑料、镀铬金属、压铸等。

支架多种多样，依使用环境不同和结构不同，主要有以下类型：

（1）吊装支架。吊装支架又叫天花板顶基支架，一端固定在天花板上，另一端为可调节方向的球形旋转头或可调倾斜度平台，以便摄像机对准不同的方位。有直管圆柱形和 T 形之分。

（2）壁装支架。壁装支架又叫墙壁安装型支架，一端固定在墙壁上，其垂直平面用于安装摄像机或云台，对于无云台的摄像机系统，其摄像机可以直接固定在支架上，也可以固定在支架上的球形旋转接头或可调倾斜平台上。

2. 云台

云台是安装、固定摄像机的支撑设备，云台与摄像机配合使用能扩大监规范围，提高摄像机的效率。

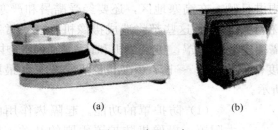

(a)　　　　　　　(b)

图 5-6　常用云台

（a）室内轻型云台；（b）室外重型云台

云台的种类很多，从操作方式上分为手动云台和电动云台两种。从使用环境区分，有室内型云台、室外型云台、防爆云台、耐高温云台和水下云台等。根据外观分类：普通型云台、半球型云台和全球型云台；根据安装方式：吸顶云台、侧装云台和吊装云台；根据功能划分：智能型云台和普通云台；根据云台转速：低速云台、中速云台和高速云台（多为高速球形摄像机）。常用的云台如图 5-6 所示。

（1）云台的特点。手动云台，又称固定云台，也称支架或半固定支架。适用于监视范围不大的情况，手动云台一般由螺栓固定在支撑物上，摄像机方向的调节有一定的范围，调整方向时可松开方向调节螺栓进行。水平方向可调150°～300°，垂直方向可调±45°。调好后旋紧螺栓，摄像机的方向就固定下来。在固定云台上安装好摄像机后可调整摄像机的水平和俯仰的角度，达到最好的工作姿态后只要锁定调整机构就可以了。

室内用云台承重小,没有防雨装置。

室外用云台承重大,有防雨装置。有些高档的室外云台除有防雨装置外,还有防冻加温装置。

在现代建筑的监视系统中,最常用的是室内和室外全方位普通云台。

(2)回转范围。云台的回转范围分水平旋转角度和垂直旋转角度两个指标。

水平旋转角度决定了云台的水平回旋范围,一般为0°~350°。垂直转动则有±35°、±45°、±75°等。水平及垂直转动的角度大小可通过限位开关进行调整。

(3)承重。云台的最大承载能力是指云台能承受的重力。轻载云台最大负重为20磅(9.08kg),中载云台最大负重为50磅(22.7kg),重载云台最大负重为100磅(45kg)。

(4)控制方式。一般的电动云台,控制线为5根,其中1根为电源的公共端,另外4根分为上、下、左、右控制。有的云台还有1个则是自动转动端。当电源的一端接在公共端,电源另一端接在"自动"端,云台将带动摄像机头按一定的转动速度进行上、下、左、右的自动转动。

云台的安装位置距控制中心较近,且数量不多时,一般采用从控制台直接输出控制信号,用多芯控制电缆进行直接控制。而当云台的安装位置距离控制中心较远,且数量较多时,往往采用总线方式传送编码的控制信号通过终端解码箱解出控制信号再去控制云台的转动。

(5)旋转速度。在对目标进行跟踪时,对云台的旋转速度有一定的要求。从经济上考虑,普通云台的转速是恒定的,水平旋转速度一般在3°/s~10°/s,垂直在4°/s左右。

云台的转速越高,电机的功率就越大,价格也越高。有些应用场合需要在很短的时间内移动到指定的位置,一方面要求有位置控制,另一方面要有很高的转速。

(6)电源供电电压。目前常见的有交流24V和220V两种。特殊的还有直流12V的。选择时要结合控制器的类型和系统中其他设备统一考虑。云台的耗电功率,一般是承重量小的功耗小,承重量大的功耗大。

3. 防护罩

摄像机若放置在室外,则要经受风吹雨淋日晒,在高寒地区,还要经受酷暑和严寒,温差变化很大,在环境恶劣条件还可能有粉尘或水雾,这些都将造成摄像机不能正常工作,也会缩短摄像机的使用寿命,为此而需要安装防护罩,将摄像机和镜头放置于其中,并为它们创造出适宜的工作环境。适用温度范围−40℃~+50℃,湿度范围95%,最好还有雷击保护装置。常用的护罩如图5-7所示。

(1)防护罩的功能。起隔热作用的太阳罩;摄像机防护罩雨刷的开关;摄像机防护罩降温风扇的开关(大多数采用温度控制自动开关方式);摄像机防护罩除霜加热器的开关(大多数采用低温时自动加电,至指定温度时自动关闭方式)。

(a)   (b)

图5-7 常用护罩

(a)室内外球型防护罩;(b)室外枪型防护罩

(2)防护罩的种类。摄像机防护罩按其功能和使用环境可分为通用型防护罩和特殊型防护护罩。

通用型防护罩按照安装环境划分可以分为室内防护罩和室外防护罩;按照形状划分,

一般可分为枪式防护罩、球型防护罩和坡型防护罩。

有时摄像机必须安装在高度恶劣的环境下，不仅要像通用室外防护罩一样具有高度密封、耐高寒、耐酷热、抗风沙、防雨雪等特点，还要防砸、抗冲击、防腐蚀，甚至需要在易爆环境下使用，因此必须使用具有高安全度的特殊防护罩。

特殊型防护罩按用途分为高安全度防护罩、高防尘防护罩、防爆防护罩和高温防护罩等。

对于特殊应用场合有特种防护罩，如铠装高安全度防护罩、电梯用特种护罩、防尘和防爆护罩、耐高压和水冰护罩等。

5.3　视频监控系统设备的选择

5.3.1　摄像机、镜头、云台的选择

1. 摄像机的选择

（1）监视目标亮度变化范围大或须逆光摄像时，宜选用具有自动电子快门和背光补偿的摄像机。

（2）需夜间隐蔽监视时，宜选用带红外光源的摄像机（或加装红外灯作光源）。

（3）所选摄像机的技术性能宜满足系统最终指标要求；电源变化范围不应大于±10%（必要时可加稳压装置）；温度、湿度适应范围如不能满足现场气候条件的变化时，可采用加有自动调温控制系统的防护罩。

（4）监视目标的最低环境照度应高于摄像机要求最低照度的 5 倍，设计时应根据各个摄像机安装场所的环境特点，选择不同灵敏度的摄像机。一般摄像机最低照度要求为 0.3lx（彩色）和 0.1lx（黑白）。

2. 镜头的选择

（1）镜头尺寸应与摄像机靶面尺寸一致，视频监控系统所采用的一般为 1 英寸以下（如 1/2 英寸、1/3 英寸）摄像机。

（2）监视对象为固定目标时，可选用定焦镜头。如贵重物品展柜。

（3）监视目标视距较大时可选用长焦镜头。

（4）监视目标视距较小而视角较大时，可选用广角镜头。如电梯轿厢内。

（5）监视目标的观察视角需要改变和视角范围较大时，应选用变焦镜头。

（6）监视目标的照度变化范围相差 100 倍以上，或昼夜使用摄像机的场所，应选用光圈可调（自动或电动）镜头。

（7）需要进行遥控监视的（带云台摄像机）应选用可电动聚焦、变焦距、变光圈的遥控镜头。

（8）摄像机需要隐藏安装时，如天花板内、墙壁内、物品里，镜头可采用小孔镜头、棱镜镜头或微型镜头。

3. 云台的选择

（1）所选云台的负荷能力应大于实际负荷的 1.2 倍并满足力矩的要求。

（2）监视对象为固定目标时，摄像机宜配置手动云台（又称为支架或半固定支架），

其水平方向可调 15°～30°，垂直方向可调±45°。

（3）电动云台可分为室内或室外云台，应按实际使用环境来选用。

（4）电动云台要根据回转范围、承载能力和旋转速度等三项指标来选择。

（5）云台的输入电压有交流 220V，交流 24V，直流 12V 等。选择时要结合控制器的类型和视频监控系统中的其他设备统一考虑。

（6）云台转动停止时，应具有良好的自锁性能，水平和垂直转向回差应不大于 1°。

（7）室内云台在承受最大负载时，噪声应不大于 50dB。

5.3.2 显示、记录、切换控制器的选择

1. 监视器的选择

（1）视频监控系统实行分级监视时，摄像机与监视器之间应有恰当的比例。重点观察的部位不宜大于 2：1，一般部位不宜大于 10：1。录像专用监视器宜另行设置。

（2）安全防范系统至少应有两台监视器，一台做固定监视用，另一台做时序监视或多画面监视用。

（3）清晰度：应根据所用摄像机的清晰度指标，选用高一档清晰度的监视器。一般黑白监视器的水平清晰度不宜小于 600TVL，彩色监视器的水平清晰度不宜小于 300TVL。

（4）根据用户需要可采用电视接收机作为监视器。有特殊要求时可采用背投式大屏幕监视器或投影机。

（5）彩色摄像机应配用彩色监视器，黑白摄像机应配用黑白监视器。

2. 录像机的选择

（1）防范要求高的监视点可采用所在区域的摄像机图像全部录像的模式。

（2）数字录像机（DVR）是将视频图像以数字方式记录、保存在计算机硬盘里，并能在屏幕上以多画面方式实时显示多个视频输入图像。选用 DVR 的注意事项如下：

1）DVR 的配套功能：如画面分割、报警联动、录音功能、动态侦测等指标；

2）DVR 储存容量及备份状况，如挂接硬盘的数量，硬盘的工作方式，传输备份等；

3）DVR 远程监控一般要求有一定的带宽，如果距离较远，无法铺设宽带网，则采用电信网络进行远程视频监控。

（3）数字录像机的储存容量应按载体的数据量及储存时间确定。载体的数据量可参考表 5-4 数据。

载体数据量参考值　　　　　　　　　　　　　　　　　　　　　表 5-4

序 号	名 称	数据量	15min 平均数据量
1	MS Word 文档	6.5kB/页	100kB（15 页）
2	IP 电话	G729，10kbit/s	1MB
3	照片	JPEG，100kB/页	3MB（30 页）
4	手机电视	QCIF H.264，300kbit/s	33MB
5	标清电视	SDTV H.264，2Mbit/s	222MB
6	高清电视	HDTV H.264，10Mbit/s	1120MB

注：标清电视可作为参考，目前安防视频监控中看到的视像质量要比标清视像质量差一些。H3C 数字视频监控存储视像是按照 D1 格式，因此回放的质量较高。一般的视频监控解决方案用 DVR 录像达不到 D1，回放的质量就差一些。

（4）用户根据应用的实际需求，选择各种类型的录像机产品：

1）可选择 4、8、16 路，记录格式可选用 CIF，4CIF，D1（标清视像压缩后的 2Mbit/s 传输率即 D1）等；

2）以 mpeg4/h.264 为主，可根据需要支持抓拍；

3）实时播放、实时查询、快速下载等；

4）保存容量及记录时间等。

3. 视频切换控制器的选择

（1）控制器的容量应根据系统所需视频输入、输出的最低接口路数确定，并留有适当的扩展余量。

（2）视频输出接口的最低路数由监视器、录像机等显示与记录设备的配置数量及视频信号外送路数决定。

（3）控制器应能手动或自动编程，并使所有的视频信号在指定的监视器上进行固定的时序显示，对摄像机、电动云台的各种动作（如转向、变焦、聚焦、调制光圈等动作）进行遥控。

（4）控制器应具有存储功能，当市电中断或关机时，对所有编程设置，摄像机号、时间、地址等均可记忆。

（5）控制器应具有与报警控制器（如火警、盗警）的联动接口，报警发生时能切换出相应部位摄像机图像，予以显示与记录。

5.4 传 输 系 统

5.4.1 传输方式

监视现场和控制中心需要有信号传输，一方面摄像机得到的图像要传到监控中心，另一方面控制中心的控制信号要传送到现场，所以传输系统包括视频信号和控制信号的传输。

1. 视频信号的传输

目前视屏监控系统大多采用视频基带传输方式，即通过视频同轴电缆传输信号。如果在摄像机距离控制中心较远的情况下，视频同轴电缆已超过最大传输距离的限制，这时视频监控系统可以采用射频传输方式或光纤传输方式。不同的传输方式，所使用的传输部件及传输线路都有很大的差异。视频信号传输主要有以下两种方式：

（1）模拟视频监控系统的视频信号传输方式分为有线和无线方式。有线方式则有采用同轴电缆（几百米传输距离）和采用光端机加光缆（可达几十公里）两种传输方式。智能建筑中每路视频传输距离多为几百米，故常用同轴电缆传输。

（2）数字视频监控系统的视频信号传输方式如图 5-8 也有三种方式。它的关键设备是网络视频服务器和网络摄像机，基于宽带 IP 网络传输，故其传输技术就是局域网技术。

2. 控制信号的传输

对数字视频监控系统而言，控制与信号是在同一个 IP 网传输，只是方向不同。在模拟视频监控系统中，控制信号的传输一般采用如下两种方式。

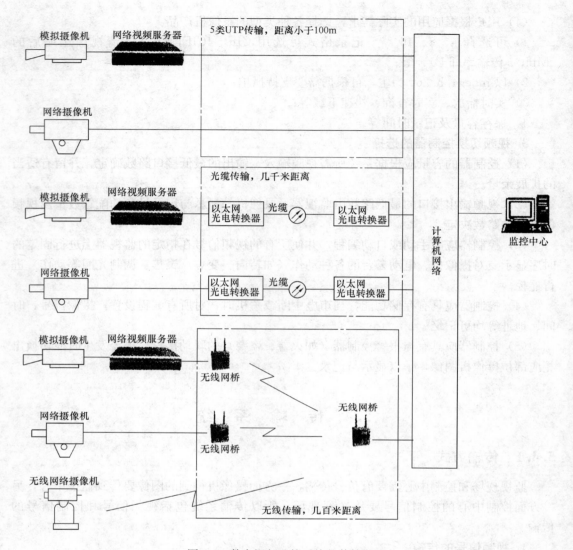

图 5-8　数字视频监控系统的传输方式

（1）通信编码间接控制。采用 RS-485 串行通信编码控制方式，用单根双绞线就可以传送多路编码控制信号，到现场后再行解码，这种方式可以传送 1km 以上，从而大大节约了线路费用。这是目前智能建筑监控系统应用最多的方式。

（2）同轴视控。控制信号和视频信号复用一条同轴电缆。其原理是把控制信号调制在与视频信号不同的频率范围内，然后与视频信号复合在一起传送，到现场后再分解开。这种一线多传方式随着技术的进一步发展和设备成本的降低，也是方向之一。

5.4.2　缆线的选择与敷设

1. 同轴电缆

目前，对于传输距离约小于 1km 的视频监控系统来说，视频信号的传输主要是用射频同轴电缆，简称同轴电缆。同轴电缆是实际工程中经常接触的传输线，又常称为馈线。

同轴电缆的结构如图 5-9 所示，它由内导体、绝缘层、外导体、护套 4 个部分组成。其芯线和屏蔽网筒构成内、外两个导体。为保证电性能，它们的轴线始终是重合的。

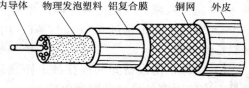

图 5-9　同轴电缆结构

（1）同轴电缆的性能参数

1）特性阻抗：在均匀传输线上任意一点的入射波电压与电流的比值是一个常数，这个常数称为传输线的特性阻抗。同轴电缆是均匀传输线，根据传输线理论知道，其特性阻抗值为：

$$Z_c = \frac{138}{\sqrt{\varepsilon}} \lg \frac{D}{d} \tag{5-4}$$

式中：D 为外导体内径；d 为内导体外径；ε 为绝缘介质的介电常数。

由上式看出，同轴电缆的特性阻抗为纯电阻性质，其值取决于电缆内外导体的直径和绝缘层的介电常数，它与其长短和所接的负载无关。

有 3 种常用的不同特性阻抗值的同轴电缆，这 3 种电缆的特性阻抗值为 50Ω、75Ω、100Ω，但在视频监控系统中一般都使用特性阻抗为 75Ω 的同轴电缆。

同轴电缆在敷设施工时应尽量避免挤压或过度弯曲，否则会改变其几何尺寸，使损伤处特性阻抗值发生变化，造成不匹配，出现信号反射等情况。

2）衰减常数：视频信号电波在同轴电缆中传输时，内外导体以及绝缘层是它的传播介质，这些介质对电视电波是有损耗的。也就是说，电视电波在同轴电缆中传播时要产生衰减，介质对电波的损耗量就等于电波的衰减量。衰减量的大小除了决定于电缆的结构外，还和传输信号的频率有关。同轴电缆的衰减特性用衰减常数来表示。衰减常数是指单位长度的衰减量，常用 β 表示，衰减量的单位为 dB，那么衰减常数的单位为 dB/m、dB/hm、dB/km 等。

理论证明，同轴射频电缆当传输的信号频率在 1000MHz 以内时，其衰减常数可用下式近似表示。

$$\beta = 2.63 \sqrt{\varepsilon} \frac{\dfrac{1}{D} + \dfrac{1}{d}}{\lg \dfrac{D}{d}} \sqrt{f} \tag{5-5}$$

式中：D、d、ε 的含义与式（5-4）相同，f 为传输信号的频率。

3）温度系数：电缆对信号的损耗除了和其结构以及传输信号的频率有关外，还与其周围的环境温度有关，温度越高，电缆损耗越大，温度越低，损耗越小，这种现象称为电缆损耗的温度特性。电缆损耗的温度特性用温度系数来表征。

现在同轴电缆的温度系数一般为（0.1%～0.15%）/℃，即温度每升高 1℃，损耗增加 0.1%～0.15%，温度每降低 1℃，损耗减少 0.1%～0.15%。

（2）同轴电缆的选型

1）应根据图像信号采用基带传输还是射频传输，确定选用视频电缆还是射频电缆。

2）所选用电缆的防护层应适合电缆敷设方式及使用环境（如环境气候、存在有害物质、干扰源等）。

3）室外线路，宜选用外导体内径为 9mm 的同轴电缆，采用聚乙烯外套。

4）室内距离不超过 500m 时，宜选用外导体内径为 7mm 的同轴电缆，且采用防火的聚氯乙烯外套。

5）终端机房设备间的连接线，距离较短时，宜选用的外导体内径为 3mm 或 5mm，且具有密编铜网外导体的同轴电缆。

2. 光纤与光缆

（1）光纤传输的特点

光纤是一种传输光束的细微而柔韧的透明玻璃或塑料纤维，它能使光以最小的衰减从一端传到另一端，光纤的最大优点是带宽大（从 10Hz～1000MHz）、无电力电子及雷电干扰、信息安全、通信距离远。光导纤维光缆由一捆光导纤维组成，简称为光缆。光缆是数据传输中最有效的一种传输介质，它有以下几个优点：

1）频带较宽。目前光纤的使用带宽已达 1.0GHz 以上，而一般图像的带宽只有 8MHz（NT-SC 制式只有 6MHz），因此利用一芯光纤可传输多路图像。

2）衰减较小，可以说在较长距离和范围内信号。是一个常数。如果使用 62.5/125μm 的多模光纤，850mm 波长的衰减约为 3.0dB/km，1300nm 波长的衰减约为 1.0dB/km，所以多模 LED 光源的光功率可以传输 2～5km；使用 9/125μm 的单模光纤，1310nm 波长的衰减约为 0.4dB/km，1550nm 波长的衰减约为 0.3dB/km，所以单模 LED 光源的光功率可以传输 60km 以上。

3）抗干扰及电磁绝缘性能好。光纤电缆中传输的是光束，由于光束不受外界电磁干扰与影响，而且本身也不向外辐射信号，也不会像传统的同轴电缆和通信电缆那样因短路、接触不良或线缆老化等现象而造成火花或静电，因此它适用于长距离的信息传输以及要求高度安全的场合。当然，抽头困难是它固有的难题，因为割开的光缆需要再生和重发信号。

4）中继器的间隔较大，因此可以减少整个通道中继器的数目，可降低成本。根据贝尔实验室的测试，当数据的传输速率为 420Mbit/s 且距离为 119km 无中继器时，其误码率为 10～8，可见其传输质量很好。而同轴电缆和双绞线每隔几千米就需要接一个中继器。

5）体积小，光缆的外径均在 15mm 左右，即使是 48 芯、64 芯、96 芯光缆，其外径也不会有较大变化。

6）传输保密性强，比传统的通信电缆要强过百倍。

在普通计算机网络中安装光缆是从用户设备开始的。因为光缆只能单向传输，为了实现双向通信，光缆就必须成对出现，一个用于输入一个用于输出，光缆两端接光学接口器。

在使用光缆互联多个小型机的应用中，如果要进行双向通信，那么就应使用双芯光纤。由于要对不同频率的光进行多路传输和多路选择，因此又出现了光学多路转换器这类通信器件。

安装光缆需格外谨慎。连接每条光缆时都要磨光端头，通过电烧烤或化学环氧工艺与光学接口连在一起，确保光通道不被阻塞。光纤不能拉得太紧，也不能形成直角。

（2）光纤的类别

114

1）按传输点模数分：光纤按传输点模数分有单模光纤和多模光纤。

单模光纤的纤芯直径很小，在给定的工作波长上只能以单一模式传输，传输频带宽，传输容量大，一般用于长距离传输。多模光纤在给定的工作波长上，能以多个模式同时传输。与单模光纤相比，多模光纤的传输性能较差。多模光纤的带宽为 50～500MHz，单模光纤的带宽为 2000MHz。

光纤波长有 850nm 的短波长（指定为 SX）、1300nm 和 1550nm 的长波长（指定为 LUX）之分。850nm 波长区为多模光纤通信方式，1550nm 波长区为单模光纤通信方式，1300nm 波长区有多模和单模两种。

推荐的多模光纤连接器为双工 SC 连接器（损耗 0.5dB），以替代先前的 ST 型连接器（损耗 1.0dB）。光纤适配器则用于各类光纤设备与光纤连接方式的转换。

2）按折射率分布划分：按折射率分布，光纤可分为跳变式光纤 SIF 和渐变式光纤 GW。

跳变式光纤纤芯的折射率和保护层的折射率都是一个常数。在纤芯和保护层的交界面，折射率呈阶梯型变化。渐变式光纤纤芯的折射率随着半径的增加按一定规律减小，在纤芯与保护层交界处减小为保护层的折射率。纤芯的折射率的变化近似于抛物线。

（3）光缆的类别

光缆的类型由模材料（玻璃或塑料纤维）及纤芯和外层尺寸决定，纤芯的尺寸大小决定光的传输质量。光纤按纤芯直径尺寸划分有 50 μm 渐变型多模光纤、62.5 μm 渐变增强型多模光纤和 8.3 μm 跳变型单模光纤，光纤的包层直径均为 125 μm，故有 62.5/125 μm、50/125 μm、9/125 μm 等不同种类。

由光纤集合而成的光缆、室外松管型为多芯光缆，室内紧包缓冲型有单缆和双缆之分。

对于 2～3 英里的通信，虽然 850nm 的衰减较大但比较经济。标准光缆能在 2000m 或更远距离支持 100Mbit/s 的应用，见表 5-5。

标准光缆特性参数　　　　　　　　　　　　　　　　表 5-5

光学特性　　　　　光缆各类	波长（nm）	带宽（MHz）	衰减（dB/km）	线数
单模 8/125 μm	1300/1550		0.80/0.50	2、4、6、10、16
多模 50/125 μm	850/1300	400/400	3.50/1.25	2、4、6、10、16
多模 62.5/125 μm	850/1300	160/500	3.50/1.25	2、4、6、10、16
多模 100/125 μm	850/1300	100/100	5.0/3.0	2、4、6、10、16

（4）光缆的敷设

光缆的敷设应符合下列规定：

1）敷设光缆前，应对光纤进行检查，光纤应无断点，其衰耗值应符合设计要求。

2）核对光缆的长度，并应根据施工图的敷设长度来选配光缆。配盘时应使接头避开河沟、交通要道和其他障碍物；架空光缆的接头应设在杆旁 1m 以内。

3）敷设光缆时，其弯曲半径不应小于光缆外径的 20 倍。光缆的牵引端头应做好技术处理；可采用牵引力有自动控制性能的牵引机进行牵引。牵引力应加于加强芯上，其牵引力不应超过 150kg；牵引速度宜为 10m/min；一次牵引的直线长度不宜超过 1km。

4）光缆接头的预留长度不应小于 8m。

5）光缆敷设完毕，应检查光纤有无损伤，并对光缆敷设损耗进行抽测。确认没有损伤时，再进行接续。

6）架空光缆应在杆下设置伸缩余兜，其数量应根据所在负荷区级别确定，对重负荷区宜每杆设一个；中负荷区 2～3 根杆宜设一个；轻负荷区可不设，但中间不得绷紧，光缆余兜的宽度宜为 1.52～2m；深度宜为 0.2～0.25m（图 5-10）。

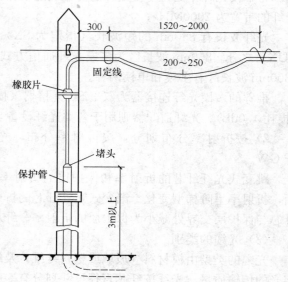

图 5-10　光缆的余兜及引上线钢管保护

7）在桥上敷设光缆时，宜采用牵引机终点牵引和中间人工辅助牵引。光缆在电缆槽内敷设不应过紧；当遇桥身伸缩接口处时应作 3～5 个 "S" 弯，并每处宜预留 0.5m。当穿越铁路桥面时，应外加金属管保护。光缆经垂直走道时，应固定在支持物上。

8）管道光缆敷设时，无接头的光缆在直道上敷设应由人工逐个入孔同步牵引。预先做好接头的光缆，其接头部分不得在管道内穿行；光缆端头应用塑料胶带包好，并盘成圈放置在托架高处。

9）光缆的接续应由受过专门训练的人员操作，接续时应采用光功率计或其他仪器进行监视，使接续损耗达到最小，接续后应做好接续保护，并安装好光缆接头护套。

10）光缆敷设后，宜测量通道的总损耗，并用光时域反射计观察光纤通道全程波导衰减特性曲线。

11）在光缆的接续点和终端应作永久性标志。

5.5　视频监控系统的工程设计

5.5.1　设计要求

为了使设计合理，必须做好设计前的调查等准备工作。它包括工程概貌调查、被监视对象和环境的调查等。工程概貌调查包括了解系统的功能和要求、系统的规模和技术指标、施工的内容和完成时间、建设目的和投入资金等情况。被摄对象和环境的调查包括被摄体的大小，是否活动，是室内还是室外，以及照明情况和可选用的安装设置方法等。此外，还要了解用户的要求，如监视和记录的内容、时间（如定期、不定期、连续等），摄像机的镜头、角度和机罩的控制等。

监控电视系统的工程设计，一般分为初步设计（方案设计）和正式设计（施工图设计）。系统的设计方案应根据下列因素确定：

1. 根据系统的技术和功能要求，确定系统组成及设备配置；

2. 根据建筑平面或实地勘察，确定摄像机和其他设备的设置地点；

3. 根据监视目标和环境的条件，确定摄像机类型及防护措施，在监视区域内它的光照度应与摄像机要求相适应；

4. 根据摄像机分布及环境条件，确定传输电缆的线路路由；

5. 显示设备宜采用黑白电视系统，在对监视目标有彩色要求时，可采用彩色电视机。对于功能较强的大、中型监控电视系统，宜选用微机控制的视频矩阵切换系统；

6. 选用系统设备时，各配套设备的性能及技术要求应协调一致，所用器材应有符合国家标准或行业标准的质量证明；

7. 系统设计应满足安全防范和安全管理功能的宏观动态监控、微观取证的基本要求，并符合在现场条件下的运行可靠、操作简单、维修方便等要求；

8. 应考虑建设和技术的发展，能满足将来系统进一步发展和扩充，以及对新技术、新产品采用的可能性。

5.5.2 系统的性能指标

根据国家标准《民用闭路监视电视系统工程技术规范》GB 50198—2011 和《民用建筑电气设计规范》JGJ 16—2008，监视电视系统的技术指标和图像质量应满足如下要求：

1. 在摄像机的标准照度情况下，整个系统的技术指标应满足表 5-6 所示的要求。

CCTV 系统的技术指标   表 5-6

指标项目	指标值	指标项目	指标值
复合视频信号幅度	1V(P—P)±3dB VBS(注)	灰度	8 级
黑白电视水平清晰度	≥400 线	信噪比	见表 5-7
彩色电视水平清晰度	≥270 线		

注：VBS 为图像信号、消隐脉冲和同步脉冲组成的全电视信号的英文缩写代号。

相对应 4 分图像质量的信噪比应符合表 5-7 的规定。

信噪比（单位：dB）   表 5-7

指标项目	黑白电视系统	彩色电视系统	达不到指标时引起的现象
随机信噪比	37	36	画面噪波，即"雪花干扰"
单频干扰	40	37	图像中纵、斜、人字形或波浪状的条纹，即"网纹"
电源干扰	40	37	图像中上下移动的黑白间置的水平横条，即"黑白滚道"
脉冲干扰	37	31	图像中不规则的闪烁、黑白麻点或"跳动"

系统在低照度使用时，监视画面应达到可用图像，其系统信噪比不得低于 25dB。

2. 系统各部分信噪比的指标分配应符合表 5-8 的规定。

系统各部分信噪比指标分配（单位：dB）　　　　　表 5-8

项　目	摄像部分	传输部分	显示部分
连续随机信噪比	40	50	45

　　3. 在摄像机的标准照度下，评定监视电视图像质量的主观评价可采用五级损伤制评分等级，系统的图像质量不应低于表 5-9 中的 4 分的要求。

五级损伤制评分分级　　　　　表 5-9

图像质量损伤的主观评价	评分等级	图像质量损伤的主观评价	评分等级
图像上不觉察有损伤或干扰存在	5	图像上有明显的损伤或干扰，令人感到讨厌	3
图像上稍有可觉察的损伤或干扰不令人讨厌	4	图像上损伤或干扰较严重，令人相当讨厌	2
		图像上损伤或干扰极严重，不能观看	1

　　4. 系统的制式宜与通用的电视制式一致，系统采用的设备和部件的视频输入和输出阻抗以及电缆的特性阻抗均应为 75Ω。

　　5. 系统设施的工作环境温度应符合下列要求：

寒冷地区室外工作的设施：$-40 \sim 35$℃

其他地区室外工作的设施：$-10 \sim 55$℃

室内工作的设施：$-5 \sim 40$℃

5.5.3　传输线路的考虑

　　1. 在视频传输系统，为防止电磁干扰，视频电缆应敷设在接地良好的穿金属管或用金属桥架内。通常，对摄像机、监控点不多的小系统，宜采用暗管或线槽敷设方式。摄像机、监控点较多的小系统，宜采用电缆桥架敷设方式，并应按出线顺序排列线位，绘制电缆排列断面图。监控室内布线，宜以地槽敷设为主，也可采用电缆桥架，特大系统宜采用活动地板。

　　电梯内摄像机的随行视频同轴电缆，宜从电梯井道的 1/2 高度处引出，经接地良好的纵向金属管或桥架引入监控室（因电梯机房是强电干扰源）。当与其他视频同轴电缆走同一金属桥架时，宜在该金属桥架内加隔离装置。当干扰严重时，还可采取加视频光隔离器等措施。

　　2. 涉外建设项目安保电视系统，宜采用同轴电缆、光缆传输图像信号。

　　3. 同轴电缆的选择应满足衰减小、屏蔽好、抗弯曲、防潮性能好等要求。在电磁干扰强的场所应选用高密度、双屏蔽的同轴电缆。

　　4. 同轴电缆等传输黑白电视基带信号在 5MHz 点、彩色电视基带信号在 5.5MHz 点的不平坦度大于 3dB 时，宜加电缆均衡器；大于 6dB 时，应加电缆均衡放大器。

　　5. 若保持视频信号优质传输水平，SYV-75-3 电缆不宜长于 50m，SYV-75-5 电缆不宜长于 100m，SYV-75-7 电缆不宜长于 400m，SYV-75-9 电缆不宜长于 60m；若保持视频信号良好传输水平，上述各传输距离可加长一倍。

6. 传输距离较远，监视点分布范围广，或需进电缆电视网时，宜采用同轴电缆传输射频调制信号的射频传输方式。长距离传输或需避免强电磁场干扰的传输，宜采用无金属的光缆。光缆抗干扰能力强，可传输十几公里不用补偿。

第六章　共用天线与卫星电视接收系统

6.1　有线电视系统概述

有线电视系统是采用缆线(电缆或光缆)等作为传输媒质来传送电视节目的一种闭路电视系统 CCTV，用 CCTV 称呼有线电视系统，容易与中国中央电视台的简称 CCTV 相混淆，所以国内常常使用 CATV 这个词，以有线的方式在电视中心和用户终端之间传递声、像信息。

随着技术的发展，特别是光缆技术和双向传输技术，以及卫星和微波通信技术的发展，打破了传统闭路与开路的界限，其传输媒质包括从平衡电缆、同轴（射频）电缆到光缆，再到卫星和微波；提供的节目从一般的电视广播到宽带综合业务数字网。

6.1.1　有线电视系统的组成

目前，我国的有线电视系统一般都是由前端、干线传输、用户分配三个部分组成的整体系统，见图 6-1。前段又可分为信号源和信号处理部分。

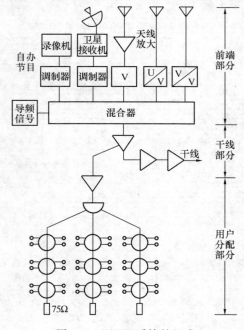

图 6-1　CATV 系统的组成

1. 信号源和机房设备。有线电视节目来源包括卫星地面站接收的模拟和数字电视信号，本地微波站发射的电视信号，本地电视台发射的电视信号等。为实现信号源的播放，机房内应有卫星接收机、模拟和数字播放机、多功能控制台、摄像机、特技图文处理设备、编辑设备、视频服务器，用户管理控制设备等。

2. 信号处理部分。前端设备是接在信号源与干线传输网络之间的设备。它把接收来的电视信号进行处理后，再把全部电视信号经混合器混合，然后送入干线传输网络，以实现多信号的单路传输。前端设备输出信号频率范围可在 5MHz～1GHz 之间。前端输出可接电缆干线，也可接光缆和微波干线。

3. 干线传输系统。传输网络处于前端设备和用户分配网络之间，其作用是将前端输出的各种信号不失真地、稳定地传输给用户分配部分。传输媒介可以是射频同轴电缆、光缆、微波或它们的组合，当前使用最多的是光缆和同轴电缆混合（HFC）传输。

4. 用户分配部分。有线电视的分配网络都是采用电缆传输，其作用是将放大器输出信号按一定电平分配给楼栋单元和用户。主要包括放大器（宽带放大器等）、分配器、分支器、系统输出端以及电缆线路等。

有线电视系统的拓扑结构指的是其分配网络的结构形式。如图 6-2 所示。

传统的有线电视系统的拓扑结构为树枝形，即信号在"树根"（前端）产生，然后沿"主干"（干线）到达"树枝"（分支线，分配线），最后送到"树叶"（用户）。如图 6-2（b）所示。

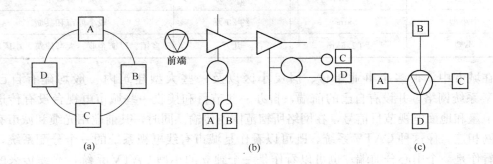

图 6-2 有线电视拓扑结构图
（a）环形；（b）树枝形；（c）星形

进入 20 世纪 90 年代，光纤传输系统在有线电视网中得到了大量的应用。光纤的突出优点是损耗小，因此，传输距离远，载噪比高。对光纤传输系统来讲，比较合适的结构形式是树枝形，星形和环形。如图 6-2 所示。

光纤和微波直接到终端在技术上没有障碍，但目前成本太高，服务商和用户均无法承受，所以目前较为先进的有线电视网均为混合网。总之，有线电视网的拓扑结构有树枝形、总线形、星形、环形以及它们的混合形。树枝形是传统形，用得最为普遍，一般用于本地网（区域内服务）；星形主要用于区域间互连；总线形主要用于远距离传输；环形多用于双向有线电视。

6.1.2 有线电视系统的分类

1. 按最高工作频率分类

按照这种方法分类，可以分为 450MHz 邻频传输系统、550MHz 邻频传输系统以及 750MHz 邻频传输系统。450MHz、550MHz 系统目前已较少采用，主要采用 750MHz 邻频传输系统。

750MHz 邻频传输系统的工作频率范围为 48.5～750MHz，可以传输 DS1～DS42 标准电视频道信号以及 Z1-Z37 增补频道信号，总共 99 个频道信号，还可以传输调频广播信号（88～108MHz）。

这种系统容量大，技术成熟，成本较低，所以目前被普遍采用，同时这种系统还具备扩展系统功能的潜力。

2. 按系统规模分类

按系统信号传输距离的远近和用户人口数量多少，可持有线电视系统分为见表 6-1 所列的几种类型。

有线电视系统的分类 表 6-1

系统类别	传输距离	人口数量	适用地点
特大型	>20km	>100 万	北京、上海、天津、重庆等大城市
大型	>15km	100 万	西安、南京等省会城市
中型	>10km	约 50 万	一般中等城市
中小型	5km	约 20 万	一般小城市和县城
小型	约 1.5km	几万	乡镇、厂矿企业、大型建筑、小区等

在城市中,很多企事业单位、居民小区以及一些大型建筑内一般均建有自己的 CATV 系统网络,并设有自己的前端,自办一些节目和接收一些城市电视台没有传送的其他卫星和地面电视节目信号,在网络所辖范围内传输。同时,其前端用光缆和城市有线电视网相连。像这种 CATV 系统,既可以看作是城市有线电视系统的一个分配系统,其前端看作是一个中心分前端;也可以看作是一个独立的小型 CATV 系统,光缆传来的城市有线电视台的信号看作是它前端的一个信号源。

3. 按不同传输介质分类

(1) 全同轴电缆系统。目前小型系统一般还采用这种传输方式。

(2) 光缆与同轴电缆相结合的系统。目前大、中型系统一般均为这种系统。通常干线用光缆,分配系统用同轴电缆,这种传输方式的系统简称为 HFC 系统。

(3) 微波和同轴电缆相结合的系统。通常用微波作干线,分配系统用同轴电缆。这种方式的优点是建网快、成本低,缺点是微波容易受干扰,并且微波传输也不易扩展系统功能。所以这种系统一般作为过渡性的网络使用。

(4) 全光缆系统。这种系统是有线电视系统的发展方向。今后若做到光纤入户,则系统将成为真正的宽带网。那时系统不仅可以容纳更多电视频道,还可以增加很多功能,像电视电话、视频点播、多媒体传输、电视购物等。

4. 按信号传输方向分类

(1) 单向系统。这种系统只能由前端向用户传输信号,这个传输过程称为下行。目前的有线电视系统一般均为单向系统,只传输下行信号。其网络结构一般是以前端为"根",用户终端为"叶"的树状结构形式。

(2) 双向系统。这种系统既可以由前端向用户传输下行信号,也可由用户向前端传输上行信号。双向 CATV 系统的网络结构一般是以前端为中心,各个用户终端直接和前端相连的星型结构形式。

双向传输是有线电视系统的发展趋势,目前我国已有很多地区建立了双向系统。

6.2 有线电视系统性能参数

6.2.1 无线电视的频率分配

1. 我国关于电视频道的划分(表 6-2)

电视频道的划分

表 6-2

波段	电视频道	频率范围 （MHz）	中心频率 （MHz）	图像载波 （MHz）	伴音载波 （MHz）
Ⅰ波段	DS—1	48.5～56.5	52.5	49.75	56.25
	DS—2	56.5～64.5	60.5	57.75	64.25
	DS—3	64.5～72.5	68.5	65.75	72.25
	DS—4	76～84	80	77.25	83.75
	DS—5	84～92	80	85.25	91.75
Ⅱ波段 （增补频道 A₁）	Z—1	111～119	115	112.25	118.75
	Z—2	119～127	123	120.25	126.75
	Z—3	127～135	131	128.25	134.75
	Z—4	135～143	139	136.25	142.75
	Z—5	143～151	147	144.25	150.75
	Z—6	151～159	155	152.25	158.75
	Z—7	159～167	163	160.25	166.75
Ⅲ波段	DS—6	167～175	171	168.25	174.75
	DS—7	175～183	179	176.25	182.75
	DS—8	183～191	187	184.25	190.75
	DS—9	191～199	195	192.25	198.75
	DS—10	199～207	203	200.25	206.75
	DS—11	207～215	211	208.25	214.75
	DS—12	215～223	219	216.25	222.75
A₂波段 （增补频道）	Z—8	223～231	227	224.25	230.75
	Z—9	231～239	235	232.25	238.75
	Z—10	239～247	243	240.25	246.75
	Z—12	247～255	251	248.25	254.75
	Z—13	255～263	259	256.25	262.75
	Z—14	263～271	267	264.25	270.75
	Z—15	271～279	275	272.25	278.75
	Z—16	279～287	283	280.25	286.75
	Z—16	287～295	291	280.25	294.75
B波段 （增补频道）	Z—17	295～303	299	296.25	302.75
	Z—18	303～311	307	304.25	310.75
	Z—19	311～319	315	312.25	318.75
	Z—20	319～327	323	320.25	326.75
	Z—21	327～335	331	328.25	334.75
	Z—22	335～343	339	336.25	342.75
	Z—23	343～351	347	344.25	350.75
	Z—24	351～359	355	352.25	358.75
	Z—25	359～367	363	360.25	366.75
	Z—26	367～375	371	368.25	374.75
	Z—27	375～383	379	376.25	382.75
	Z—28	383～391	387	384.25	390.75
	Z—29	391～399	395	392.25	398.75
	Z—30	399～407	403	400.25	406.75
	Z—31	407～415	411	408.25	414.75
	Z—32	415～423	419	416.25	422.75
	Z—33	423～431	427	424.25	430.75
	Z—34	431～439	435	432.25	438.75
	Z—35	439～447	443	440.25	446.75
	Z—36	447～455	451	448.25	454.75
	Z—37	455～463	459	456.25	462.75

波段	电视频道	频率范围 (MHz)	中心频率 (MHz)	图像载波 (MHz)	伴音载波 (MHz)
Ⅳ波段	DS—13	470～478	474	471.25	477.75
	DS—14	478～486	482	479.25	485.75
	DS—15	486～494	490	487.25	493.75
	DS—16	494～502	498	495.25	501.75
	DS—17	502～510	506	503.25	509.75
	DS—18	510～518	514	511.25	517.75
	DS—19	518～526	522	519.25	525.75
	DS—20	526～534	530	527.25	533.75
	DS—21	534～542	538	535.25	541.75
	DS—22	542～550	546	543.25	549.75
	DS—23	550～558	554	561.25	557.75
	DS—24	558～566	562	559.25	565.75
Ⅴ波段	DS—25	604～612	608	605.25	611.75
	DS—26	612～620	616	613.25	619.75
	DS—27	620～628	624	621.25	627.75
	DS—28	628～636	632	629.25	635.75
	DS—29	636～644	640	637.25	643.75
	DS—30	644～652	648	645.25	651.75
	DS—31	652～660	656	653.25	659.75
	DS—32	660～668	664	661.25	667.75
	DS—33	668～676	672	669.25	675.75
	DS—34	676～684	680	677.25	683.75
	DS—35	684～692	688	685.25	691.75
	DS—36	692～700	696	693.25	699.75
	DS—37	700～708	704	701.25	707.75
	DS—38	708～716	712	709.25	715.75

(1) 目前我国电视广播采用Ⅰ、Ⅲ、Ⅳ、Ⅴ四个波段，Ⅰ、Ⅲ波段为 VHF 频段（1～12 频道），Ⅳ、Ⅴ波段为 UHF 频段（13～68 频道）。

(2) Ⅰ与Ⅲ波段之间和Ⅲ与Ⅳ波段之间为增补频道 A、B 波段，这是因为 CATV 节目不断增加和服务范围不断扩大而开辟的新频道。

(3) 每个频道之间的间隔为 8MHz。

(4) 在Ⅰ波段与 A 波段（增补频道）之间空出的 88～171MHz 频道划归调频（FM）广播、通信等使用，有时称Ⅱ波段。其中 87～108MHz 为 FM 广播频段。

2. 有线电视波段的划分（表 6-3）

5～1000MHz 上行、下行波段划分表（《有线电视广播系统技术规范》GY/T 106—1999）

表 6-3

序号	波段名称	标准频率分割范围（MHz）	使用业务内容
1	R	5～65	上行业务
2	X	65～87	过渡带
3	FM	87～108	调频广播
4	A	110～1000	模拟电视、数字电视、数据通信业务

6.2.2 有线电视系统性能参数

1. 有线电视系统下行传输主要技术参数见表 6-4。

2. 双向传输网络：

（1）上行传输通道主要技术要求见表 6-5。

（2）上行信道频率配置见表 6-6。

（3）有线电视网络目前已广泛采用光纤、同轴电缆混合（HFC）网络结构。根据社会信息化发展的需求，升级为双向交互网的 HFC 网络可以开展多种数据业务。为此国家广播电影电视总局发布了《HFC 网络上行传输物理通道技术规范》GY/T 180—2001。规定了上行传输信道的技术要求。而上行信道的频率配置只作为使用的建议。

CATV 系统下行传输主要技术参数 表 6-4

序号	项目		电视广播	调频广播
1	系统输出口电平(dBμV)		60～80	47～70(单声道或立体声)
2	系统输出口频道间载波电平差	任意频道间(dB)	≤10 ≤8(任意 60MHz 内)	≤8(VHF)
		相邻频道间(dB)	≤3	≤6(任意 60MHz 内)
		伴音对图像(dB)	−17±3(邻频传输系统)−7～−20(其他)	—
3	频道内幅度/频率特性(dB)		任意频道幅度变化范围为 2(以载频加 1.5MHz 为基准)，在任何 0.5MHz 频率范围内，幅度变化不大于 0.5	任何频道内幅度变化不大于 2，在载频的 75kHz 频率范围内变化斜率每 10kHz 不大于 0.2
4	载噪比(dB)		≥43(B＝5.75MHz)	≥41(单声道)≥51(立体声)
5	载波互调比(dB)		≥57(对电视频道的单频干扰)≥54(电视频道内单频互调干扰)	≥60(频道内单频干扰)
6	载波复合三次差拍比(dB)		≥54	—
7	交扰调制比(dB)		≥46±10log(N−1)式中 N 为电视频道数	—
8	载波交流声比(%)		≤3	—
9	载波复合二次差拍比(dB)		≥54	—
10	色/亮度时延差(ns)		≤100	—
11	回波值(%)		≤7	—
12	微分增益(%)		≤10	—
13	微分相应(度)		≤10	—
14	频率稳定度	频道频率(kHz)	±25	±10(24 小时内)±20(长时间内)
		图像伴音频率间隔(kHz)	±5	—
15	系统输出口相互隔离度(dB)		≥30(VHF)≥22(其他)	—

序号	项目		电视广播	调频广播
16	特性阻抗(Ω)		75	75
17	相邻频道间隔		8MHz	≥400kHz
18	辐射与干扰	寄生辐射	待定	—
		电视中频干扰(dB)	<−10 (相对于最低电视信号)	—
		抗扰度(dB)	待定	—
		其他干扰	按相应国家标准	—

注：在任何系统输出口，电视接收机中频范围内的任何信号电平应比最低的 VHF 电视信号电平低 10dB 以上，不高于最低的 UHF 电视信号电平。

上行传输通道主要技术要求　　　　　　　　　　　　　　　　　表 6-5

序号	项目	技术指标	备　注
1	标称系统特性阻抗（Ω）	75	—
2	上行通道频率范围（MHz）	5～65	基本信道
3	标称上行端口输入电平（dBμV）	100	此电平为设计标称值，并非设备实际工作电平
4	上行传输路由增益差（dB）	≤10	服务区内任意用户端口上行
5	上行通道频率响应（dB）	≤10	7.4～61.8MHz
		≤1.5	7.4～61.8MHz 任意 3.2MHz 范围内
6	上行最大过载电平（dBμV）	≥112	三路载波输入，当二次或三次非线性产物为−40dB 时测量
7	载波/汇集噪声比（dB）	≥20（Ra 波段） ≥26（Rb、Rc 波段）	电磁环境最恶劣的时间段测量。一般为 18：00～22：00；注入上行载波电平为100BμV
8	上行通道传输延时（μs）	≤800	—
9	回波值（%）	≤10	
10	上行通道群延时（ns）	≤300	任意 3.2MHz 范围内
11	信号交流调制比（%）	≤7	—
12	用户电视端口噪声抑制能力（dB）	≥40	—
13	通道串扰抑制比（dB）	≥54	—

波段	上行信道	频率范围（MHz）	中心频率（MHz）	备 注
Ra	R1	5.0～7.4	6.2	上行窄带数据信道区，实际配置时可细分。尽可能避开窄带强干扰（如短波电台干扰等）。 在 5MHz～8MHz 左右，群延时可能较大。 若本频段干扰较低，也可选择作为宽带数据信道使用。 实际配置时也可将每个信道划分为 2～16 个子信道
	R2	7.4～10.6	9	
	R3	10.6～13.8	12.2	
	R4	13.8～17.0	15.4	
	R5	17.0～20.2	18.6	
Rb	R6	20.2～23.4	21.8	上行宽带数据区，也可将每个信息划分为 2～16 个子信道供较低数据调制率时使用
	R7	23.4～26.6	25	
	R8	26.6～29.8	28.2	
	R9	29.8～33.0	31.4	
	R10	33.0～36.2	34.6	
	R11	36.2～39.4	37.8	
	R12	39.4～42.6	41.	
	R13	42.6～45.8	44.2	
	R14	45.8～49.0	47.4	
	R15	49.0～52.2	50.6	
	R16	52.2～55.4	53.8	
	R17	55.4～58.6	57	
Rc	R18	58.6～61.8	60.2	上行窄带数据区，该区在实际配置时可细分。62MHz～65MHz 群延时可能较大
	R19	61.8～65.0	63.4	

（4）有线电视系统光缆—电缆混合（HFC）网络双向传输网络设计的原则如下：

1）光纤节点 FTTF 到小区

分配节点后放大器的级连 3～5 级，覆盖用户 500～2000 户。

2）光纤节点到路边 FTTC

分配节点后放大器的级连 1～2 级，覆盖用户 500 户以下，是有线电视传输宽带综合业务网的主要形式。

3）光纤节点到楼 FTTB

直接用光接收机输出 RF 信号电平，直带几十个用户。为无放大器系统。

3. 有线电视系统总技术指标（表 6-7）。

有线电视系统总技术指标 表 6-7

有线电视系统运行 总技术指标	载噪比 CNR44dB	组合三次差拍比 CTB56dB	组合二次差拍比 CSO55dB
	载噪比 CNR43dB	组合三次差拍比 CTB54dB	组合二次差拍比 CSO54dB

4. 有线电视子系统设计技术指标分配（表6-8）。

有线电视子系统设计技术指标分配 表6-8

类别 项目		前端子系统		光纤系统子系统		电缆传输分配网子系统	
		分配值	设计值	分配值	设计值	分配值	设计值
A	CNR	1%	64	49%	47.1	50%	47
	CTBR	5%	82	55%	61.2	40%	64
	CSOR	10%	65	50%	58	40%	59
B	CNR	2.5%	60	50%	61.2	47.5%	47.2
	CTBR	10%	76	50%	62	40%	64
	CSOR	10%	65	50%	58	40%	59
C	CNR	6%	56	50%	47	44%	46.8
	CTBR	20%	70	40%	64	40%	64
	CSOR	20%	62	40%	59	40%	59
D	CNR	16%	52	50%	47	34%	48.7
	CTBR	20%	70	40%	64	40%	64
	CSOR	20%	62	40%	59	40%	59

注：表中 A、B、C、D 的分类：A—10000 户以上；B—2000 户以上；C—300 户以上；D—300 户以下。

5. 系统输出口电平设计值宜符合下列要求：

（1）非邻频系统可取（70±5）dBμV；

（2）采用邻频传输的系统可取（64±4）dBμV。

（3）系统输出口频道间的电平差的设计值不应大于表6-9的规定。

系统输出口频道间电平差（单位：dB） 表6-9

频道	频段	系统输出口电平差
任意频道	超高频段	13
	甚高频段	10
	甚高频段中任意 60MHz 内	6
	超高频段中任意 100MHz 内	7
相邻频道		2

6.3 有线电视系统常用器材

6.3.1 接收天线

在空间传播的无线电波碰到天线后，天线上将感应出高频电动势，继而产生高频电流，高频电流经馈线送入电视接收机或 CATV 系统的前端。

天线具有可逆性，即，同一副天线既能作接收天线也能作发射天线，并且作为接收与发射天线时的参数保持一致，这也叫做天线的互易原理。

电视接收天线的种类很多，分类方法也各不相同，有按照其形状来分的，有按其工作频段来分的。按工作频段来分有单频道天线、宽频带天线，宽频带天线中又分有 VHF 段天线和 UHF 段天线等。目前 CATV 系统中用得最多的是单频道八木天线。

八木天线，又称多单元引向天线。该天线是日本人八木和宇田发明的。八木天线的结构如图 6-3 所示。它是由一些导电单元组成，这些导电单元一般是由合金铝管或铜管做成，弯曲的单元叫折合振子，它前面的若干个单元具有把电波向后引的作用，所以称为引向器，它后面的单元具有向前反射电波的作用，所以称为反射器。所有单元设置在同一个平面内，中间用一横杆固定，再用一支撑杆水平架设于室外。

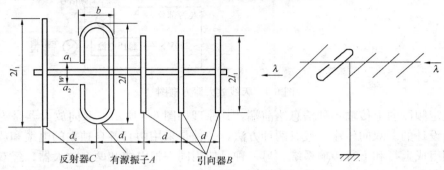

图 6-3　八木天线的结构

八木天线的折合振子弯曲后的长度等于接收电视频道信号中心波长的一半，引向器稍短于折合振子，反射器稍长于折合振子。这样，天线就只对接收频道信号处于谐振状态，也就是说，天线对信号具有选择性。天线收到的信号由折合振子的两个馈电点（a_1，a_2）经馈线输出，所以折合振子又称有源振子，其余单元称无源振子。

八木天线只有一个有源振子，一般也只有一个反射器，但引向器通常有多个。增加引向器数量，对提高天线增益有利，但有一定限度。各单元之间的距离为接收频道信号波长的 1/4，但为兼顾天线的增益，通频带和方向性等性能参数，有的单元间的距离通常要作调整。

UHF 段电视接收天线，多采用异型八木天线。为提高前向增益和增强抗干扰能力，其反射器通常由两个金属平面栅网做成角面反射器。

6.3.2　放大器

1. 天线放大器

天线放大器又叫做低电平放大器或前置放大器，其作用是用来提高接收天线的输出电平，以便获得较高的噪声比，提高信号的质量。其输入电平通常为 $50\sim60\mathrm{dB}\mu\mathrm{V}$，所以要求噪声系数很低（$3\sim6\mathrm{dB}$）。天线放大器的外壳多为防雨型结构，可以将它直接装在天线杆上。

天线放大器方框图如图 6-4 所示。它的工作原理是：由天线输入的射频电视信号，经滤波和三级放大后输出，再经电缆至前端设备或用户电视机；同时，还通过电缆为各级放大器提供工作电源。

2. 双向放大器

双向传输是指从前端用规定的频段向下传输电视节目和调频广播节目给用户，用户端

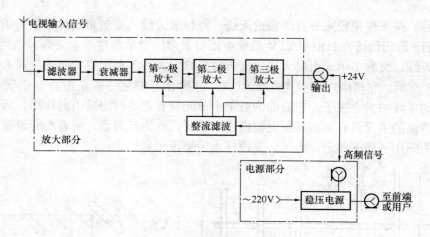

图 6-4　天线放大器方框图

用另一规定频段向上传输各种信息给前端,其原理如图 6-5 所示。双向放大器是为满足双向传输而设计的。双向传输一般有两种方法,一种是采用两套各自独立的电缆和放大器系统,分别组成上行和下行传输系统。另一种是使用同一根电缆和两套放大器,经双向滤波器进行频率分割,按上行、下行频率分别对信号进行放大,这时双向放大器分别叫反向放大器和正向放大器。通常是将这两个独立的放大组件装在一个放大器中。

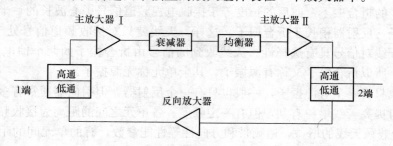

图 6-5　双向放大器原理框图

3. 分配放大器

分配放大器是在干线或支线末端,以供 2～4 路分配输出的放大器,即可在一般线路放大器末端放大后加一个分配器组成,如图 6-6 所示。分配放大器是宽频带高电平输出的一种放大器。通常为等电平的回路输出,其输出电平约为 $100dB\mu V$。分配放大器的增益定义为任何一个输出端的输出电平与输入电平之差。

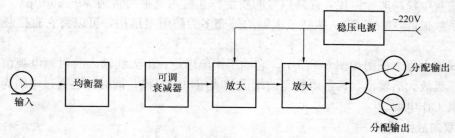

图 6-6　分配放大器框图

4. 线路延长放大器

线路延长放大器安装在支干线上，用以补偿分支器的插入损耗和电缆的传输损耗。它的输出端不再有分配器，因而输出电平一般在 $103\sim105\mathrm{dB}\mu\mathrm{V}$。

线路放大器使用的场合是干线或支干线部分，通常在一根同轴电缆中总是传输多个频道乃至整个 VHF 或 UHF 频段的电视信号，放大器必须同时放大它们。所以，主放大器属于宽频带放大器，因此对主放大器要求有较平坦的幅频特性，较大的增益调整范围，较高的输出电平和良好的交扰调制及相互调制特性。在实际应用中，当有多个放大器与干线级联使用时还应具有自动增益控制和自动斜率控制的性能。

5. 分支放大器

分支放大器是装在干线或支线末端，有一个输入端和一个干线或支线输出端；并从干线或支线输出端的定向耦合器取出信号作为支线输出端。和分配放大器一样，分支器可以加在一般线路放大器的末端，其方框图如图 6-7 所示。

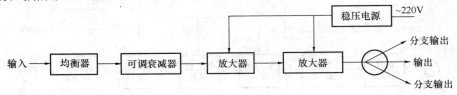

图 6-7　分支放大器框图

6. 干线放大器

干线放大器主要用于干线信号放大，以补偿干线电缆的损耗，增加信号传输的距离。干线放大器一般少至几个，多至几十个级联在干线中，每个放大器的增益应与对应电缆对信号的衰减相等，因此放大器的增益必须是可调的。另一方面，电缆的衰减量对不同频率的信号是不同的，高频衰减大，低频衰减小。因此，干线放大器的增益应该是高频段高，低频段低，幅频特性为一斜线，这种增益特性的实现称之为自动斜率控制（ASC）。图 6-8 给出的是既有 AGC 功能又有 ASC 功能的干线放大器原理图。其中 AGC 和 ASC 控制信号由放大器输出端取出，由导频滤波器 BPF$_\mathrm{H}$ 和 BPE$_\mathrm{L}$ 分别分离出高、低频导频信号，高、低频导频信号在比较电路与参考电压进行比较，输出的信号去分别控制可控均衡器和可控

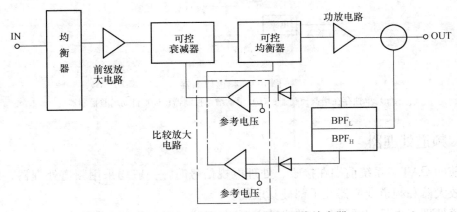

图 6-8　具有 AGC、ASC 功能的干线放大器

衰减器，从而实现 ASC 和 AGC 的控制。

7. 频道放大器

频道放大器即单频道放大器，它位于系统的前端，其后接混合器。对于使用单频道天线的系统，在进行混合之前，多数情况（当各频道信号电平参差不齐时）需要进行电平调整，使混合之前的各信号电平基本接近，这一工作是由频道放大器来完成的。

频道放大器的增益较高，输出电平可达到 $110dB\mu V$，故为高电平输出。频道放大器一般工作在各天线输出电平相差较大，而各频道放大器的输出接近的场合。因此，可以根据频道放大器的不同使用，选择无单独存在的增益控制器、手动增益控制器或自动增益控制器三种类型，其方框图如图 6-9 所示。其中图 6-9（a）只是在输入端加可调衰减器，以调整输入信号电平。图 6-9（b）在第二放大级加装手动增益控制器，根据输入信号电平情况，进行手动增益调整。图 6-9（c）是从放大器输出端处取出一部分信号通过 AGC 电路控制放大器电平。

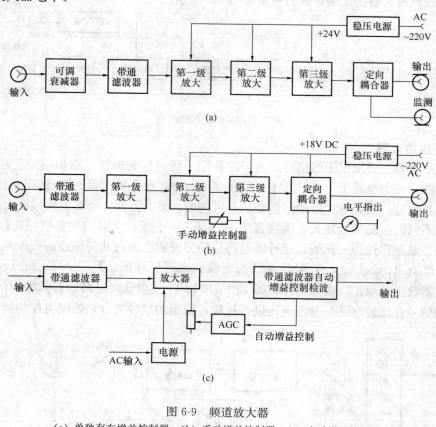

图 6-9　频道放大器

（a）单独存在增益控制器；（b）手动增益控制器；（c）自动增益控制器

6.3.3　频道处理器

目前的 CATV 系统前端在接收、处理电视信号时，一般均采用频道处理器，以前用的频道放大器和频道变换器几乎都被其取代。

频道处理器也是有源设备，其原理方框图如图 6-10 所示，它采用的是二次变频方式。

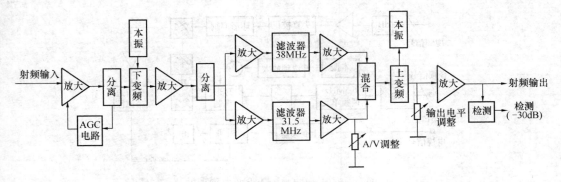

图 6-10　频道处理器原理方框图

输入射频信号经放大后，与下变频器内的本振信号混频，取出二者差频，则变换为电视中频信号（电视中频信号的图像载频为 38MHz，伴音载频为 31.5MHz），再将电视中频信号的图像和伴音信号分离，这样可以分别对图像和伴音进行处理，然后将二者重新混合。混合后的中频信号与上变频器内的本振信号混频，取出二者和频，则变换为射频信号输出。

目前很多频道处理器都设计为捷变式，即通过调节本振信号频率可以方便地改变输入、输出电视频道。

频道处理器有下列特点：

1. 由于中频频率较低，容易对信号进行放大等各种控制和处理。

2. 图像和伴音电平可以分别调整，在邻频道使用中，一般调整为伴音电平比图像电平低 17dB 左右，以防止下邻频道的伴音对上邻频道图像的干扰。频道处理器的最大输出信号电平值一般在 1115dBμV 以上，并可以在一定范围内调节。

国标对频道处理器的主要性能参数有一定的要求。

6.3.4　电视调制器

电视调制器是将系统节目源中的视频和音频信号变成能够在系统中传输的高频电视信号。这些视频、音频信号来自于系统演播室的摄像机、录像机、激光视盘和电影电视转换机，也可以来自于卫星接收机和微波接收机。

1. 电视调制器的种类：电视调制器从电路组成方式上可分为高频调制方式和中频调制方式两大类。高频调制方式是直接利用视频和音频信号调制载频，图 6-11 是高频调制方式电视调制器电路原理框图。

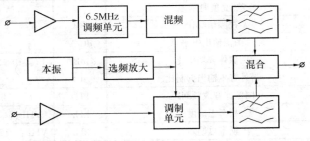

图 6-11　高频调制方式电视调制器电路原理框图

中频调制方式是先将视频、音频信号调制成电视中频信号，即图像中频频率为 38MHz，伴音中频频率为 31.5MHz，然后通过上变频器将中频电视信号变换成高频电视信号。图 6-12 是中频调制方式电路原理框图。

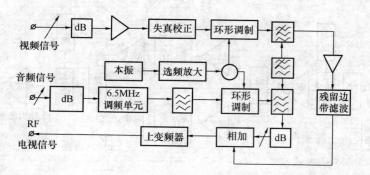

图 6-12　中频调制方式电路原理框图

由中频调制方式原理图可以看出，高频电视信号中的许多指标，例如调制度、残留边带、微分增益、微分相位失真和群延时失真等均能得到较好地处理，故其电气性能优于高频调制方式的电视调制器。

随着数字电子技术的发展，采用频率合成技术的全频道电视调制器和适合邻频传输的邻频道电视调制器已投入使用。

2. 电视调制器的主要性能参数：调制器的主要性能参数有最大输出电平、频率稳定度、图像调制度、微分相位和微分增益等。表 6-10 列出了调制器的技术要求。

调制器的技术要求 表 6-10

项 目	名 称	单位	I 类	II 类
视频输入信号	幅度（峰-峰值）	V	1（全电视信号）	
	极性		正极性（白色电平为正）	
	输入阻抗	Ω	75	
音频输入信号	标称电平	V	0.775	
	输入阻抗	Ω	600 不平衡，50kΩ	600Ω 不平衡
视频信号钳位能力		dB	≥26	不做规定
视频信号调制度（%）			80±7.5	70±10
视频带内平坦度		Ω	±3（5MHz 内）	±6
微分增益（DG）			≤8%	≤10%
微分相位（DP）		度	≤8	≤12
色/亮度时延差		ns	≤60	≤100
视频信噪比		dB	≥45	不做规定
图像输出电平		dBμV	≥92	
图像伴音功率比		dB	10～20 连续可调	15±5
带外寄生输出抑制比		dB	≥60	不做规定
图像伴音载频间距		kHz	6500±10	6500±12
频率正确度		kHz	VHF：≤5，UHF：≤25	VHF：≤20，UHF：≤50
频率总偏差		kHz	VHF：≤20，UHF：≤100	VHF：≤75，UHF：≤500
伴音最大频偏		kHz	±50	
伴音预加重		μs	50	
伴音带内平坦度		dB	±2（80Hz～10kHz）	±3（330Hz～7kHz）
伴音失真度			≤2%	不做规定
伴音音频信噪比		dB	≥50	不做规定

6.3.5 混合器

CATV 系统传输的多种信号是由不同的信号源提供的，各个频道的信号也来自不同的天线、不同的频道处理器以及不同的调制器等。而系统是用一根同轴电缆来传输这些信号的，那么如何将多路信号送到系统的一根同轴电缆中去呢？这就需要使用混合器，混合器的功能是将多路输入信号混合成一路输出，并保持多路信号的频谱仍然分开。也就是说，它能将多路信号以频分复用的方式送入一根电缆中传输。混合器就是一个将多路电视信号混合成一路输出的装置。

混合器也分为有源与无源两类，有源混合器除了能混合信号外，还具有放大信号的能力。但目前的 CATV 系统大多使用无源混合器。

混合器从原理上又可分为滤波器式和宽带变压器式两种，前者属于频率分隔混合方式，后者属于功率混合方式。

滤波器式混合器是将多个滤波器并联后，再加上一些辅助电路而做成。它的主要优点是插入损耗小，主要缺点是生产调试困难。所以，一般频段混合器采用这种形式。图 6-13 是 VHF 和 UHF 信号混合器电路图，由图看出，它其实是由一个低通和一个高通滤波电路并联而成，在实际工程中一般是把它做成一块厚膜电路的形式。

宽带变压器式混合器是采用功率混合方式，其输入端口对频率没有选择性。它的结构简单，成本低廉，输入净隔离度高，多路混合一般采用这种混合器。例如，常见的 HD16－1 型 16 路混合器就是宽带变压器式混合器。但这种混合器的缺点是插入损耗较大，而且随着输入端口路数的增多而增加。图 6-14 是一个四路宽带变压器式混合器的电路原理图。

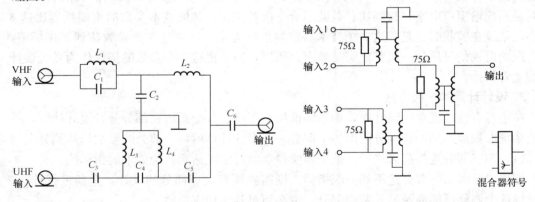

图 6-13　VHF 和 UHF 信号混合器电路图　　图 6-14　四路宽带变压器式混合器的电路原理图

混合器的主要性能参数有插入损耗、带内平坦度、输入端相互隔离等。插入损耗（简称插损）指混合器对输入信号的损耗，习惯用 L 表示，单位为 dB。输入信号经混合器后的衰减量就等于混合器的插入损耗值。

某一路输入信号电平减去输出中这路信号的电平就等于插入损耗，即

$$\{L_{HH}\} \text{ dB} = \{U'_i\} \text{ dB}\mu\text{V} - \{U'_0\} \text{ dB}\mu\text{V} \qquad (6\text{-}1)$$

由上式可见，若已知某一路输入信号电平和混合器的插损，用前者减去后者就可以求得输出中这路信号的电平。

滤波器式混合器的插损一般在 3.5dB 以内,而宽带变压器式混合器的插损较大,如 HD16-1 型混合器插损在 20dB 左右。

当混合器有多余的输入端口不用时,应接上 75Ω 匹配电阻。

6.4 有线电视系统的设计与计算

6.4.1 系统设计的依据

1. 设计遵循的基本原则

设计 CATV 系统,必须使其技术参数符合《有线电视广播系统技术规范》的要求,同时也应符合国家及国家其他部门颁布的相关标准及规范的要求。其目的就是要使 CATV 系统传送出符合要求的高质量的电视信号,使用户收看到满意的电视图像。

一个单位或建筑内局部范围的小系统在设计、建设时应与当地城市广播电视和有线电视网的总体规划相适应,并从立足现状、规划长远的角度去设计系统,努力做到技术上的先进性与经济上的可行性相统一,使系统有一个较长的使用期,避免短期内改建或重建。另外,所设计系统还应具有相当的扩展能力,能根据发展的需要增加传输频道和用户端口数。

2. 设计依据的技术参数

本节主要介绍大型建筑或单位内的中小型 CATV 系统的设计计算,将城市有线电视网送来的信号看作是它的一个信号源。在《有线电视广播系统技术规范》中关于 CATV 系统的技术参数有 27 个指标,但其中最重要的也是对电视图像质量影响最大的有 3 个,它们是系统输出口电平、载噪比、载波组合三次差拍比。其他技术参数的重要性远比这 3 项小,系统在验收时也是以这 3 个技术参数的指标为主,只要这 3 个参数达到了指标值,其传送的电视信号质量一般都能满足要求。所以,通常把这 3 个参数的指标作为系统设计时的主要依据。

3. 设计计算的一般方法

在进行有线电视系统设计时,如果将前端、干线、分配系统三部分分开设计计算,就要把系统参数应达到的指标分配给各个部分。若设计计算后每一部分的参数均达到分配的指标值,则三部分连接起来之后,整个系统得参数肯定能达到系统要求的指标值。

如果设计时某一部分达不到分配指标,则需要调整这一部分的设计,重新进行计算。有时候这个调整可能涉及另外两个部分,也必须对其作相应调整。

最后,需经过计算使各部分都达到指标,这个工作比较繁琐。对于中小型 CATV 系统而言,可以将系统分为前端部分和传输分配部分来进行设计计算。

6.4.2 系统设计及计算的基础

1. 分贝的定义及其计算

(1) 分贝的定义。两个功率之比的常用对数被定义为贝尔 (bel) 数,即

$$bel = lg\ (P_2/P_1) \tag{6-2}$$

贝尔 (dB) 是分贝这一单位的 1/10,即分贝数是贝尔数的 10 倍,所以有

$$dB=10lg\ (P_2/P_1) \tag{6-3}$$

（2）增益的定义。CATV 系统中，电视信号在传输前后的相对关系一般均用分贝表示。

如图 6-15 所示，设信号经过一个设备（器材）传输，信号的输入功率、输入电压、输入电阻分别为 P_i、U_i、R_i，输出功率、输出电压、输出电阻、负载电阻分别为 P_o、U_o、R_o、R_L，则设备（器材）的功率放大倍数，电压放大倍数分别为

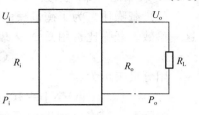

图 6-15 信号经过一个设备传输

$$K_P = \frac{P_o}{P_i} \tag{6-4}$$

$$K_U = \frac{U_o}{U_i} \tag{6-5}$$

用分贝数来表示时，其功率放大量和电压放大量分别为：

$$G_p = 10lg\left(\frac{P_o}{P_i}\right) = 10lgK_P \tag{6-6}$$

$$G_U = 10lg\left(\frac{U_o^2/R_L}{U_i^2/R_L}\right) = 20lgK_U \tag{6-7}$$

习惯称 G_p 为功率增益。

（3）电压电平与功率电平。为了设计计算方便，通常要使用分贝的绝对表示。CATV 系统中任意一点的电压或功率值，与 $1\mu V$ 或 $1mW$ 等标准单位电压或功率相比，所计算出的分贝数叫分贝的绝对表示，

此定义为电压电平或功率电平，其单位记为 $dB\mu V$、$dBmW$ 等。这时，称系统中某点的电平为多少 $dB\mu V$、$dBmW$ 等。现用 U'、P' 表示。

在 CATV 信号的电缆传输中，常用电压电平作计算和衡量；在光缆传输及卫星电视中，常用功率电平计算和衡量。

系统中某点电压为 $U_o=10\mu V$ 或 $1mV$，当用 $1\mu V$ 作比较标准时，则该点的电压电平为多少

$$\{U'_o\}dB\mu V = 20lg\frac{\{U_o\}\mu V}{1\mu V} = 20lg\frac{10}{1} = 20$$

$$U'_o = 20dB\mu V$$

$$\{U'_o\}dB\mu V = 20lg\frac{\{U_o\}\mu V}{1\mu V} = 20lg\frac{10^3}{1} = 60$$

$$U'_o = 60dB\mu V$$

系统中某点的功率为 $P_o=100mW$ 或 $1W$，当用 $1mW$ 作比较标准时，则该点的功率电平为：

$$\{P'_o\}dBmW = 10lg\frac{\{P_o\}mW}{1mW} = 10lg\frac{100}{1} = 20$$

$$P'_o = 20dBmW$$

$$\{P'_o\}dBmW = 10lg\frac{\{P_o\}mW}{1mW} = 10lg\frac{10^3}{1} = 30$$

$$P'_o = 30dBmW$$

2. 载噪比与噪声系数

（1）载噪比。为了衡量噪声对电视信号的影响程度，CATV系统中一般采用载噪比这一参数。载噪比常用C/N来表示，其定义为：

$$（C/N）＝载波功率/噪声功率$$

用分贝表示为：

$$[C/N]＝10lg（载波功率/噪声功率）＝10lg（C/N） \tag{6-8}$$

国际上一般将电视图像质量划分为5个等级，每个等级与系统载噪比的对应值见表6-11。

我国标准规定CATV系统的图像质量必须达到4级以上，这样，系统的载噪比必须不小于43dB。

图像质量等级与载噪比对应值　　　　　　　　　　　　　　　表6-11

图像等级	载噪比/dB	电视画面的主观评价
5	51.9	优异的图像质量（无雪花等）
4	43	良好的图像质量（稍有雪花）
3	36.3	可通过（可接受）的图像质量（稍令人讨厌的雪花）
2	31.8	差的图像质量（令人讨厌的雪花）
1	29.5	很差的图像质量（很令人讨厌的雪花）

（2）噪声系数。CATV系统中的放大器等有源设备均要产生噪声，它们产生的噪声是系统噪声的主要来源，无源器一般只产生很小的热噪声。噪声系数就是衡量这些设备产生的噪声大小的参数。

噪声系数常用F表示，其定义是设备输入端信号的载噪比与输出端的载噪比的比值，即：

$$F = \frac{(C/N)_i}{(C/N)_o} \tag{6-9}$$

由上式看出，放大器的噪声系数等于其输出的总噪声功率与输入的噪声功率经放大器放大后输出的功率之比。

噪声系数也常用分贝表示，并习惯写为NF。由上式看出噪声系数是两个功率之比。即

$$\{N_F\}\ dB=10lgF \tag{6-10}$$

（3）载噪比指标的分配。将前端、干线、分配系统分别看作是一个放大设备，整个系统由这三者级连而成，则有：

$$\left(\frac{N}{C}\right)_{总} = \left(\frac{N}{C}\right)_{前} + \left(\frac{N}{C}\right)_{干} + \left(\frac{N}{C}\right)_{分} \tag{6-11}$$

如果要使电视图像质量在4级以上，系统的载噪比必须达到43dB这个指标。但在设计CATV系统时，往往将系统的几个部分分开设计，通常是按预定的比例来分配系统的总指标。

6.4.3　前端的设计与计算

1. 前端的输出电平。调制器和频道处理器的最大输出电平一般较高，通常都在

115dBμV 以上，并且向下均有十几 dBμV 的调整范围（频道处理器的输入电平范围为 55～90dBμV）。假设实际工作时的输出电平为 112dBμV，混合器为 16 路高隔离度无源混合器（能输入 15 路电视信号和一路导频信号），其插损通常小于 22dB，则其输出为 90dBμV。

将光接收机接收并经解扰器输出的市有线电视网的信号电平也调整为 90dBμV，同时设经解扰器输出信号的载噪比，非线性失真参数等均高于系统前端自己的信号。二混合器的插损一般为 3dB，则前端输出电平为：

$$\{U'_{\text{QD}}\}\ \text{dB}\mu\text{V} = \{U'_i\}\ \text{dB}\mu\text{V} - \{L_{\text{CR}}\}\ \text{dB}\mu\text{V} = 90 - 3$$

$$U'_{\text{QD}} = 87\text{dB}\mu\text{V}$$

这种类型前端的输出电平一般在 86dBμV 左右。

2. 前端的载噪比。对一般的中小型系统而言，因为前端的有源设备相对较少，所以可以将系统载噪比总指标的 1/3 分配给它。若系统载噪比总指标以 43dB（4 级图像质量）要求，则前端的载噪比应达到的指标值为：

$$\left\{\left[\frac{C}{N}\right]_{\text{前}}\right\}_{\text{dB}} = \left\{\left[\frac{C}{N}\right]_{\text{总}}\right\}_{\text{dB}} - 10\lg\frac{1}{3}$$

$$= 43 + 4.8 = 47.8$$

$$\left[\frac{C}{N}\right]_{\text{前}} = 47.8\text{dB}$$

混合器均为无源器件，它所产生的热噪声无需专门考虑。对卫星电视信号、自办节目信号以及地面电视信号的解调—调制方式而言，每个频道使用了一个调制器。

而对调制器来说，只要输入的 V、A 信号符合要求，则其输出射频信号的载噪比一般很高，通常均大于 50dB。

对于经频道处理器输出的 2 个频道地面电视信号而言，先看没有加天放这个频道，它从前端输出的载噪比由频道处理器的载噪比决定。

3. 前端的非线性失真参数。因为前端用的调制器、频道处理器等均为频道型设备，其边带抑制通常都在 60dB 以上，混合器也为高隔离度无源混合器，所以，前端发生频道间交调、互调干扰的可能性很小，其非线性失真参数很大，可以不占系统的总指标。

6.4.4 其他部分的设计与计算

1. 传输干线的设计

传输干线的作用就是把前端输出的信号不失真地送给用户分配系统。在工程中都是根据建筑物及用户的分布情况把前端设置在中心位置，这样可使前端至各建筑物的传输干线均较短，每条干线上所需串接的放大器的数量也较少。

传输干线将信号送入各楼内的分配系统，进入分配系统的电平一般为 75～100dBμV，楼内的分配系统根据用户的多少可以将信号进行直接分配或接一个放大器放大后再分配给各个用户端。

传输干线的设计就是设计计算进入各楼的电压电平值，使其在要求的范围内，并计算载噪比、非线性失真参数等，使其达到相关要求标准要求。

2. 分配系统的设计

分配系统的作用就是把干线送来的信号保质保量地分给每一个用户。分配系统的设计就是根据系统用户的分布情况，确定分配系统的组成形式，以及系统中分配器、分支器的规格和数量，使用户端输出电平在（65±5）dBμV 范围之内，并且保证输出信号的载噪比及非线性失真参数等达到相关标准。

分配系统的设计方法主要有两种：

（1）顺算法。在已知进入分配系统信号电平的前提下，沿着信号的流向从前往后逐点进行计算，算出各用户输出端的电平值，并确定所用分配器、分支器（可能还有放大器）的规格、数量。

（2）倒推法。由系统最末端的用户所需信号电平值开始，沿着信号流向逆行，从后往前逐点推算，确定所用部件的规格和数量，最后算出进入分配系统的信号电平值。

分配系统的基本组成形式有：分配—分配，分支—分支，分配—分支等，因为分支器具有相互隔离和反向隔离值均很大，可以避免用户电视机泄漏信号的相互影响，以及分配器分配输出均匀对称等优点，所以，目前分配系统用得最多的是分配—分支形式，如图6-16 所示。

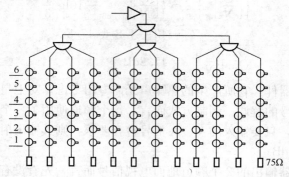

图 6-16　六层 72 端用户分配网络

第七章 厅堂扩声与公共广播系统

7.1 扩 声 系 统

7.1.1 扩声系统的基本组成

自然声源（如演讲、乐器演奏和演唱等）发出的声音能量是很有限的，其声压级随传播距离的增大而迅速衰减，由于环境噪声的影响，使声源的传播距离减至更短，因此在公众活动场所必须用电声技术进行扩声，将声源的信号放大，提高听众区的声压级，保证每位听众能获得适当的声压级。近年来，随着电子技术、电声技术和建声技术的快速发展，使扩声系统的音质有了极大提高，满足了人们对系统音质越来越高要求的需要。

扩声系统通常是把讲话者的声音对听者进行实时放大的系统，讲话者和听者通常在同一个声学环境中。成功的扩声系统必须要具有足够响度（足够的声增益）和足够的清晰度（低的语言子音清晰度损失百分率），并且能使声音均匀地覆盖听众，而同时又不覆盖没有听众的区域。

1. 扩声系统的分类

在民用建筑工程中，扩声系统按用途可分为以下几类：

（1）室外扩声系统

室外扩声系统主要用于体育场、广场、公园、艺术广场等。它的特点是服务区域面积大，空间宽广，声音传播以直达声为主。如果四周有高楼大厦等建筑物，扬声器的布局又不尽合理，因声波多次反射而形成超过 50ms 以上的延迟，会引起双重声或多重专长，甚至会出现回声等问题，影响声音质清晰度和声像的定位。

室外系统以语言扩声为主，兼用音乐和演出功能。音质受环境和气候条件影响大，干扰声大，条件复杂，因此需要有很大的扩声功率。

（2）室内扩声系统

室内扩声系统是应用最广泛的系统，包括各类剧场、礼堂、体育馆、歌舞厅、卡拉OK厅等，它的专业性较强，不仅要考虑电声技术问题，还要涉及建筑声学问题，不仅要作语言扩声，还要能供各种文艺演出使用，对音质的要求很高，受高度间建筑声学条件的影响较大。

（3）流动演出系统

扩声系统有固定安装和流动系统两大类。流动系统是在固定系统的声学特性条件不能满足文艺演出使用时临时安装的一种便于安装、调试和使用的高性能、轻便的扩声系统。常用于各种大型场地（如体育场、体育馆、艺术广场和大宴会厅等）作文艺演出时使用。这种系统的投资较大，通常由专业单位提供出租使用。

（4）公共广播系统

公共广播系统为宾馆、商厦和各类大楼提供背景音乐和广播节目，近几所来公共广播系统又兼作紧急广播。公共广播系统的控制功能较多，如选区广播和全呼功能，强切功能，优选广播权功能等。由于扬声器负载多而分散，传输线路很长，因此一般都用定电压输出（70V 或 100V；而前面提到的其他扩声系统的功效、音箱是定阻的，如某音箱阻抗为 8Ω），声压级要求不高，音质要求以中音或中高音为主。

（5）会议系统

会议系统包括会议讨论系统、表决系统和同声传译系统。近年来发展很快，广泛用于会议中心、宾馆、集团公司、会场和大学教室等场所。

2. 扩声系统的组成

扩声系统通常由节目源（各类话筒、卡座、CD、LD 或 DVD 等）、调音台（各声源的混合、分配、调音润色）、功放和扬声器系统等设备组成。其基本组成如图 7-1 所示。

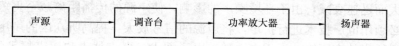

图 7-1　扩声系统的基本组成

其中，声源部分包括调谐器（无线电广播）、录音座、电唱机、CD 唱机、VCD 影碟机、DVD 影碟机、传声器等音源设备。调音台能对音频信号进行加工润色和实现各种调节与控制功能，使重放的声音达到更好的音响效果。功率放大器的作用主要是将音源输入的较微弱信号进行放大后，产生足够大的电流去推动扬声器进行声音的重放。扬声器的作用是将功率放大器输出的音频信号，分频段不失真地还原成原始声音。

在此基本组成基础上，还可以根据实际需要增加均衡器、激励器、压限器、效果器、分频器、声反馈抑制器等专业音响设备，其连接如图 7-2 所示。总之，扩声系统会因使用场合的不同而以不同的组合形式出现。

对于一个完整的音响扩声系统来说，其系统参数应该包括电声系统和建筑声学系统两大部分，建筑声学环境会影响

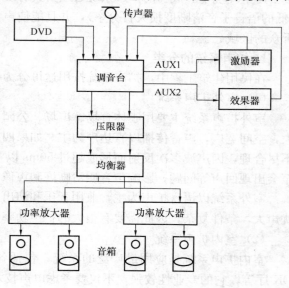

图 7-2　扩声系统连接图

电声系统的一些特性，即声场环境对扩声系统设备的输出效果有较大影响。在大部分扩声系统中，扬声器与传声器处于同一空间，因而扩声系统本身就是一个声反馈的闭环系统。

7.1.2　扩声系统的技术指标

1. 主要技术指标

扩声系统应具有充分的稳定性。这里所谓的稳定性不仅指扩声系统不能发生"自激"而且要留有稳定余量。扩声系统在临界情况下工作，会给声音带来严重失真，这是人们所

熟知的，但是从"自激"到"稳定"这段过渡范围，由于声反馈的存在，已经给声音带来的"染色效应"却往往被人们所忽视，这是影响扩声系统声音质量的一个重要因素。

扩声系统还要求有良好的声音自然度或真实感，自然或真实常是借助听音评价所作的概括性的描述。厅堂扩声系统要获得良好的声音自然度，不是一件容易的事，但是十分重要。所谓真实感可以概括为两个方面：一是声像的一致性；二是声音信号的真实重放，要求排除可能出现的各种信号畸变。

对于厅堂扩声系统的技术指标规范，我国颁布了《厅堂扩声系统声学特性指标》（GYJ 25—86）的技术标准，该标准给出了扩声系统的声学特性分类等级指标，如表 7-1。

扩声系统的声学特性分类等级指标　　　　　　　　　　　　表 7-1

级别	音乐扩声系统一级	音乐扩声二级	语言和音乐兼用扩声一级	语言和音乐兼用扩声二级	语言用扩声一级	语言和音乐兼用扩声三级	语言用扩声二级
最大声压级（空场稳态峰值声压级）(dB)	100～6300Hz 范围内平均声压级≥103dB	125～4000Hz 范围内平均声压级≥95dB	250～4000Hz 范围内平均声压级≥93dB	250～4000Hz 范围内平均声压级≥90dB		250～4000Hz 范围内平均声压级≥85dB	
传输频率特性	50～1KHz 以 100～6300Hz 的平均声压级为 0dB，允许＋4～－12dB 且在 100～6300Hz 内允许≤±4dB	63～8000Hz 以 125～4000Hz 的平均声压级为 0dB，允许＋4～－12dB 且在 125～4000Hz 内允许≤±4dB		100～6300Hz 以 250～4000Hz 的平均声压级为 0dB，允许＋4～－12dB 且在 250～4000Hz 内允许＋4～－6dB		250～4000Hz 以其平均声压级为 0dB，允许＋4～－10dB	
传声增益(dB)	100～6300Hz 的平均值≥－4dB（戏剧演出）≥－8dB（音乐演出）	125～4000Hz 的平均值≥－8dB		125～4000Hz 的平均值≥－12dB		250～4000Hz 的平均值≥－14dB	
声场不均匀度（dB）	100Hz≤10dB、1K～6.3KHz≤8dB	1000～4000Hz≤8dB		1K～4KHz≤10dB	1K～4KHz≤8dB	1K～4KHz≤8dB	

表中术语解释：

（1）最大声压级 L_{pm}

最大声压级是指厅堂内空场稳态时的最大压级，单位为 dB。一般要求 80～110dB。

（2）传声增益 G

传声增益 G 是指扩声系统达到最高可用增益时，厅堂内各测点处稳态声压级平均值与扩声系统传声器处声压级的差值。所谓最高可用增益是指扩声系统中由于扬声器输出的声能的一部分反馈到传声器而引起啸叫（反馈自激）的临界状态的增益减去 6dB 的值。通常扩声系统的传声增益最高只能做到－2dB 左右，在要求不太高的情况下，一般只要大于－10dB 就可以了。

（3）声场不均匀度

声场不均匀度是指有扩声时，厅堂内各测点得到的稳态声压级的极大值和极小值的差值，以 dB 表示，一般要求不大于 10dB。

143

（4）传输频率特性

传输频率特性是指厅堂内各测试点处稳态声压的平均值相对扩声系统传声器处声压或扩声设备输入端电压的幅频响应。

（5）总噪声

总噪声是指扩声系统达到最高可用增益，但无有用声信号输入时，厅内各测点处噪声声压的平均值，一般要求为 35～50dB。

（6）系统失真

扩声系统失真是指扩声系统由输入声信号到输出声信号全过程中产生的非线性畸变。一般要求 1%～10%。

（7）语言清晰度

语言清晰度是指对扩声系统播出的语言能听清的程度。定义为

$$语言清晰度 = \frac{听众正确听到的单音（字音）的数目}{测定用的全部单音字（字音）的数目} \times 100\%$$

一般要求语言清晰度大于 80%。

2. 音质评价简介

音质的评价标准有两种，第一种是客观标准，即仪器检测标准；第二种是主观评价标准。其中仪器检测标准（即客观标准）是明确的，主观标准是因人而异的。回放设备或乐器的音质好坏也是需要语言来描述界定的，这个工作称之为音质评价。下面简单介绍一下几项音质评价的术语。

（1）有水分：中高频混响足量，频响宽且均匀，声音出的来，有一定的响度和亮度，失真小，混响声与直达声比例协调，在听觉上感觉不干，圆润，有水分。

（2）柔软：低频段频响展宽，低频及中低频出的来，高频段无峰值且高频段下降，混响适当失真小，阻尼好，在听觉上感觉柔软舒适。

（3）明亮：整个音域范围内低频，中频成分适度，高频段量感充足，并有丰富的谐音，且谐音衰变的过程较慢，混响适当，失真小，瞬态响应好，感觉明朗活跃。

（4）声音厚：低频及中低频量感强，特别是 200～500Hz 声音出的来，高频成分够，声音平均能级较高，混响合适，失真小，有力度，厚实。

（5）噪声水平：噪声水平低，能提高乐声和语言的清晰度、扩大声音的动态范围，是保真度的重要指标之一。

（6）亲切感：即响度合适、混响适度、音域宽广、失真小、噪声低声音清晰、自然流畅。听音感觉亲切、自然，犹如身临其境。

7.1.3 扩声系统的设计

1. 设计要求

扩声系统的性能指标决定于厅堂的用途和电声设备的质量，根据表 7-1 提出的标准，厅堂扩声系统的技术要求如下：

（1）室内空场稳态最大声压级：对语言扩声系统约在 85～95dB；对音乐扩声系统约在 90～100dB。

（2）信噪比：在室内最小声压级的位置上，信噪比应大于 30dB。

(3) 最大供声距离：一般为临界距离 r_c 的 3 倍。

(4) 传声增益：一般要求 $-8\sim-12$dB。

(5) 传输频率响应：$125\sim4000$Hz，允差为 $6\sim10$dB；$100\sim8000$Hz，允差为 $10\sim14$dB。

(6) 声场不均匀度：一般在 ±3dB 范围内。

扩声系统的特点是传声器和扬声器处在同一厅内，因此为了保证系统的稳定性，防止产生啸叫或嗡嗡声（声染色），就必须在保证所需响度的条件下抑制声反馈。抑制声反馈的方法有：①建声没有明显的缺陷；②合理布置扬声器和传声器；③使用指向性传声器；④使用频率均衡器等。对于以语言扩声为主的小型厅堂，若采用 1/3 倍频程频率均衡器（或称房间均衡器）在 $125\sim8000$Hz 频率范围内进行均衡，就可以使扩声系统增益大约提高 3dB。加强传声器的指向性也可以减少室内混响声的影响，从而提高扩声系统的稳定性。经验表明，使用心形指向性传声器要比无指向性传声器，能使扩声系统的稳定度大约提高 4dB。

2. 设计步骤

实际上，厅堂扩声系统设计包括建声设计和电声设计两部分，而且是两者的统一体。厅堂扩声的建声和电声设计步骤的流程图如图 7-3 和图 7-4 所示。

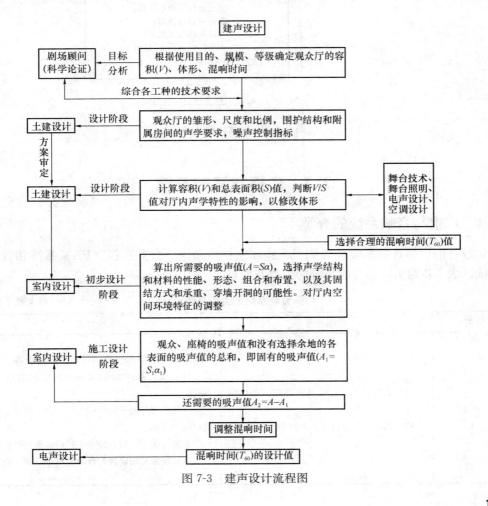

图 7-3　建声设计流程图

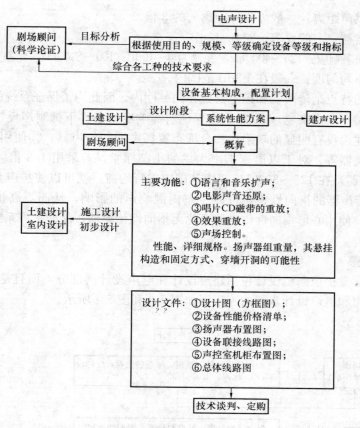

图 7-4　电声设计流程图

7.2　广播与音响系统

7.2.1　广播与音响系统的分类

建筑物的广播音响系统可分成三类：厅堂扩声系统、公共广播（PA）系统和音频会议系统。表 7-2 列出广播音响系统的类型与特点。

广播音响系统的类型与特点　　　　　　　　　　　　　　　表 7-2

系统类型	使用场所	系统特点
厅堂扩声系统	(1) 礼堂、影剧院、体育场馆、多功能厅等； (2) 歌舞厅、宴会厅、卡拉 OK 厅等	(1) 服务区域在一个场馆内，传输距离一般较短，故功放与扬声器配接多采用低阻直接输出方式； (2) 传声器与扬声器在同一厅堂内，应注意声反馈和啸叫问题； (3) 对音质要求高，分音乐扩声和语言扩声等； (4) 系统多采用以调音台为控制中心的音响系统

146

系统类型	使用场所	系统特点
公共广播系统（PA）	（1）商场、餐厅、走廊、教室等； （2）广场、车站、码头、停车库等； （3）宾馆客房（床头柜）	（1）服务区域大、传输距离远，故功放多采用定压式输出方式； （2）传声器与扬声器不在同一房间内，故无声反馈问题； （3）公共广播常与背景音乐广播合用，并常兼有火灾应急广播功能； （4）系统一般采用以前置放大器为中心的广播音响系统
音频会议系统	会议室、报告厅等	（1）为一特殊音响系统，分会议讨论系统、会议表决系统、同声传译系统等几种； （2）常与厅堂扩声系统联用

对于所有的厅堂、场馆的音响系统，基本上都可以分成如下两种类型的音响系统。考虑视频显示，则称之为音像系统。

1. 以前置放大器（或 AV 放大器）为中心的音响系统

图 7-5（a）所示是以前置放大器为控制中心的音响系统基本框图，图 7-5（b）所示是以 AV 放大器为控制中心的系统基本框图。这些系统主要应用于家用音像系统、家庭影院系统、KTV 包房音像系统、宾馆等公共广播和背景音乐系统以及一些小型歌舞厅、俱乐部的音像系统中。比较图 7-5（a）和（b）可以看出，两者基本相似，区别仅在于视频接线不同，亦即，前者音频信号线（A）与视频信号线（V）（若使用电视机）是分开走线的；后者则是音频、视频信号线均汇接入 AV 放大器，并都从 AV 放大器输出。

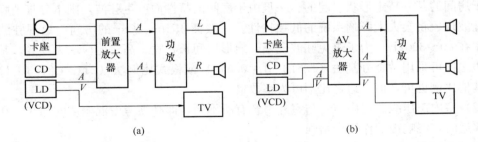

图 7-5　以前置放大器（或 AV 放大器）为中心的广播音响系统
（a）以前置放大器为中心；（b）以 AV 放大器为中心

2. 以调音台为中心的音响系统

图 7-6 所示是其典型系统图，图中设备可增可减，调音台是系统的控制中心。这种系统广泛应用于剧场、会堂、电影院、体育场馆等大、中型厅堂扩声系统。本书着重介绍这种类型的扩声系统。

通常，我们将图 7-6 中调音台左边的传声器、卡座、调谐器、激光唱片等称为音源输入设备；将调音台右边的压限器、均衡器、效果器（有的还有噪声门、反馈抑制器、延迟器等）统称为周边设备，或称数字信号处理设备。

147

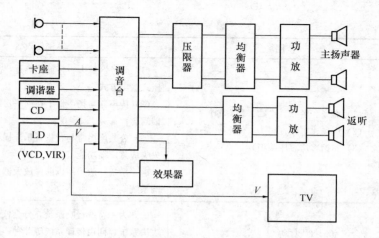

图 7-6 以调音台为中心的专业音响系统

7.2.2 室内声学设计

1. 室内声学基础

室内声学涉及建筑声学、音乐声学等诸多方面，而且声学又是一门实验性科学，理论设计后还要反复实验以达到要求值，对室内声学还需要用仪器检测是否达到设计值。歌舞厅音响对室内声学设计的要求很高，而公共广播对室内声学的要求就相对小得多。以下对室内声学的技术要求进行简要介绍。

（1）声波与室内空间的关系。为尽量避免产生驻波，室内空间的长、宽、高尺寸的比例要适合。我们知道，声波因其房间内四周墙壁的条件而在某一频率上产生共振，这样会大大降低音响系统重放的清晰度。从声学角度来说，这就是一种很明显的驻波现象，并且是由于房间的某一特定形状引起的。一旦由于房间的特性而产生驻波，则十分难消除。显著的驻波现象将会大大影响系统的低频特性。一般面积 $10\sim30\mathrm{m}^2$ 的房间中出现驻波较高的频率在 $80\sim300\mathrm{Hz}$。为了避免驻波现象，矩形房间长、宽、高之比应取无理数。常推荐的三边之比可采用黄金分割法（1.618：1：0.618）或根式比例法（21/2：21/3：1）等，选用其他比例也可，但三边之比不可为整数倍。

（2）室内声压级。室内声音与室外声音有所不同，即必须考虑混响声的存在。在离声源足够远时，混响声的作用会增强。

（3）房间混响时间。混响时间是衡量房间混响程度的量，指声源停止发声后混响声声能密度（单位体积的声能量）衰减 60dB 所需的时间，符号为 T_{60}，单位是秒（s）。各种房间都有其固有的混响时间。一般来说，混响时间和语言清晰度是矛盾的。如果混响时间过短，则声音枯燥发干；混响时间过长，声音又混浊不清，颗粒性不强并丢失大量细节，影响欣赏效果。因此，不同容积的房间都有其最佳的混响时间，在房间装修之前一定要明确对混响时间的要求。也就是说，要利用室内装饰等手段将混响时间控制在一定范围内。

对于一个已经确定的房间，体积 V 和总面积 S 是个定值，则混响时间主要取决于吸声材料的处理。对于一般语言播音室，500Hz 时的最佳混响时间约为 0.4s；对于音乐播音室，根据其体积的大小，最佳混响时间为 $1.5\sim2.0\mathrm{s}$；对于会议厅，最佳混响时间为 $1.0\sim1.2\mathrm{s}$；会议厅兼演出时，最佳混响时间为 $1.3\sim1.5\mathrm{s}$。

2. 室内声学设计

室内声场的显著特点是存在着直达声，近次反射声，混响声，存在着声共振和声反馈现象。室内声学设计应该考虑室内声学特性的基本要求及其室内声学环境的改造措施。

聆听音响系统重现的语言和音乐时，一个优良的听音环境应具备下述的声学特性。

（1）具有合适的响度。在没有严重噪声干扰的情况下，聆听来自扬声器重现的声音，应具有合适的响度（声压级），使听者感到既不费力又不震耳。

（2）声能分布均匀。在观众席的各个座位上听到的声音响度应比较均匀。通过音质设计，应使观众席各个区域的声压级差别不要太大，室内声场不均匀度约在±3dB之内。

（3）满足信噪比要求。噪声对人们的正常听觉产生干扰和掩蔽作用。不同用途的室内听音环境，其允许的噪声级不尽相同，通常在室内最小声压级的位置上，信噪比应该大于30dB。

（4）选择合适的混响时间。一个房间的混响时间不同，其音响效果也不同。混响时间过短，清晰度高，但会使人感到声音干闷。混响时间过长，混响声会掩盖或干扰后面发出的声音，从而降低了清晰度。最佳混响时间的选择与听音场所及用途有关。混响时间与房间的容积，面积及吸声材料的吸声系数有关。混响时间 T_{60} 的估算公式（赛宾公式）：

$$T_{60} = 0.16 \frac{V}{S\alpha} \tag{7-1}$$

式中：V 为房间的容积，m³；S 为室内总表面积，m²；α 为室内表面积的平均吸声系数，可用下式求得：

$$\alpha = \frac{A}{S} = \frac{\alpha_1 S_1 + \alpha_1 S_1 + \cdots + \alpha_1 S_1}{S_1 + S_2 + \cdots + S_n} = \frac{\Sigma \alpha_i S_i}{\Sigma S_i} \tag{7-2}$$

（5）室内音响系统应保证各处频率响应均衡。要求 125～4000Hz 内起伏为 6～10dB；100～8000Hz 内起伏为 10～15dB。如果室内存在声聚焦、死声点、驻波、声共振等声学缺陷，就会破坏频率均衡。

室内声学环境，特别是家庭听音环境，通常都是在建造好的房间内进行改造的。一般可以采取下述措施。

（1）选择合适的房间形状与尺寸。房间的声共振会使某些频率被特别地加强了，产生声染色现象。此外，这种房间声共振还表现为使某些频率（主要是低频）的声音在室内空间的分布不均匀，产生驻波，导致声能分布不均匀。

（2）装饰吸声材料。在室内装饰吸声材料，可以改变吸声量，把混响时间调节为最佳时间。

（3）采取隔声措施。进行适当的隔声处理，如密封的双层窗，特制的隔声门等，可减小环境噪声的影响，提高信噪比。

（4）合理选配功率放大器。功率放大器应输出足够的电功率，使室内声压级满足听音的响度要求。

（5）根据需要选配音频处理设备。适当选配房间均衡器等设备，可以有效地补偿房间的声学缺陷。

（6）正确安放扬声器系统。正确地选配和安放扬声器系统，是改善室内声学特性，获得优质声音的重要环节。

7.2.3 广播与音响系统的设备选择

1. 功率放大器

从表面看，室内声音的响度决定于声压级，其实它与音频功率放大器输出的电功率及扬声器系统的换能效率有关，还与房间的容积和形状有关。那么，功率放大器应该输出多大电功率，才能保证室内具有合适的响度呢？这涉及功率放大器的配置问题。通常有两种工程估算方法。

（1）用扬声器系统灵敏度计算功放应输出的电功率。扬声器系统灵敏度是指它的电声换能效率，定义为当向扬声器系统输入 1W 电功率时，在有效频率范围内，其正面轴线 1m 处所测得的声压级，单位为 dB/（Wm^{-1}），一般在 80～120dB/（Wm^{-1}）之间。下面介绍用扬声器系统灵敏度估算功放所应输出功率的方法。

1）选择 1m 处最低基准声压级。通常选择在 1m 处高质量欣赏音乐所需的最低基准声压级为 $SPL_1 = 90dB$。

2）考虑距离因素。若把室内声场近似为自由声场，则根据自由声场中声压与距离的反比定律，可算得距离每增加 1 倍时，声压级将衰减 6dB。为了在距离 dm 处也获得 90dB 的基准声压级，那么，在距离 1m 处应增加的声压级为：

$$SPL_2 = 6 \times \lg 2d \, dB \tag{7-3}$$

3）考虑声压级裕量。为补偿环境噪声对听音效果的影响，通常应使基准声压级有 3dB 的裕量。考虑到功率放大器的裕量和信号的瞬态幅值范围，一般还要留有余地，折算为将基准声压级提高 10～18dB。通常将上述两项裕量估计为 $SPL_3 = 13～20dB$。

4）计算功放所应输出的功率。考虑上述 3 个因素，为保证在 dm 处基准声压级达 90dB，1m 处的基准声压级应为：

$$
\begin{aligned}
SPL &= SPL_1 + SPL_2 + SPL_3 \\
&= (90 + 6 \times \lg 2d + 18) dB \\
&= (108 + 6 \times \lg 2d) dB
\end{aligned}
\tag{7-4}
$$

式中：SPL_3 为 18dB。

设扬声器系统灵敏度为 SPL_A，则功放应输出的功率可用下式估算：

$$PE = 1 \times 2^{\frac{SPL - SPL_A}{3}} W \tag{7-5}$$

（2）用房间容积估算功放应输出的电功率。在一般低档音响系统中，可用房间容积简单地估算功率放大器应输出的电功率。对于以语音扩声为主的音响系统，可按每立方米容积为 0.3W 计算，即：

$$PE = V \times 0.3 W \tag{7-6}$$

式中：V 为房间容积，m³。

2. 扬声器

（1）可以根据听众席所需的最大声压级计算出扬声器所需的总输入电功率。室内距扬声器任意点处的声压级为：

$$L_P = L_W + 10\lg\left(\frac{Q}{4\pi r^2} + \frac{4}{R}\right) \tag{7-7}$$

根据上式可计算出距扬声器 r 处要获得声压级 L_{pm} 所需的声功率 P_a 为：

$$P_e = \frac{P_d}{\eta} \qquad (7-8)$$

最后根据所选扬声器的电转换效率 η，算出扬声器所需电功率为：

$$P_a = \frac{1}{Q/4\pi R^2 + 4/R} \times 10^{(0.1L_{pm}-12)} \qquad (7-9)$$

（2）根据经验，可按室内有效容积，估算扬声器总输入功率。即对于一般要求的室内扩声系统，用作语言扩音时，可按每立方米有效容积 0.3W 估算扬声器总功率；用作音乐扩声时，可按每立方米有效容积 0.5W 估算扬声器总功率。

（3）扬声器最大供声距离的计算。在室内扩声系统中，任一位置接收到的信号都是由直达声和混响声两部分组成的。为了保证一定的清晰度，一般应使直达声声强不低于混响声声强 12dB。即扬声器的最大供声距离小于临界距离的 3 倍。

7.3 公 共 广 播 系 统

公共广播系统简称 PA 系统，是指企事业单位或建筑物内部自成体系的独立广播系统。因为这种系统服务的区域分散，扬声器与放大设备间的距离远，需要用很长的电线将音频信号送过去，所以，公共广播系统也称为有线广播系统。

公共广播系统包括背景音乐广播和紧急广播两部分，共用一套系统设备和线路。平时播放背景音乐，当遇到火灾时作为事故广播，指挥人员的疏散。因此，公共广播音箱系统的设计应与消防报警系统的设计相配合，需要与消防分区的划分相一致。

7.3.1 公共广播系统的分类

《公共广播系统工程技术规范》（GB 50526—2010）按使用性质与功能把公共广播系统分成三类：业务广播、背景广播、紧急广播。各类又按其品质分成三个等级：一级、二级、三级。主要区分见表 7-3。

公共广播系统类别和等级区分   表 7-3

摘要		应备功能	应备声压级	电声性能指标				
				声场不均匀度（室内）	漏出声衰减	系统设备信噪比	扩声系统语言传输指数 STIPA	传输频率特性（室内）
业务广播	一级	编程管理，自动定时运行（允许手动干预）；矩阵分区；分区强插；广播优先级排序；主/备功率放大器自动切换；支持寻呼台站；支持远程监控	传声器优先 ≥83dB	≤10dB	≥15dB	≥70dB	≥0.55	160～6.3kHz 0～10dB
	二级	自动定时运行（允许手动干预）；分区管理；可强插；功率放大器故障告警		≤12dB	≥12dB	≥65dB	≥0.45	250～4.0kHz 0～12dB
	三级	—		—	—	—	≥0.40	250～4.0kHz 0～14dB

摘要		应备功能	电声性能指标					
			应备声压级	声场不均匀度（室内）	漏出声衰减	系统设备信噪比	扩声系统语言传输指数STIPA	传输频率特性（室内）
背景广播	一级	编程管理，自动定时运行（允许手动干预）；具有音调调节环节；矩阵分区；分区强插；广播优先级排序；支持远程监控	≥80dB（传声器优先）	≤10dB	≥15dB	≥70dB	—	160～6.3kHz 0～10dB
	二级	自动定时运行（允许手动干预）；具有音调调节环节；分区管理；可强插		≤12dB	≥12dB	≥65dB	—	250～4.0kHz 0～12dB
	三级	—		—	—	—	—	—
紧急广播*	一级	编程管理，自动定时运行（允许手动干预）；具有音调调节环节；矩阵分区；分区强插；广播优先级排序；支持远程监控	≥86dB**		≥15dB	≥70dB	≥0.55	
	二级	自动定时运行（允许手动干预）；具有音调调节环节；分区管理；可强插			≥12dB	≥65dB	≥0.45	
	三级	—			—	—	≥0.40	

注：*紧急广播的"应备功能"还有其他规定，此处仅限等级有所区分的功能。详见《公共广播系统工程技术规范》

**现场信噪比≥12dB。

另一方面，公共广播系统按传输方式又可分为音频传输方式和载波传输方式两种。而音频传输方式常见的有两种：定压式和终端带功放的有源方式。

1. 定压式

它的原理与强电的高压传输原理相类似，即在远距离传输时，为了减少大电流传输引起的传输损耗增加，采用变压器升压，以高压小电流传输，然后在接收端再用变压器降压相匹配，从而减少功率传输损耗。同样，在定压式宾馆广播系统中，用高电压（例如70V、100V或120V）传输，馈送给散布在各处的终端，每个终端由线间变压器（进行降压和阻抗匹配）和扬声器组成。其系统构成如图7-7所示，定压式亦称高阻输出方式。

采用定压式设计时应该注意：

（1）为施工方便，各处的终端一般采取并联接法，而接于同一个功率放大器上的各终端（线间变压器和扬声器）的总阻抗应大于或等于功率放大器的额定负载阻抗值，即：

$$Z_0 \leqslant \frac{Z_L}{n} \tag{7-10}$$

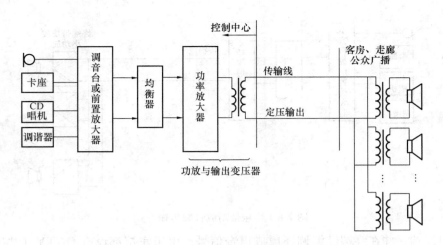

图 7-7 定压式音频传输广播系统

式中 Z_0——功放额定负载阻抗；

  Z_L——各终端扬声器的阻抗；

  n——终端个数。

若功率放大器的额定输出功率为 W_0，定压输出的额定电压为 V_0，则 Z_0 可由下式求得：

$$Z_0 = \frac{V_0^2}{W_0} \tag{7-11}$$

（2）每个终端（扬声器）的额定输出功率应大于所需声压级的电功率的 3 倍以上。设扬声器的额定功率为 W_L，达到所需声压级的电功率为 W_S，则有：

$$W_L \geqslant 3W_S \tag{7-12}$$

事实上，由于满足定压条件，故有：

$$V_0 = \sqrt{W_L Z_L} \tag{7-13}$$

因此只要将相应定压端子的扬声器终端并接到功率放大器的输出端，而保证 $nW_L \leqslant W_0$ 即可。

定压式的音频传输方式，适于远距离有线广播。由于技术成熟，布线简单，设备器材配套容易，造价费用较低，广播音质也较好。因此获得广泛的应用。

2. 终端带功放的方式

这种方式又称为有源终端方式，或称低阻输出式音频传输方式。这种方式的基本思路是将控制中心的大功率放大器分解成小功率放大器，分散到各个终端去，这样既可解除控制中心的能量负担，又避免了大功率音频电能的远距离传送。其系统组成如图 7-8 所示。

在实际工程中，终端放大器的供电电源原则上就近由电力网引入。当需要对终端进行分别控制时，电源线可从控制中心引出，电源线同信号传输线可用同一线管敷设，不会引入工频干扰，但要做好安全绝缘。

这种方式既可用于宾馆客房等广播系统，也可用于大范围的体育场馆、会场的扩声系统。实际上，由带功放的有源音箱构成的扩声系统即是此方式。

3. 载波传输方式

载波传输方式是将音频信号经过调制器转换成被调制的高频载波，经同轴电缆传送至

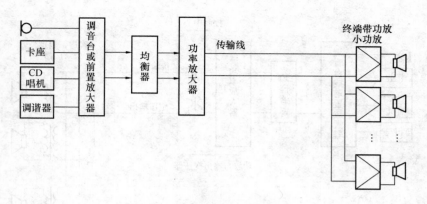

图 7-8　终端带功放音频传输方式

各个用户终端，并在终端经解调还原成声音信号。由于宾馆都设有 CATV（共用天线电视）系统，所以这种方式一般都利用 CATV 传输线路进行传送。为了便于和 VHF 频段混合，又考虑调频广播同时进入系统，故目前一般采用调频制，采用我国规定的调频广播波段（87～108MHz）在此频段内开通数路自办节目，一般可设置 1～2 套广播节目和 3～4 套自办音乐节目（背景音乐等）。这些节目源信号被调制成 VHF 频段的载波信号，再与电视频道信号混合后接到 CATV 电缆线路中去，在接收终端（例如客房床头柜）设有一台调频接收机，即可解调和重放出声音信号。这种方式的系统组成如图 7-9 所示。

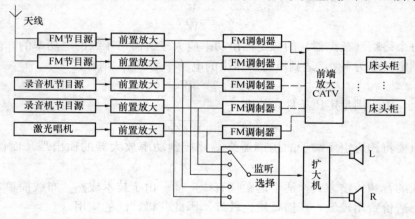

图 7-9　载波传输广播系统

表 7-4 列出三种公共广播系统方式的比较。

公共广播系统分类　　　　　　　　　　　　　　　　　　　　表 7-4

类　型	原　理	特　点
定压式（图 7-7）	功放用升压（定压）小电流传输，每个终端由线间变压器降压并与扬声器匹配	(1) 技术成熟、布线简单、应用广泛； (2) 传输损耗小、音质较好； (3) 设备器材配套容易，造价较低
有源终端式（终端带功放式）（图 7-8）	将控制中心的功放分解或多个小功放，分散到各个终端去，以低阻小电流传输	(1) 控制中心功耗小，传输电流也较小； (2) 终端放大器的功率不受限制； (3) 终端较复杂

类　型	原　理	特　点
载波传输式（图7-9）	音频信号经调制器变成被调制的高频载波，通过 CATV 同轴电缆传送至用户终端，并调解成声音信号	（1）可与 CATV 系统共用； （2）终端需有解调器（调频接收设备）； （3）最初工程造价较高，维修要求高

7.3.2　公共广播系统的性能指标

1. 公共广播系统的功能

（1）公共广播系统应能实时发布语声广播，且应有一个广播传声器处于最高广播优先级。

（2）当有多个信号源对同一个广播分区进行广播时，优先级别高的信号应能自动覆盖优先级别低的信号。

（3）业务广播系统的应备功能除应符合前述第（1）条的规定外，尚应符合表 7-5 的规定。

业务广播系统的其他应备功能　　　　表 7-5

级别	其他应备功能	级别	其他应备功能
一级	编程管理，自动定时运行（允许手动干预）且定时误差不应大于 10s；矩阵分区；分区强插；广播优先级排序；主/备功率放大器自动切换；支持寻呼台站；支持远程监控	二级	自动定时运行（允许手动干预）；分区管理；可强插；功率放大器故障告警
		三级	—

（4）背景广播系统的应备功能除应符合前述第（1）条的规定外，尚应符合表 7-6 的规定。

背景广播系统的其他应备功能　　　　表 7-6

级别	其他应备功能	级别	其他应备功能
一级	编程管理，自动定时运行（允许手动干预）；具有音调调节环节；矩阵分区；分区强插；广播优先级排序；主支持远程监控	二级	自动定时运行（允许手动干预）；具有音调调节环节；分区管理；可强插
		三级	—

（5）紧急广播系统的应备功能除应符合前述第（1）条的规定外，尚应符合下列规定：

1）当公共广播系统有多种用途时，紧急广播应具有最高级别的优先权。公共广播系统应能在手动或警报信号触发的 10s 内，向相关广播区播放警示信号（含警笛）、警报语声文件或实时指挥语声。

2）以现场环境噪声为基准，紧急广播的信噪比应等于或大于 12dB。

3）紧急广播系统设备应处于热备用状态，或具有定时自检和故障自动告警功能。

4）紧急广播系统应具有应急备用的电源，主电源与备用电源切换时间不应大于 1s；

应急备用电源应能满足 20min 以上的紧急广播。以电池为备用电源时，系统应设置电池自动充电装置。

　　5）紧急广播音量应能自动调节至不小于应备声压级界定的音量。

　　6）当需要手动发布紧急广播时，应设置一键到位功能。

　　7）单台广播功率放大器失效不应导致整个广播系统失效。

　　8）单个广播扬声器失效不应导致整个广播分区失效。

　　9）紧急广播系统的其他应备功能尚应符合表 7-7 的规定。

紧急广播系统的其他应备功能　　　　　　　　　　表 7-7

级别	其他应备功能
一级	具有与事故处理中心（消防中心）联动的接口；与消防分区相容的分区警报强插；主/备电源自动切换；主/备功率放大器自动切换；支持有广播优先级排序的寻呼台站；支持远程监控；支持备份主机；自动生成运行记录
二级	与事故处理系统（消防系统或手动告警系统）相容的分区警报强插；主/备功率放大器自动切换
三级	可强插紧急广播和警笛；功率放大器故障告警

2. 电声性能指标

（1）公共广播系统在各广播报务区内的电声性能指标应符合表 7-8 的规定。

公共广播系统电声性能指标　　　　　　　　　　表 7-8

指标　性能　分类	应备声压级	声场不均匀度（室内）	漏出声衰减	系统设备信噪比	扩声系统语言传输指数	传输频率特性（室内）
一级业务广播系统	≥83dB	≤10dB	≥15dB	≥70dB	≥0.55	图 7-10
二级业务广播系统		≤12dB	≥12dB	≥65dB	≥0.45	图 7-11
三级业务广播系统		—	—	—	≥0.40	图 7-12
一级背景广播系统	≥80dB	≤10dB	≥15dB	≥70dB	—	图 7-10
二级背景广播系统		≤12dB	≥12dB	≥65dB	—	图 7-11
三级背景广播系统		—	—	—	—	—
一级紧急广播系统	≥86dB*	—	≥15dB	≥70dB	≥0.55	—
二级紧急广播系统		—	≥12dB	≥65dB	≥0.45	—
三级紧急广播系统		—	—	—	≥0.40	—

　　注 *：紧急广播的应备声压级尚应符合前述第（5）条第 2）款的规定。

　　（2）公共广播系统配置在室内时，相应的建筑声学特性宜符合《剧场、电影院和多用途厅堂建筑声学设计规范》GB/T 50356 和《体育馆声学设计及测量规程》JGJ/T 131 有关规定。

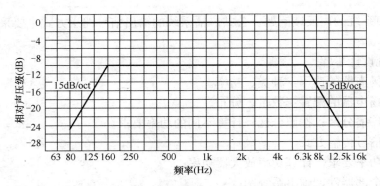

图 7-10　一级业务广播、一级背景广播室内传输频率特性容差域

（以实测传输频率特性曲线的最大值为 0dB）

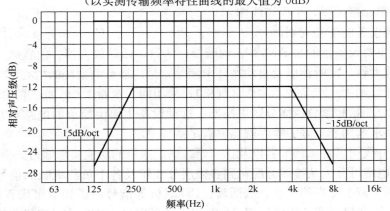

图 7-11　二级业务广播、二级背景广播室内传输频率特性容差域

（以实测传输频率特性曲线的最大值为 0dB）

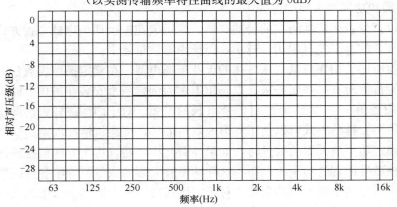

图 7-12　三级业务广播室内传输频率特性容差域

（以实测传输频率特性曲线的最大值为 0dB）

7.3.3　公共广播系统的设计

1. 设计步骤

公共广播系统的特点是传输距离远，服务范围分散，话筒与扬声器不在同一声场中，

没有音响扩声系统的声反馈问题。公共广播系统的输出信号馈送方式主要采用高电平传输方式。

(1) 系统设计步骤。

1) 广播扬声器的选用：种类、功率。

2) 广播扬声器的配置：数量、分布。

3) 划分广播分区；按照分区，计算不同的功率要求。

4) 选择信号传输方式。

5) 根据功率要求，计算功率放大器功率。

6) 选择全部器件，画出系统图。

7) 列出设备清单。

8) 画出单元接线图，平面布线图。

(2) 系统设备的配套规划。

1) 系统主要设备指的是 AM/FM 调谐器、话筒、话筒放大器、前置放大器、节目选择器、线路放大器、监听器以及自动循环卡座等，是广播音响系统的核心部分。对这些设备的配套选择原则为：产品技术参数（规格）；采用同一专业生产厂商的配套产品。

2) 接线分配箱和紧急广播分区切换器：这种设备主要由简单的电路和开关、接线端子组成，只要求选用质量好的零件就能够满足系统要求。

3) 楼层分线箱、音量调节器以及扬声器，满足系统的功能要求即可。

4) 连接电缆可分为从接线分配箱到各楼层分线箱及各个负载喇叭的信号电缆和控制电缆二类。为了减少噪声的干扰、从话筒、CD 唱机等信号源送到前级增音机的连接线、前级增音机与扩音机之间的连接线等。0dB 以下的低电平线路应该采用屏蔽线。扩音机至扬声器之间的连接线可以不考虑屏蔽，采用多股铜芯塑料护套软线。

2. 扬声器和功率放大器的选择

(1) 对以背景音乐广播为主的公共广播，常用天花板吸顶扬声器布置方式。扬声器的间距越小，听音的电平差（起伏）越小，但扬声器数量越多。

(2) 如前所述，用作背景音乐广播的天花板扬声器，在确定扬声器数量时必须考虑到扬声器放声能覆盖所有广播服务区。以宾馆走廊为例，一个安装在吊顶上的天花板扬声器（例如 2W，覆盖角 90°）大约能覆盖 6～8m 长的走廊。对于门厅或较大房间也可以此估算和设计，扬声器安排的方式可以是正方形或六角形等，视建筑情况而定。

(3) 在确定功率放大器的数量时，如果经费允许，建议每个分区根据该区扬声器的总功率选用一种型号适宜的功率放大器，这样功率放大器的数量就等于各分区数量的总和。

(4) 扬声器与功率放大器的配接。对于定压式功率放大器，要求接到某一功率放大器输出端上的所有扬声器并联总阻抗应大于或等于该功率放大器的额定负载阻抗值，否则将会造成功率放大器的损坏。

(5) 功率放大器的容量一般按下式计算：

$$P = K_1 K_2 \sum P_0 \tag{7-14}$$

式中 P——功放设备输出总电功率（W）；

P_0——$K_i \cdot P_i$，每分路同时广播时最大电功率；

P_i——第 i 支路的用户设备额定容量；

K_i——第 i 分路的同时需要系数:

服务性广播时,客房节目每套 K_i 取 0.2~0.4

背景音乐系统,K_i 取 0.5~0.6

业务性广播时,K_i 取 0.7~0.8

火灾事故广播时,K_i 取 1.0

K_1——线路衰耗补偿系数:

线路衰耗 1dB 时取 1.26

线路衰耗 2dB 时取 1.58

K_2——老化系数,一般取 1.2~1.4。

(6) 有线广播系统中,从功放设备的输出端至线路上最远的用户扬声器箱间的线路衰耗宜满足以下要求:

1) 业务性广播不应大于 2dB(1000Hz 时)。

2) 服务性广播不应大于 1dB(1000Hz 时)。

(7) 根据国际标准,功放的定压输出分为 70V、100V 和 120V 三档。由于公共建筑一般规模不大,并考虑到安全,故一般输出电压宜采用 70V 或 100V。

(8) 若采用定阻输出的馈电线路,宜符合下列规定:

1) 用户负载应与功率放大设备额定功率区配。

2) 功率放大设备的输出阻抗应与负载阻抗匹配。

3) 对空闲分路或剩余功率应配接阻抗相等的假负载,假负载的功率不应小于所替代负载功率的 1.5 倍。

4) 低阻抗输出的广播系统馈电线路的阻抗,应限制在功放设备额定输出阻抗的允许偏差范围内。

(9) 有线广播功放设备应设置备用功率单元,其备用数量应根据广播的重要程度确定。备用功率单元应设自动或手动投入环节,用于重要广播的环节,备用功率单元应处于热备用状态或能立即投入。

(10) 民用建筑选用的扬声器除满足灵敏度、频响、指向性等特性及播放效果的要求外,尚宜符合下列规定:

1) 办公室、生活间、客房等,可采用 1~2W 的扬声器箱。

2) 走廊、门厅及公共活动场所的背景音乐、业务广播等扬声器箱宜采用 3~5W。

3) 在建筑装饰和室内净高允许的情况下,对大空间的场所宜采用声柱(或组合音箱)。

4) 在噪声高、潮湿的场所设置扬声器时,应采用号筒扬声器,其声压级应比环境噪声大 10~15dB。

5) 室外扬声器应采用防潮保护型。

(11) 在一至三级旅馆内背景音乐扬声器的设置应符合下列规定:

1) 扬声器的中心间距应根据空间净高、声场及均匀度要求、扬声器的指向性等因素确定。要求较高的场所,声场不均匀度不宜大于 6dB。

2) 根据公共活动场所的噪声情况,扬声器的输出宜就地设置音量调节装置;当某场所有可能兼作多种用途时,该场所的背景音乐扬声器的分路宜安装控制开关。

3）与火灾事故广播合用的背景音乐扬声器，在现场不宜装设音量调节或控制开关。

（12）建筑物内的扬声器箱明装时，安装高度（扬声器箱底边距地面）不宜低于 2.2m。

7.3.4 公共广播系统的建构

1. 简易系统

一个公共广播系统起码须配置下列环节：广播扬声器，广播功放，前置放大器，话筒。最简易的方案如图 7-13 所示。

ZH-99244 系列广播功放有内置的前置放大器（俗称"合并机"）。该系列的最小功率是 80W，可驱动 8～16 个天花扬声器或 5～10 条音柱（具体须视扬声器和音柱的型号而定）；最大功率是 550W，其驱动能力接近前者的 6 倍。

这个简易系统只能发布语音广播，如通知、寻呼、讲话等。倘要广播背景音乐、广播新闻、发布录音，则可添置 CD、卡座、调谐器（收音机）等设备。ZH-99244 系列备有多个线路输入接口，完全可以同这些设备连接。

ZH-99244 系列还可以配接多个话筒，供中、小型集会主席台使用。其中的主话筒具有优先功能，其信号能抑制其他输入（令其默音），以便强行插入具有优先权的发言或紧急的广播。

以上简易系统的共同缺陷是没有分区环节，也没有同消防中心的联动接口。而作为典型的公共广播系统，上述环节和接口是必需的。

2. 最小系统

最小系统是指公共广播功能基本完备的系统。推荐方案如图 7-14 所示。同简易系统相比较，主要是增加了分区环节、定时控制环节、警报环节和与消防中心连动的接口。平时，系统在可编程定时器 ZH-99224 的管理下运行（根据预先编定的程序定时启闭有关环节的电源），并按时播放作息时间正点钟声信号。当消防中心向系统发出警报信号时，通过连动接口强行启动有关环节（无论程序处于何种状态）；同时强行切入所有分区插入紧急广播，而不管它是否处于关闭状态。

其次，在该图中，功放和前置放大器也

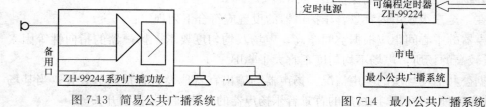

图 7-13 简易公共广播系统

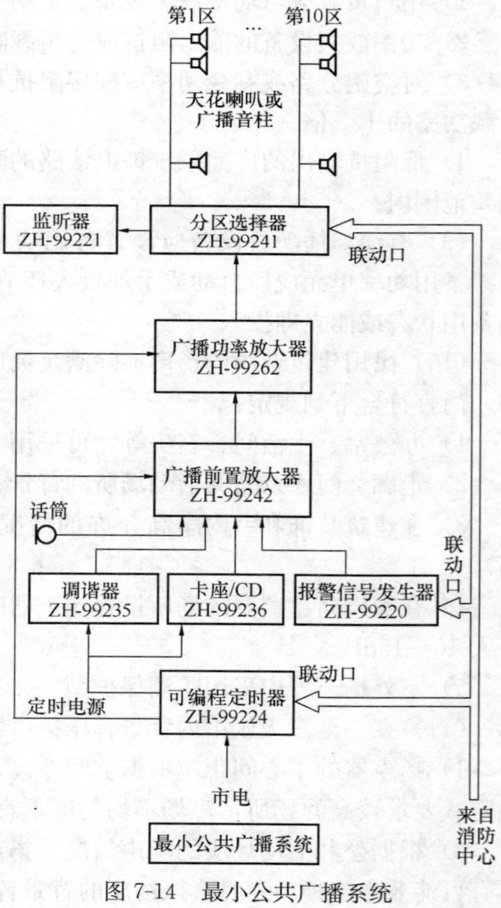

图 7-14 最小公共广播系统

分开了，系统的组合、操控更为方便；另外还配置了监听器，以便监听系统的运行。

3. 典型系统

典型的广播系统如图 7-15 所示，同最小系统相比，典型系统增加了报警矩阵、分区强插、分区寻呼、电话接口以及主/备功放切换、应急电源等环节，系统的连接也作了相应的调整。此外，还展示了几种结构不同的分区。

报警矩阵 ZH-99225 是与消防中心连接的智能化接口，可以编程。当消防中心发出某分区火警信号时，报警矩阵能根据预编程序的要求，自动地强行开放警报区及其相关的邻区，以便插入紧急广播；对于具有音控器的分区，须在分区电源 ZH-99233 的帮助下才能强行打开（或绕过）音控器进行插入。无关的邻区将继续播放背景音乐。在警报启动时，报警信号发生器 ZH-99220 也被激活，自动地向警报区发送警笛或先期固化的告警录音（如指导公众疏散的录音）。如有必要，可用消防话筒实时指挥现场运作。消防话筒具有最

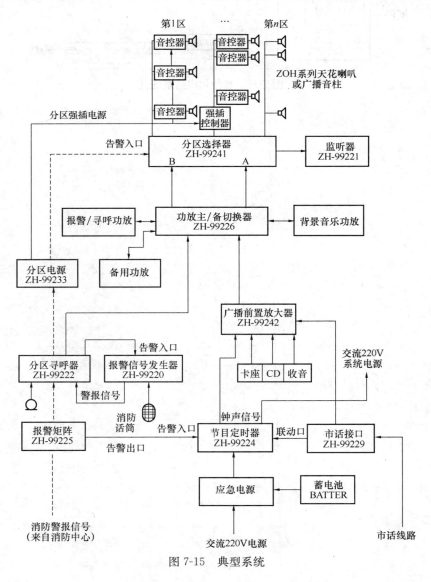

图 7-15　典型系统

161

高优先权，能抑制包括警笛在内的所有信号。

应急电源属在线式，能在市电停电后支持系统运行 30～120min（视蓄电池容量而异）。

4. 智能系统

智能系统是指全面引入计算机管理的广播系统。在图 7-16 所示的系统中，智能化公共广播系统主机，是由 CPU 管理的核心设备。在系统建立时通过友好的菜单界面进行编程，之后，系统即在程序支配下自动运行。该主机涵盖了分区、定时、寻呼、遥控、强插、电话和警报管理等功能；同时能提供 24h 不间断的背景音乐，以及可预置的固化录音。

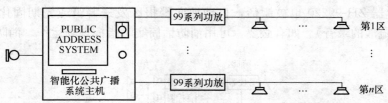

图 7-16　智能化广播系统

第八章 通信网络系统

8.1 通信网络系统的概述

通信网络系统（CNS）：它是楼内的语音、数据、图像传输的基础，同时与外部通信网络（如公用电话网、综合业务数字网、计算机互联网、数据通信网及卫星通信网等）相连，确保信息畅通。CNS 应能为建筑物或建筑群的拥有者（管理者）及建筑物内的各个使用者提供有效的信息服务。CNS 应能对来自建筑物或建筑群内外的各种信息予以接收、存贮、处理、交换、传输并提供决策支持的能力。CNS 提供的各类业务及其业务接口，应能通过建筑物内布线系统引至各个用户终端。

通信系统是包含电话通信系统、通信接入系统、电话交换系统、数据通信系统、视频会议系统、卫星通信系统（SCS）、有线电视及卫星电视接收系统、无线通信系统（RCS）、信息网络系统、室内无线通信覆盖系统、广播系统、会议系统、信息导引及发布系统、时钟系统、综合布线系统和其他相关的信息通信系统等在内的多元通信系统，同时与外部通信网络（如公共电话网、综合业务数字网、计算机网、数据通信网、卫星通信网）相连，确保信息畅通。通信系统应为建筑物使用者提供便利、快捷、有效的通信服务。

智能建筑通信系统的基本组成如图 8-1 所示。设计智能建筑的通信系统工程时，应根据各通信系统具体使用情况和建筑自身的特点、性质、实际需求，决定各系统的取舍和具体规模。

通信系统根据信号方式的不同，可分为模拟通信和数字通信。

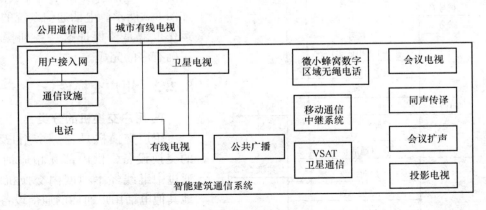

图 8-1 智能建筑通信系统的基本组成

8.2 电话通信系统

8.2.1 电话通信系统的概述

1. 电话通信系统的原理

电话通信系统是各类建筑物必须设置的系统，电话网是开放电话业务为广大用户服务的通信网络。

电话通信系统主要包括用户交换设备、通信线路网络（用户线和局间中继电路）及用户终端设备（即电话机）三大部分。按电话使用范围分类，电话网可分为本地电话网、国内长途电话网和国际长途电话网。

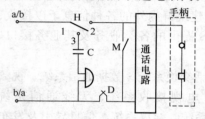

图 8-2 拨号脉冲电话机的原理图

当主叫用户在终端的送话器前讲话时，声波通过空气振动作用在送话器上，使送话电路内产生相应的电信号，产生的电信号又经传输设备和交换机送至终端的受话器，受话器设备收到电信号时把它转换成为声波振动，声波通过空气振动传到被叫用户耳朵。如果是被叫用户讲话，主叫用户收听，则终端的送话器将被叫用户话音通过送话器转换为电信号，传输到终端，还原为声波振动空气而被主叫用户所听到。拨号脉冲电话机的原理如图 8-2 所示，可见，电话通信是在发送端通过送话器变声波为电信号，由传输线送至接收端，接收端通过受话器将电信号转换为声波，这就是电话通信的基本原理。

2. 电话通信的过程

电话通话的过程以两市话用户的一次通话为例，从主叫摘机开始，到双方挂机结束，这一完整的过程包括：用户呼出阶段、数字接收及分析阶段、通话建立阶段、通话阶段和呼叫释放阶段，如图 8-3 所示。电话通信系统的整个运作也就是要保证这一系列操作的正确有序的完成。

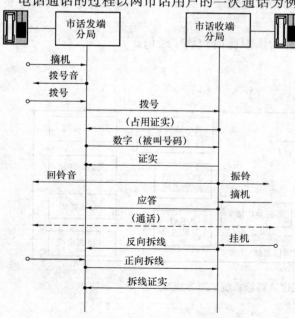

图 8-3 市话网中两分局用户接续示例图

8.2.2 用户交换设备

1. 用户交换机的分类

用户交换机是指一个用户装设的交换设备，供内部互相通话，并通过中继线经本地网内交换机与本地其他电话用户通话的通信设备。

（1）专用电话交换机（PABX）又称程控交换机、程控用户交换机、电话交换机、集团电话，即单位内部使用的电话业务网络，系统内部分机用户分享一定数量的外线。

程控交换机有模拟和数字两种方式。

1）模拟程控交换机采用模拟方式控制。程控空分交换机的接续网络（或交换网络）采用空分接线器（或交叉点开关阵列），且在话路部分中传送和交换的是模拟语音信号。这种交换机不需进行语音的模数转换（编解码），用户电路简单，因而成本低，主要用作小容量用户交换机。

2）数字程控用户交换机（digital PBX）是采用现代数字处理技术、计算机通信技术、信息电子技术、微电子技术等先进技术，进行系统综合集成的高度模块化结构的集散系统。它不仅为智能建筑内部的工作人员提供常规的模拟通信手段，而且能满足用户对数据通信、计算机通信、窄带多媒体通信、宽带通信的要求。数字程控用户交换机系统具有极强的组网功能，具有灵活的分机编码方案，以及预选、直达、迂回路由和优选服务等级等功能。

数字程控用户交换机的基本结构采用综合业务数字网（ISDN）、数字多路复用接口（DMI）和局域网（LAN）等组网标准进行设计，配合先进的话务台及专用数字电话机、调制解调器、数据通信适配器（DCA），可提供综合的语音/数据交换及组网功能和数据通信功能。系统还可增设语音邮递系统（VMS）、文本传真等服务功能，为办公自动化提供服务。同时系统具备物业管理系统（PMS）配置接口，可满足酒店、宾馆等电话交换、长途计费、房间管理等需要。

3）IP电话交换机（IP PBX）为数字程控用户交换机的一种。IP电话交换机系统实现了计算机网与电话交换机的功能合一，其功能应体现它对计算机网络与电话交换机的综合，它不仅要实现PBX的所有功能，而且要在数据等方面体现它的新特点。系统内各电话终端采用IP方式进行数据通信，不仅能进行通话，还能实现文本、数据、图像的传输，同时可实现局域网内的办公自动化。

（2）虚拟交换机。

1）虚拟用户交换机（centrex）即集中用户小交换机或汇线通，又称为"虚拟网"。这是一种在中心局实现交换技术的企业电话交换机服务。实际上就是将市话交换机上部分用户定义为一个基本用户群，该用户群内的用户不仅拥有普通市话用户的所有功能，而且拥有用户小交换机（PABX）功能。因此虚拟用户交换机用户有两个号码，即一个长号（即普通的市话号码）和一个短号（群内号码），长、短号并存，群内群外来话可区别振铃。虚拟用户交换机适合于电话门数多，联系密切的集团用户。

2）IP虚拟用户交换机（IP centrex）是基于IP电话技术的企业内部集中用户交换机。IP centrex是IP网络化、数字化、信息化发展的产物，是计算机信息化管理技术和通信数字化技术发展到由TCP/IP网络协议统一及两个技术相融合的产物，其核心本质就是通信数字化、信息化、网络化。IP centrex是在继承：PSTN网中centrex业务的基础上，融合了IP网的灵活性而产生的一种增值业务。

2. 程控交换机的概述

电话通信系统的基本任务是提供从任一个终端到另一个终端传送语音信息的通道，这一系统必须包括终端设备、传输设备、交换设备三个部分。

下面着重介绍电话通信系统的核心部分——程控交换机。

在程控数字用户交换机系统中增配一定数量的数据通信适配设备，并申请一定数量的公共传输信道，则智能建筑中的用户便可通过交换机本身进行数据通信。因此，智能建筑中的程控数字用户交换机已不是简单进行电话通信的交换机了。具有 ISDN 功能的程控数字用户交换机能提供一系列国际电信联盟（ITU）建议标准的数据通信接口，支持语音、数据共享和图像传输。

各种信息及其传输速率见表 8-1。以现有的 2B＋D 用户电话线可以提供两路 64kbit/s 信息通道及一路 16kbit/s 的控制信道。如需更高信道，可利用 2Mbit/s 的基群信道，用它可连接程控数字用户交换机、电视电话、电视会议终端及计算机局域网（LAN）。

各种信息及其传输速率

表 8-1

通信速率	低速 （几 kbit/s）	中速 （几十 kbit/s）	高速 （几百 kbit/s）	超高速 （几 Mbit/s）	超高速 （几十 Mbit/s）
业务形式	电报	电话	音响通信	—	—
	数据通信	高速数据通信	高速数据通信	高速数据通信	—
	—	—	—	电视电话	电视电话
	传真	传真	高速传真	高速传真	—
	监测控制	静止图像通信	静止图像通信	静止图像通信	—
	可视图文	可视图文		运动图像通信	运动图像通信

由于数据通信系统的传输链路或传输信道可借助建筑内部的有线通信系统的传输链路，因此，在进行智能建筑内部数据通信系统设计时，一方面在传输线路上应留有一定余量，另一方面应着重考虑程控数字用户交换机相应配套设备的配置。

程控数字用户交换机目前能提供的数据通信适配设备主要有数字话机、异步数据通信适配器、同步数据通信适配器、调制解调器、规约变换器、X.25 装包拆包器、局域网接口设备等。

全数字化的网络支持语音电路、数据共享和图像传输等综合数字业务功能。

用户网络接口主要包括 RS232C，RS422，RS449，X.21，S0 等；通信方式可以是异步或同步、全双工或半双工、数字用户交换机。

用作数据通信时，常用接口是 2 线 B＋D 接口、2 线 2B＋D 接口、S0 型 4 线 2B＋D 接口、30B＋D 接口、X.21 接口、X.25 接口等。

程控数字用户交换机系统的主要数据通信功能有语音/数据交替传送、规约变换、数据终端连接、数据透明传输、数据格式及协议转换、数据交换等。

3. 程控交换机的构成

程控交换机是指用计算机来控制的交换系统，它由硬件和软件两大部分组成。这里所说的基本组成只是它的硬件结构。图 8-4 是程控交换系统的基本组成框图，它的硬件部分可以分为话路系统和控制系统两个子系统。整个系统的控制软件都存放在控制系统的存储器中。

（1）话路系统

它由交换网络、用户电路、中继器和信号终端等几部分组成。交换网络的作用是为语音信号提供接续通路并完成交换过程。用户电路是交换机与用户线之间的接口电路，它的作用有两个。一是把模拟语音信号转变为数字信号传送给交换网络，二是把用户线上的其他大电流或高电压信号（如铃流等）和交换网络隔离开来，以免损坏交换网络。中继

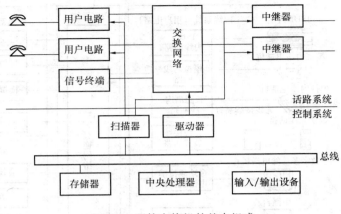

图 8-4　程控交换机的基本组成

器是交换网络和中继线之间的接口，中继器除具有与用户电路类似的功能外，还具有码型变换、时钟提取、同步设置等功能。信号终端负责发送和接收各种信号，如向用户发送拨号音、接收被叫号码等。

（2）控制系统

控制系统的功能包括两个方面：一方面是对呼叫进行处理；另一方面对整个交换机的运行进行管理、监测和维护。控制系统的硬件由扫描器、驱动器、中央处理器、存储器、输入输出系统等几部分构成。扫描器是用来收集用户线和中继线信息的（如忙闲状态），用户电路与中继器状态的变化通过扫描器送到中央处理器中。驱动器是在中央处理器的控制下，使交换网络中的通路建立或释放。中央处理器也叫 CPU，它可以是普通计算机中使用的 CPU 芯片，也可以是交换机专用的 CPU 芯片。存储器负责存储交换机的工作程序和实时数据。输入/输出设备包括键盘、打印机、显示器等；从键盘可以输入各种指令，进行运行维护和管理等；打印机可以根据指令或定时打印系统数据。

控制系统是整个交换机的核心，负责存储各种控制程序，发布各种控制命令，指挥呼叫处理的全部过程，同时完成各种管理功能。由于控制系统担负如此重要的任务，为保证其完全可靠地工作，提出了集中控制和分散控制两种工作方式。

所谓集中控制是指整个交换机的所有控制功能，包括呼叫处理、障碍处理、自动诊断和维护管理等各种功能，都集中由一部处理器来完成，这样的处理器称为中央处理器，即CPU。基于安全可靠起见，一般需要两片以上 CPU 共同工作，采取主备用方式。

分散控制是指多台处理器按照一定的分工，相互协同工作，完成全部交换的控制功能，如有的处理器负责扫描；有的负责话路接续。多台处理器之间的分工方式有功能分担方式、负荷分担方式和容量分担方式三种。

图 8-5 是程控数字用户交换机的系统构成示例。

就程控数字交换机的系统组成来说，应该由两大部分组成：第一部分是机房内看得见的实物，即上述所说的话路设备、控制设备或计算机，一般称为硬件；第二部分是计算机的程序和数据，它能控制硬件完成交换功能，以及完成测试、操作、维护诊断等功能，是交换机的智能部分，一般称为软件。在程控交换机中，除了硬件以外还必须有一套软件，即一整套程序，交换机在软件的控制下才能正常工作。

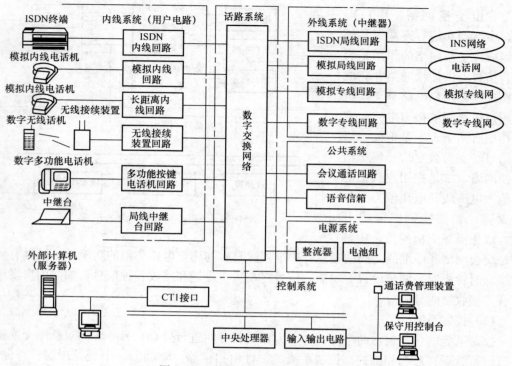

图 8-5　程控数字交换机的构成示例

8.2.3　电话系统设计

1. 电话线路的计算

电话通信线路从进屋管线一直到用户出线盒，一般由以下几部分组成（图 8-6）：

（1）引入（进户）电缆管路：又分地下进户和外墙进户两种方式。

（2）交接设备或总配线设备：它是引入电缆进屋后的终端设备，有设置与不设置用户交换机两种情况，如设置用户交换机，采用总配线箱或总配线架；如不设用户交换机，常用交接箱或交接间。交接设备宜装在房屋的一二层，如有地下室，且较干燥、通风，才可考虑设置在地下室。

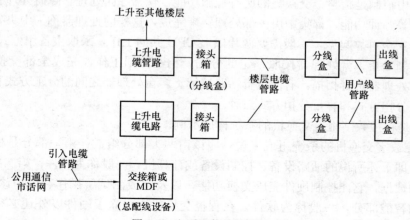

图 8-6　电话通信线路的组成

（3）上升电缆管路：有上升管路、上升房和竖井三种建筑类型。

（4）楼层电缆管路。

（5）配线设备：如电缆接头箱、过路箱、分线盒、用户出线盒，是通信线路分支、中间检查、终端用设备。

首先，要做好高层建筑的通信业务预测工作。由于各种高层建筑的使用功能不同，对于通信业务的要求也有较大的区别，所以在设置通信线路时，需要考虑的因素也不同，电话分布密度的差别也较大。

交换机容量的设计，首先确定内线数量，然后再由此确定中继线数（局线数）等的分配。内线数的计算方法有多种，常见方法有：按照所用电话机数计算；按照建筑物面积计算；按照人员数计算。

要确定电话容量，首先需要进行用户分布调查。目前我国对于住宅楼要求每户最少应设一对电话线，建议按两对电话线考虑；对于办公楼和业务楼，可按每 $15\sim20m^2$ 房间设两对电话线，每开间按（2～4）对线，或者按用户要求设置。在了解用户数量后，就可以计算出电缆容量。

表 8-2 是日本对不同行业大楼关于内线数和局线数的估算表，可供设计时参考。

内线数确定以后，再确定局线数（中继线数），局线数的计算也有多种方法。有按话务量计算，有时简单按总容量的 8%～10% 比例配分，也可以按邮电部门规定确定，如表 8-3 所示。

局线数与内线门数的估算   表 8-2

	业种	局线数	内线数
每 $10m^2$ 建筑面积	事务所 政府机关 商贸公司 证券公司	0.4	1.5
	广播电视台 新闻报社	0.4	1.3
	银行	0.3	1.0
	医院 百货商店	0.2	0.3
每户	住宅	1	1

当容量小于 500 线的用户交换机接入公用网时，一般可不进行中继线的计算，直接依据国家邮电部的《用户交换机管理办法》规定，按表 8-3 申请相应的中继线数（允许超过）。

中继线数的确定方法   表 8-3

可以和市话局互相呼叫的 分机数（线）	接口中继线配发数目（话路）	
	呼出至端局中继	端局来话呼入中继
50 线以内	采用双向中继 1～5 条	
50	3	4
100	6	7
200	10	11
300	13	14
400	15	16
500	18	19

应该指出，在确定交换机的容量时，应该考虑满足将来终期的容量需要，并备有维修余量。表 8-4 是根据目前我国国民经济状况和一些城市高层建筑的实用数据，进行通信业

务预测的参考标准。

高层建筑分类 通信业务预测 发展分期	机关、办公用高层建筑	饭店、宾馆高层建筑	财经商业服务大楼
近期（5 年左右）	每自然间 1.1 个电话（也可向各单位了解 5 年内电话需要量后再估算）。对于银行、办公性质的楼层应根据实际需要分布估算	高级宾馆应考虑用户电报、数据终端、电话等多种业务。目前可按每套客房 1.2～2.0 的系数考虑。其他办公用电话根据需要估算	按办公用户和营业厅分别估算：①办公用户同办公楼；②营业厅每个专业售货柜台有一个电话，其面积约为 20m² 左右
远期（15～20 年）	每自然间 2.0 个电话（也可向各单位了解 20 年内电话需要量进行估算）。对银行、办公性质的楼层应根据需要分布估算	需求同上。可按每套客户 2.0～3.0 的系数考虑。其他办公用电话根据需要估算	要求同上，并应适当增加数量

2. 电话线路的设计

（1）电话线路进户管线的设计

进户管线有两种方式，即地下进户和外墙进户。

1）地下进户方式

这种方式是为了市政管网美观要求而将管线转入地下。地下进户管线又分为两种敷设形式。第一种是建筑物设有地下层，地下进户管直接进入地下层，采用的是直进户管；第二种是建筑物无地下层，地下进户管只能直接引入设在底层的配线设备间或分线箱（小型多层建筑物没有配线或交接设备时），这时采用的进户管为弯管。地下进户方式如图 8-7 所示。

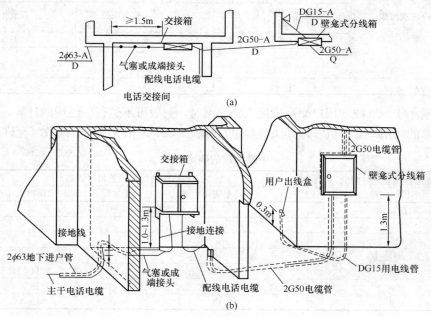

图 8-7　电话线路地下进户方式
(a) 底层平面图；(b) 立体图

①建筑物通信引入管，每处管孔数不应少于2孔，即在核算主用管孔数量后，应至少留有一孔备用管。同样，引上暗配管也应至少留有一孔备用管。

②地下进户管应埋出建筑物散水坡外1m以上，户外埋设深度在自然地坪下0.8m。当电话进线电缆对数较多时，建筑物户外应设人（手）孔。预埋管应由建筑物向人孔方向倾斜。

2）外墙进户方式

这种方式是在建筑物第二层预埋进户管至配线设备间或配线箱（架）内。进户管应呈内高外低倾斜状，并做防水弯头，以防雨水进入管中。进户点应靠近配线设施，并尽量选在建筑物后面或侧面。这种方式适合于架空或挂墙的电缆进线，如图8-8所示。

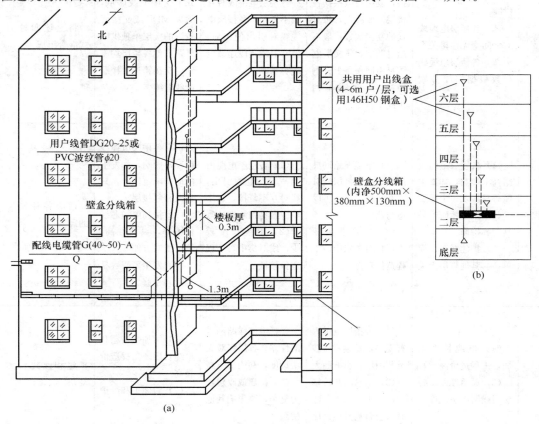

图8-8　多层住宅楼电话进线管网图

（a）外墙进户管网立体示意图；（b）暗配线管网图

在有用户电话交换机的建筑物内，一般设置配线架（箱）于电话站的配线室内；在不设用户交换机的较大型建筑物内，于首层或地下一层电话引入点设置电缆交接间，内置交接箱。配线架（箱）和交接箱是连接内外线的汇集点。

塔式的高层住宅建筑电话线路的引入位置，一般选在楼层电梯间或楼梯间附近，这样可以利用电梯间或楼梯间附近的空间或管线竖井敷设电话线路。

（2）上升电缆管路的设计

1）配线方式（分为五种）

参见图8-9及表8-5。

171

2) 上升管路的建筑方式与安装

参见表 8-6 及图 8-10、图 8-11。

种类	单独式	复接式	递减式	交接式	混合式
特点	（1）各楼层电话电缆分别独立地直接供线 （2）各楼层电缆线对之间毫无连接关系 （3）各楼层电缆线列数根据需要分别确定	电缆线对在各楼层之间部分或全部复接，复接对数根据各楼层需要决定，每对线的复接次数一般不超过两次，每楼层电缆是由同一条上升电缆接出，不是单独供线	各楼层电缆线对互相不复接，各楼层电缆线对引出使用后，上升电缆逐段递减电缆容量	整个高层建筑分为几个交接配线区域，除离 MDF 或交接间较近的楼层单独供线外，其他楼层均需经过交接箱连接楼层配线电缆	将上述四种方式混合组成
优点	（1）各楼层电缆线路互不影响，如发生障碍只涉及一个楼层 （2）发生障碍容易判断和检修 （3）扩建或改建简单，与其他楼层无关	（1）电缆线路网灵活性较高，各层线对因有复接关系，可以适当调度 （2）电缆长度较少，且对数集中，工程造价较低	（1）各楼层电缆由同一上升电缆引出，线对互不复接，发生障碍容易判断和检修 （2）电缆长度较少，线对集中，工程造价较低	（1）各楼层电缆线路互不影响，如发生障碍影响范围小，只涉及相邻楼层 （2）提高电缆芯线使用率，灵活性高，调度线对方便 （3）发生障碍容易判断和检修	适应各种楼层的需要
缺点	（1）电缆长度增加，工程造价高 （2）灵活性差，各楼层线路无法调度	（1）各楼层电缆因有复接，发生障碍涉及范围广，影响面大 （2）不易判断检修 （3）扩建或改建时，会影响其他楼层	（1）电缆线路网灵活性差，各层线对无法调度，利用率不高 （2）扩建或改建较为复杂，要影响其他楼层	（1）增加交接箱和电缆长度，工程造价较高 （2）对施工和维护要求高	扩建和改建较为复杂
适用范围	各楼层需要电缆线对较多，且较为固定不变的房屋建筑，如高级宾馆的标准层或办公大楼的办公室	各楼层需要电缆线对数量不同、变化较频繁的场合，如商贸中心、交易市场及业务变化较多的办公大楼等	各楼层所需电缆线对数量不均匀，且无变化的场合，如规模较小的宾馆、办公楼及高级公寓等	各层需要电缆线对数量不同，且变化较多的场合，如规模较大、变化较多的办公楼、高级宾馆、科技贸易中心等	适用场合较多，可因地制宜，尤其适于体量较大的建筑

172

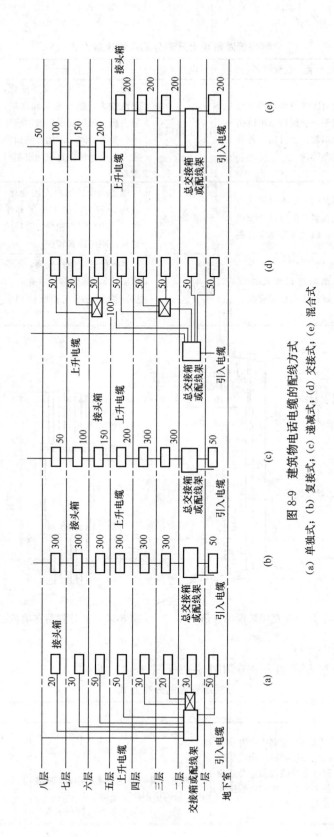

图 8-9　建筑物电话电缆的配线方式

(a) 单独式; (b) 复接式; (c) 递减式; (d) 交接式; (e) 混合式

173

上升部分的名称	是否装设配线设备	上升电缆条数	特点	适用场合
上升房	设有配线设备，并有电缆接头，配线设备可以明装或暗装，上升房与各楼层管路连接	8 条电缆以上	能适应今后用户发展变化，灵活性大，便于施工和维护，要占用从顶层到底层的连续统一位置的房间，占用房间面积较多，受到房屋建筑的限制因素较多	大型或特大型的高层房屋建筑；电话用户数较多而集中；用户发展变化较大，通信业务种类较多的房屋建筑
竖井（上升通槽或通道）	竖井内一般不设配线设备，在竖井附近设置配线设备，以便连接楼层管路	5～8 条电缆	能适应今后用户发展变化，灵活性较大，便于施工和维护，占用房间面积少，受房屋建筑的限制因素较少	中型的高层房屋建筑，电话用户发展较固定，变化不大的情况
上升管路（上升管）	管路附近设置配线设备，以便连接楼层管路	4 条以下	基本能适应用户发展，不受房屋建筑面积限制，一般不占房间面积，施工和维护稍有不便	小型的高层房屋建筑（如塔楼），用户比较固定的高层住宅建筑

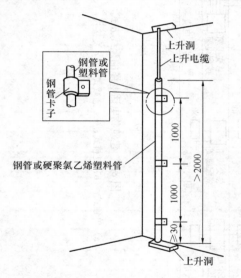

图 8-10　上升电缆直接敷设的方法

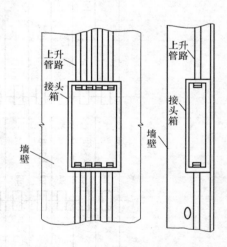

图 8-11　上升管路在墙内的敷设方式

（3）楼层管线的布线

楼层管路的分布方式如表 8-7 和图 8-12～图 8～15 所示。

楼层管路的分布方式　　　　　　　　　　　　　　　　表 8-7

分布方式名称	特　点	优缺点	适用场合
放射式分布方式	从上升管路或上升房分歧出楼层管路，由楼层管路连通分线设备以分线设备为中心，用户线管路作放射式的分布	1. 楼层管路长度短，弯曲次数少； 2. 节约管路材料和电缆长度及工程投资； 3. 用户线管路为斜穿的不规则路由，易与房屋建筑结构发生矛盾； 4. 施工中容易发生敷设管路困难	1. 大型公共房屋建筑； 2. 高层办公楼； 3. 技术业务数

分布方式名称	特 点	优缺点	适用场合
格子形分布方式	楼层管路有规则地互相垂直形成有规律的格子形	1. 楼层管路长度长，弯曲次数较多； 2. 能适应房屋建筑结构布局； 3. 易于施工和安装管路及配线设备； 4. 管路长度增加，设备也多，工程投资增加	1. 大型高层办公楼； 2. 用户密度集中，要求较高，布置较固定的金融、贸易、机构办公用房； 3. 楼层面积很大的办公楼
分支式分布方式	楼层管路较规则，有条理分布，一般互相垂直，斜穿敷设较少	1. 能适应房屋建筑结构布置，配合方便； 2. 管路布置有规则性、使用灵活性，较易管理； 3. 管路长度较长，弯曲角度大，次数较多，对施工和维护不便； 4. 管路长，弯曲多，使工程造价增加	1. 大型高级宾馆； 2. 高层住宅； 3. 高层办公大楼

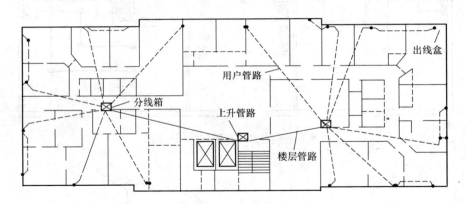

图 8-12　楼层管路为放射式分布

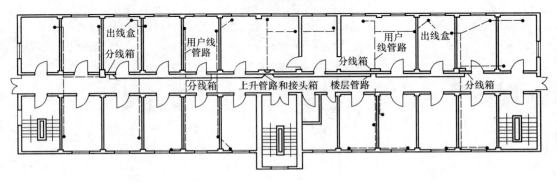

图 8-13　楼层管路为分支式分布

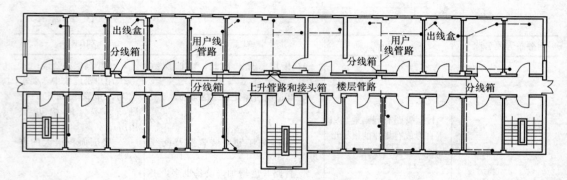

图 8-14　楼层管路为分支式分布

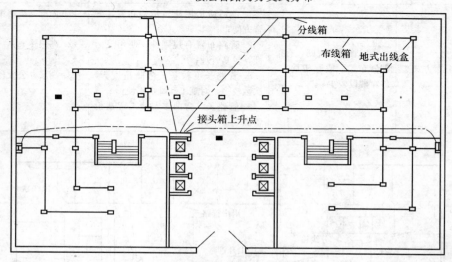

图 8-15　综合办公楼暗配管网平面图

第九章　计算机数据网络系统

9.1　计算机网络的概述

9.1.1　计算机网络的定义与分类

计算机网络，是指将地理位置不同的具有独立功能的多台计算机及其外部设备，通过通信线路连接起来，在网络操作系统，网络管理软件及网络通信协议的管理和协调下，实现资源共享和信息传递的计算机系统。

计算机网络的功能非常广泛，但概括起来有如下两个方面的基本功能：

（1）通信

即在计算机之间传递数据。这是计算机网络最基本的功能，它使地理上分散的计算机能连接起来互相交换数据，就像电话网使得相隔两地的人们互相通话一样。

（2）资源共享

资源共享包括硬件、软件和信息资源的共享。这是计算机网络最具吸引力的功能，它极大地扩充了单机的可用资源，并使获得资源的费用大为降低，时间大为缩短。

计算机网络通常按照其覆盖的范围划分为局域网、城域网、广域网。

1）局域网（LAN）

局域网是我们最常见、应用最广的一种网络。现在局域网随着整个计算机网络技术的发展和提高得到充分的应用和普及，几乎每个单位都有自己的局域网，甚至家庭中都有可以组建小型的局域网。所谓局域网，就是覆盖在局部地区范围内的网络，局域网在计算机数量配置上没有太多的限制，少的可以只有两台，多的可达几百台。这种网络的特点就是：连接范围窄、用户数少、配置容易、传输速率高。目前局域网最快的速率要算现今的10Gbit/s 以太网了。IEEE 的 802 标准委员会定义了多种主要的 LAN 网：以太网、令牌环网、光纤分布式接口网络（FDDI）、异步传输模式网（ATM）以及最新的无线局域网（WLAN）。

2）城域网（MAN）

城域网这种网络一般来说是在一个城市，但不在同一地理小区范围内的计算机互联。这种网络的连接距离可以在 10～100km，它采用的是 IEEE802.6 标准。MAN 与 LAN 相比扩展的距离更长，连接的计算机数量更多，在地理范围上可以说是 LAN 网络的延伸。在一个大型城市或都市地区，一个 MAN 网络通常连接着多个 LAN 网。如连接政府机构的 LAN、医院的 LAN、电信的 LAN、公司企业的 LAN 等。由于光纤连接的引入，使 MAN 中高速的 LAN 互连成为可能。

城域网多采用 ATM 技术做骨干网。ATM 是一个用于数据、语音、视频以及多媒体应用程序的高速网络传输方法。ATM 包括一个接口和一个协议，该协议能够在一个常规的传输信道上，在比特率不变及变化的通信量之间进行切换。ATM 也包括硬件、软件以及与 ATM 协议标准一致的介质。ATM 提供一个可伸缩的主干基础设施，以便能够适应不同规模、速度以及寻址技术的网络。ATM 的最大缺点就是成本太高，所以一般在政府城域网中应用，如邮政、银行、医院等。

3）广域网（WAN）

广域网这种网络也称为远程网，所覆盖的范围比城域网（MAN）更广，它一般是在不同城市之间的 LAN 或者 MAN 网络互联，地理范围可从几百公里到几千公里。因为距离较远，信息衰减比较严重，所以这种网络一般要租用专线，通过 IMP（接口信息处理）协议和线路连接起来，构成网状结构，解决循径问题。这种城域网因为所连接的用户多，总出口带宽有限，所以用户的终端连接速率一般较低，通常为 9.6～45Mbit/s 如：邮电部的 CHINANET，CHINAPAC 和 CHINADDN 网。

计算机网络从开始形成到现在，发展的历史并不长，但发展速度却非常快。在 40 多年时间里，就经历了四个阶段的演进过程：具有通信功能的单机系统阶段、具有通信功能的多机系统阶段、以共享资源为主的计算机网络阶段、局域网的广泛应用和网络开放化标准化阶段。

随着社会的不断进步，人们迫切希望异种计算机能够联网，期待各个计算机网络之间能够相互交换信息，实现网络之间的互联。虽然同一体系结构的网络产品和同一体系结构的网络互联比较容易，但是不同体系结构的网络产品和网络之间实现互联却很困难，因此，要求计算机网络标准化、开放化的呼声日益高涨。于是，1984 年国际标准化组织 ISO 提出了开放式系统互联基本参考模型的国际标准化网络体系结构，简称 OSI/RM。OSI/RM 的公布有效带动了网络标准化技术的快速发展，得到了越来越多的厂商和用户的普遍支持。

9.1.2　计算机网络的组成

计算机网络是一个复杂的系统。不同的网络组成不尽相同。但不论是简单的网络还是复杂的网络，基本上都是由计算机与外部没备、网络连接设备、传输介质以及网络协议和网络软件等组成。

1. 计算机与外部设备

计算机网络中的计算机包括主机、服务器、工作站和客户机等。计算机在网络中的作用主要是用来处理数据。计算机外部设备包括终端、打印机、大容量存储系统、电话等。

2. 网络连接设备

网络连接设备是用来进行计算机之间的互联并完成计算机之间的数据通信的。它负责控制数据的发送、接收或转发，包括信号转换、格式变换、路径选择、差错检测与恢复、通信管理与控制等。计算机网络中的网络连接设备有很多种，主要包括网络接口卡（NIC）、集线器（HUB）、路由器（Router）、集中器、中继器、网桥等。此外为了实现通信，调制解调器、多路复用器等也经常在网络中使用。

3. 传输介质

计算机之间要实现通信必须先用传输介质将它们连接起来。传输介质构成网络中两台设备之间的物理通信线路，用于传输数据信号。网络中的传输介质一般分为有线和无线两种。有线传输介质是指利用电缆或光缆等来充当传输通路的传输介质，包括同轴电缆、双绞线、光缆等。无线传输介质是指利用电波或光波等充当传输通路的传输介质，包括微波、红外线、激光等。

4. 网络协议

在计算机网络技术中，一般把通信规程称作协议。所谓协议，就是在设计网络系统时预先作出的一系列约定（规则和标准）。数据通信必须完全遵照约定来进行。网络协议是通信双方共同遵守的一组通信规则，是计算机工作的基础。正如谈话的两个人要相互交流必须使用共同的语言一样，两个系统之间要相互通信、交换数据，也必须遵守共同的规则和约定。例如，应按什么格式组织和传输数据，如何区分不同性质的数据、传输过程中出现差错时应如何处理等。现代网络系统的协议大都采用层次型结构，这样就把一个复杂的网络协议和通信过程分解为几个简单的协议和过程，同时也极大地促进了网络协议的标准化。要了解网络的工作就必须了解网络协议。一般来说，网络协议一部分由软件实现，另一部分由硬件实现，一部分在主机中实现，另一部分在网络连接设备中实现。

5. 网络软件

同计算机一样，网络的工作也需要网络软件的控制。网络软件一方面控制网络的工作，控制、分配、管理网络资源，协调用户对网络资源的访问；另一方面则帮助用户更容易地使用网络。网络软件要完成网络协议规定的功能。在网络软件中，最重要的是网络操作系统，网络操作系统的性能往往决定了一个网络的性能和功能。

9.2 局 域 网

9.2.1 局域网的组成及分类

1. 局域网的组成

局域网由网络硬件和网络软件两部分组成，如表 9-1 所示。网络硬件主要有：服务器、工作站、传输介质和网络连接部件等。网络软件包括网络操作系统、控制信息传输的网络协议及相应的协议软件、大量的网络应用软件等。图 9-1 是一种比较常见的局域网。

局域网的组成 表 9-1

分类	主要部件	具体组成	实 例
硬件	计算机	服务器	文件服务器、打印服务器、数据库服务器、Web 服务器
		工作站	PC 机、工作站、终端等
	外部设备	高性能打印机、大容量磁盘等	
	通信设备	网络接口卡（NIC）	10Mbit/s 网卡、100Mbit/s 网卡等
		通信介质	电缆（同轴、双绞线）、光纤、无线等
		交换设备	交换机、集中器、集线器、复用器等
		互联设备	网桥、中继器、路由器等

分类	主要部件	具体组成	实　　例
软件	网络系统软件	网络操作系统	Windows、NT、UNIX、NetWare 等
		实用程序	
		其他	
	网络应用软件	数据库	数据库软件
		Web 服务器	Web 服务器软件
		Email 服务器	电子邮件服务器软件
		防火墙和网络管理	安全防范软件
		其他	各类开发工具软件

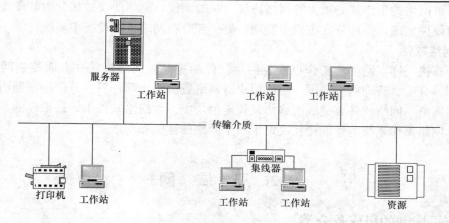

图 9-1　一个常见的局域网

　　服务器可分为文件服务器、打印服务器、通信服务器、数据库服务器等。文件服务器是局域网上最基本的服务器，用来管理局域网内的文件资源；打印服务器则为用户提供网络共享打印服务；通信服务器主要负责本地局域网与其他局域网、主机系统或远程工作站的通信；而数据库服务器则是为用户提供数据库检索、更新等服务。

　　工作站也称为客户机，可以是一般的个人计算机，也可以是专用电脑，如图形工作站等。工作站可以有自己的操作系统，独立工作；通过运行工作站的网络软件可以访问服务器的共享资源，目前常见的工作站有 Windows2000 工作站和 Linux 工作站。

　　工作站和服务器之间的连接通过传输介质和网络连接部件来实现。

　　网络连接部件主要包括网卡、中继器、集线器和交换机等。如图 9-2 所示。

网卡　　　　　　　中继器　　　　　　集线器　　　　　　交换机

图 9-2　网络连接部件

　　网卡是工作站与网络的接口部件。它除了作为工作站连接入网的物理接口外，还控制数据帧的发送和接收（相当于物理层和数据链路层功能）。

180

集线器又叫 HUB，能够将多条线路的端点集中连接在一起。集线器可分为无源和有源两种。无源集线器只负责将多条线路连接在一起，不对信号作任何处理。有源集线器具有信号处理和信号放大功能。

交换机采用交换方式进行工作，能够将多条线路的端点集中连接在一起，并支持端口工作站之间的多个并发连接，实现多个工作站之间数据的并发传输，可以增加局域网带宽，改善局域网的性能和服务质量。与交换机不同的是，集线器多采用广播方式工作，接到同一集线器的所有工作站都共享同一速率；而接到同一交换机的所有工作站都独享同一速率。如图 9-3 所示。

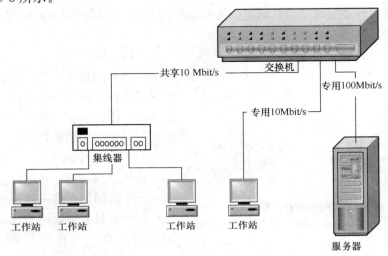

图 9-3　交换式以太网示例

除了网络硬件外，网络软件也是局域网的一个重要组成部分。目前常见的网络操作系统主要有 Netware、Unix、linux 和 Windows NT 几种。

2. 局域网的分类

可从下面几个方面对局域网进行划分：

（1）拓扑结构：根据局域网采用的拓扑结构，可分为总线型局域网、环型局域网、星型局域网和混合型局域网等。这种分类方法比较常用。

（2）传输介质：局域网上常用的传输介质有同轴电缆、双绞线、光缆等，因此可以将局域网分为同轴电缆局域网、双绞线局域网和光缆局域网。如果采用的是无线电波，微波，则可称为无线局域网。

（3）访问传输介质的方法：传输介质提供了二台或多台计算机互连并进行信息传输的通道。在局域网上，经常是在一条传输介质上连有多台计算机（如总线型和环型局域网），即大家共享同一传输介质。而一条传输介质在某一时间内只能被一台计算机所使用，那么在某一时刻到底谁能使用或访问传输介质呢？这就需要有一个共同遵守的准则来控制、协调各计算机对传输介质的同时访问，这种准则就是协议或称为媒体访问控制方法。据此可以将局域网分为以太网、令牌环网等。

（4）网络操作系统：正如微机上的 DOS、UNIX、WINDOWS、OS/2 等不同操作系统一样，局域网上也有多种网络操作系统。因此，可以将局域网按使用的操作系统进行分

181

类，如 Novell 公司的 Netware 网，3COM 公司的 3＋OPEN 网，Microsoft 公司的 Windows 2000 网，IBM 公司的 LAN Manager 网等。

此外，还可以按数据的传输速度分为 10Mbit/s 局域网、100Mbit/s 局域网、千兆局域网等；按信息的交换方式可分为交换式局域网、共享式局域网等。

9.2.2　局域网拓扑结构的设计

1. 网络的分类

网络按照拓扑结构的不同，可以将网络分为星形网络、环形网络与总线型网络三种基本类型。在这三种类型网络的基础上，可以组合树形网、簇星形网与网状网等其他类型拓扑结构的网络。如图 9-4 所示。

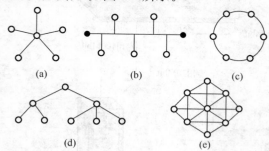

图 9-4　网络的拓扑结构

（a）星型；（b）总线型；（c）环型；（d）树型；（e）网型

（1）星形网络

在星形网络中，各个计算机使用各自的线缆连接到网络中，所以如果一个站点出问题，不影响整个网络的运行。星形网络是最常用的网络拓扑类型。

（2）环形网络

在环形网络中，各站点通过通信介质连成一个封闭的环形。环形网容易安装和监控，但容量有限，网络建成后，难以增加新的站点。现在环形网络基本不使用了。

（3）总线型网络

在总线型网络中，所有的站点共享一条数据通道。总线型网络安装简单方便，需要铺设的电缆短，成本低，某个站点的故障通常不会影响整个网络，但介质的故障会导致网络瘫痪。

2. 设计要求

（1）连通性

连通性是网内任意两个用户可以互通信息。影响连通性的两个因素是：一是如果网络设备容量有限，业务量超过容量时就会出现设备全部被占而不能连通的情况；二是网络设备出现故障无法连通的情况。

（2）可靠性

可靠性是指通信网的信道和设备不易出现故障，即使某些设备或信道出现故障时，有备用设备和信道可以利用或迂回。

（3）快速通信

计算机通信网大多采用分组交换。分组在交换机中需要排队等待，交换机要对分组处理，这需要时间，此外，分组在传输的过程中也有传输时延等。总之，分组在计算机通信网中的传输和交换时，有一定的时延，我们希望这些时延尽量小，以保证快速通信。

（4）高质量

高质量是指网中所传信息的信噪比大、误码率低。

（5）灵活性

计算机通信网的建设投资通常是根据需要逐步投资扩建的。所以，计算机通信网应具有新用户进网，提供新业务、与其他网联网和不断扩容的灵活性。

（6）经济合理性

在计算机通信网的设计中要综合考虑可靠性及经济性指标，以求达到一个合理标准。

9.2.3 以太网

以太网（Ethernet）指的是由 Xerox 公司创建并由 Xerox、Intel 和 DEC 公司联合开发的基带局域网规范，是当今现有局域网采用的最通用的通信协议标准。以太网络使用 CSMA/CD（载波监听多路访问及冲突检测）技术，并以 10Mbit/s 的速率运行在多种类型的电缆上。

表 9-2 列出各种类型局域网（LAN），可见现今局域网主要是以太网。

目前使用的局域网种类

表 9-2

名称	使用情况	标准化组织	传输速度	使用线缆	网络拓扑
以太网（CSMA/CD）	○	IEEE802.3	10Mbit/s	双绞线 同轴电缆 光缆	星形 总线形
令牌环	×	IEEE802.5	4/16Mbit/s	双绞线	环形
FDDI	×	ANSI NCITS T12	100Mbit/s	光缆	环形
ATM—LAN	×	ATTM Forum	2～622Mbit/s 1.2/2.4Gbit/s	双绞线 光缆	星形
100Base-X	○	IEEE802.3	100Mbit/s	双绞线 光缆	星形
100VG-AnyLAN	×	IEEE802.12	100Mbit/s	双绞线 光缆	星形
1000Base-X	○	IEEE802.3z	1000Mbit/s （1Gbit/s）	双绞线 光缆 同轴电缆	星形
10GBase-X	○ （今后将普及）	IEEE802.3an IEEE802.3ae	10Gbit/s	双绞线 光缆	星形

注：表中○表示使用，×表示少用或被淘汰。

1. 快速以太网

随着网络的发展，传统标准的以太网技术已难以满足日益增长的网络数据流量速度需求。在 1993 年 10 月以前，对于要求 10Mbit/s 以上数据流量的 LAN 应用，只有光纤分布式数据接口（FDDI）可供选择，但它是一种价格非常昂贵的、基于 100Mbit/s 光缆的 LAN。1993 年 10 月，Grand Junction 公司推出了世界上第一台快速以太网集线器 Fastch10/100 和网络接口卡 FastNIC100，快速以太网技术正式得以应用。

快速以太网与原来在 100Mbit/s 带宽下工作的 FDDI 相比它具有许多的优点，最主要体现在快速以太网技术可以有效地保障用户在布线基础实施上的投资，它支持 3、4、5 类双绞线以及光纤的连接，能有效地利用现有的设施。快速以太网的不足其实也是以太网技术的不足，那就是快速以太网仍是基于 CSMA/CD 技术，当网络负载较重时，会造成效率的降低，当然这可以使用交换技术来弥补。100Mbit/s 快速以太网标准又分为：100Base-TX、100Base-FX、100Base-T4 三个子类。

2. 千兆以太网

千兆以太网技术作为最新的高速以太网技术，给用户带来了提高核心网络的有效解决方案，这种解决方案的最大优点是继承了传统以太技术价格便宜的优点。千兆技术仍然是以太技术，它采用了与 10M 以太网相同的帧格式、帧结构、网络协议、全/半双工工作方式、流控模式以及布线系统。由于该技术不改变传统以太网的桌面应用、操作系统，因此可与 10M 或 100M 的以太网很好地配合工作。升级到千兆以太网不必改变网络应用程序、网管部件和网络操作系统，能够最大限度地保护投资。此外，IEEE 标准将支持最大距离为 550m 的多模光纤、最大距离为 70km 的单模光纤和最大距离为 100m 的铜轴电缆。千兆以太网填补了 802.3 以太网/快速以太网标准的不足。

为了能够侦测到 64Bytes 资料框的碰撞，千兆以太网（Gigabit Ethernet）所支持的距离更短。Gigabit Ethernet 支持的网络类型，如表 9-3 所示：

千兆位以太网技术比较　　　　　　　　　　　　　　　　表 9-3

	1000BASEX			1000BASET
	1000BASECX	1000BASELX	1000BASESX	
信号源	电信号	长波激光	短波激光	电信号
传输媒体	TW 型屏蔽铜缆	多模/单模光纤	多模光纤	5 类非屏蔽双绞线
连接器	9 芯 D 连接器	SC 型光纤连接器	SC 型光纤连接器	RJ-45
最大跨距	25m	多模光纤：550m 单模光纤：3km	62.5μm 多模：300m 50μm 多模：525m	100m
编码/译码	8B/10B 编码/译码方案			专门的编码/译码方案
技术标准	IEEE802.3z			IEEE802.3ab

千兆以太网技术有两个标准：IEEE802.3z 和 IEEE802.3ab。IEEE802.3z 制定了光纤和短程铜线连接方案的标准。IEEE802.3ab 制定了五类双绞线上较长距离连接方案的标准。

3. 万兆以太网

万兆以太网规范包含在 IEEE 802.3 标准的补充标准 IEEE 802.3ae 中，它扩展了 IEEE 802.3 协议和 MAC 规范，使其支持 10Gbit/s 的传输速率。除此之外，通过 WAN 界面子层（WIS：WAN interface sublayer），10 千兆位以太网也能被调整为较低的传输速率，如 9.584640 Gbit/s（OC-192），这就允许 10 千兆位以太网设备与同步光纤网络（SONET）STS-192c 传输格式相兼容。

万兆以太网的介质标准见表 9-4 所示。

接口类型	应用范围	传送距离	波长（nm）	介质类型
10GBase-LX4	局域网	300m	1310	多模光纤
10GBase-LX4	局域网	10km	1310	单模光纤
10GBase-SR	局域网	300m	850	多模光纤
10GBase-LR	局域网	10km	1310	单模光纤
10GBase-ER	局域网	40km	1550	单模光纤
10GBase-SW	广域网	300m	850	多模光纤
10GBase-LW	广域网	10km	1310	单模光纤
10GBase-EW	广域网	40km	1550	单模光纤
10GBase-CX4	局域网	15m	—	4 根 Twinax 线缆
10GBase-T	局域网	25～100m	—	双绞铜线

9.2.4 虚拟局域网

VLAN 的中文名为"虚拟局域网"。VLAN 是一种将局域网设备从逻辑上划分成一个个网段，从而实现虚拟工作组的新兴数据交换技术。这一新兴技术主要应用于交换机和路由器中，但主流应用还是在交换机之中。但又不是所有交换机都具有此功能，只有 VLAN 协议的第三层以上交换机才具有此功能。

VLAN 的划分：

1. 根据端口来划分 VLAN

许多 VLAN 厂商都利用交换机的端口来划分 VLAN 成员。被设定的端口都在同一个广播域中。第二代端口 VLAN 技术允许跨越多个交换机的多个不同端口划分 VLAN，不同交换机上的若干个端口可以组成同一个虚拟网。以交换机端口来划分网络成员，其配置过程简单明了。因此，从目前来看，这种根据端口来划分 VLAN 的方式仍然是最常用的一种方式。

2. 根据 MAC 地址划分 VLAN

这种划分 VLAN 的方法是根据每个主机的 MAC 地址来划分，即对每个 MAC 地址的主机都配置它属于哪个组。这种划分 VLAN 方法的最大优点就是当用户物理位置移动时，即从一个交换机换到其他的交换机时，VLAN 不用重新配置，所以，可以认为这种根据 MAC 地址的划分方法是基于用户的 VLAN。这种方法的缺点是初始化时，所有的用户都必须进行配置，而且这种划分的方法也导致了交换机执行效率的降低，因为在每一个交换机的端口都可能存在很多个 VLAN 组的成员。另外，对于使用笔记本电脑的用户来说，他们的网卡可能经常更换，这样，VLAN 就必须不停地配置。

3. 根据网络层划分 VLAN

这种划分 VLAN 的方法是根据每个主机的网络层地址或协议类型（如果支持多协议）划分的，虽然这种划分方法是根据网络地址，比如 IP 地址，但它不是路由，与网络层的路由毫无关系。

这种方法的优点是用户的物理位置改变了，不需要重新配置所属的 VLAN，而且可以根据协议类型来划分 VLAN，这对网络管理者来说很重要，还有，这种方法不需要附加的帧标签来识别 VLAN，这样可以减少网络的通信量。

这种方法的缺点是效率低，因为检查每一个数据包的网络层地址是需要消耗处理时间的（相对于前面两种方法），一般的交换机芯片都可以自动检查网络上数据包的以太网帧头，但要让芯片能检查 IP 帧头，需要更高的技术，同时也更费时。当然，这与各个厂商的实现方法有关。

4. 根据 IP 组播划分 VLAN

IP 组播实际上也是一种 VLAN 的定义，即认为一个组播组就是一个 VLAN，这种划分的方法将 VLAN 扩大到了广域网，因此这种方法具有更大的灵活性，而且也很容易通过路由器进行扩展，当然这种方法不适合局域网，主要是效率不高。

5. 基于规则的 VLAN

也称为基于策略的 VLAN。这是最灵活的 VLAN 划分方法，具有自动配置的能力，能够把相关的用户连成一体，在逻辑划分上称为"关系网络"。网络管理员只需在网管软件中确定划分 VLAN 的规则（或属性），那么当一个站点加入网络中时，将会被"感知"，并被自动地包含进正确的 VLAN 中。同时，对站点的移动和改变也可自动识别和跟踪。

采用这种方法，整个网络可以非常方便地通过路由器扩展网络规模。有的产品还支持一个端口上的主机分别属于不同的 VLAN，这在交换机与共享式 HUB 共存的环境中显得尤为重要。自动配置 VLAN 时，交换机中软件自动检查进入交换机端口的广播信息的 IP 源地址，然后软件自动将这个端口分配给一个由 IP 子网映射成的 VLAN。

6. 按用户划分 VLAN

基于用户定义、非用户授权来划分 VLAN，是指为了适应特别的 VLAN 网络，根据具体的网络用户的特别要求来定义和设计 VLAN，而且可以让非 VLAN 群体用户访问 VLAN，但是需要提供用户密码，在得到 VLAN 管理的认证后才可以加入一个 VLAN。

以上划分 VLAN 的方式中，基于端口的 VLAN 端口方式建立在物理层上；MAC 方式建立在数据链路层上；网络层和 IP 广播方式建立在第三层上。

9.3 网络系统的设计

9.3.1 网络设计的步骤

在利用计算机和通信资源来组成大型网络时，适当的设备或线路的组合可以利用图论中的拓扑学以及排队论等数学工具而最佳地达到设计的目标。然而，一个大型网络的设计过程不仅要利用合适的数学知识和设计工具，还须用系统的方法来进行这项复杂的任务。网络设计不仅指建立网络，而且也包括补充新的节点或扩充网段。网络设计是一个复杂的分析、模块化以及集成的过程。

网络设计的一般步骤如下：

1. 需求分析

（1）现状分析：奖金状况、人员状况、设备现状、软件应用、地理分布、站点数目、通信线路情况、业务特点和数据流量、流向等。

（2）功能需求和性能要求：欲达到的功能、响应时间、每秒处理的工作单元、存储容量、正常运行的时间比、信息传输的错误率、将来的扩充等。

（3）成本/效益分析：对建立网络系统的人力、物力、财力的投入和可能产生的经济和社会效益进行分析。

（4）风险预测：对建立网络可能造成的危险或失败作出预测。

（5）书写需求报告和审查：将需求分析的结果用正式文档记录下来。

2. 初步设计

（1）确定网络的规模和应用的范围：确定网络覆盖范围，定义网络应用的边界。

（2）建立网络模型：建立网络的应用模型、技术模型和物理模型。

（3）统一建网模式：确定网络的总体框架，如是集中式还是分布式，采用客户/服务器方式还是其他方式等。

（4）确定初步方案：确定网络的初步设计方案，并用正式的文档记录下来。

3. 网络系统详细设计

（1）网络协议体系结构的确定：根据应用需求，确定整个网络（包括用户端系统和中继系统）应用的协议体系结构。

（2）网络拓扑设计：设计出最佳的网络拓扑构型。

（3）节点规模设计：确定出网络的主要节点设备的大小和应具有的功能。

（4）确定网络操作系统：主要为用户端系统的局域网确定最适合的网络操作系统。

（5）选定通信介质：为用户端系统和中继系统选定网络传输电缆和传输资源。

（6）结构化布线设计：主要将用户端系统的网络传输电缆进行规范的结构化布线。

（7）确定详细方案：确定网络总体及各部分的详细设计方案，并形成正式文档。

4. 计算机网络系统的集成设计

（1）应用系统设计：确定应用系统的框架和对网络系统的要求。

（2）计算机系统设计：对整个系统的主机服务器、工作站或终端以及打印机等外设进行配置和设计。

（3）系统软件的选择：为计算机系统选择应采用的数据库系统、开发系统、管理系统等。

（4）网络最终方案的确定：利用网络的详细设计结果，同应用系统及计算机系统配合，确定网络的最终方案。

（5）硬件设备的选型和配置：根据计算机系统和网络系统的方案，选择性能价格比最好的硬件设备，并加以有效的组合。

（6）确定系统集成详细方案：将整个系统涉及的各个部分加以集成，并最终形成系统集成的正式文档，供整个网络系统的施工和维护使用。

9.3.2 设计举例

以某办公大厦计算机网络构建为例，某大厦计算机通信网络建设的目标是在大厦内部建设以浏览器/服务器结构为基础的内联网 Intranet，并通过卫星、ISDN 及 xDSL 等方式接入国际互联网 Internet。通过计算机通信网络的建设和信息资源的开发利用，促使企业提高其业务效率和产品质量，进而提高其经济效益和社会效益。

1. 需求分析

大厦计算机通信网络的建设原则主要有以下几点：

(1) 技术先进、经济实用、安全可靠；

(2) 网络建设与信息资源开发利用并重，以应用促进发展；

(3) 网络系统统一规划、分步实施、分级管理；

(4) 计算机通信系统应使信息传递快速和准确。

基于智能大厦计算机通信网络统一规划和建设目标，各级部门分别进行网络的详细规划和建设，并实现各个子网之间的信息资源的共享。

2. 系统总体方案设计

针对该智能大厦的具体应用情况，设计方案是采用快速以太网作为主干网，以后升级为千兆以太网或 155Mbit/s 的 ATM 系统。

整个网络系统采用两级层次结构，即核心层和接入层。核心层由具有第三层交换功能的快速以太网交换机提供高速主干连接；接入层采用快速以太网/以太网交换机与主干核心交换机相连接，提供用户接入服务。

(1) 网络中心和主干网设计

主干网作为整个系统的数据交换中心，要求有很强的数据交换能力。网络系统的中心交换设备采用 3COM 公司的 CoreBuilder 3500，简称 CB3500。CB3500 是 3COM 公司的第三层高功能交换技术和可编程的灵活智能路由引擎，能够为用户提供非阻塞、线速的路由和交换功能，总数据吞吐量可达 4 000 000 包/s，它提供了基于策略的服务和 PACE 技术的支持，集成了 VLAN、多点广播、多协议路由等特性，为通信网络实时多媒体传输提供了较好的服务质量。CB3500 可以用做主干局域网路由设备，为网络用户提供第三层数据转发功能，也可以作为连接远程二级子网接入的交换机。

通过 CB3500 连接 4 台服务器、1 台主控域服务器、1 台 MS SQL 服务器、1 台 DNS 服务器、1 台 www 服务器以及 1 台代理服务器。由于采用了通道冗余和服务器冗余技术，系统的可靠性得到了保障。

(2) 通信网络综合布线系统设计

在建筑物的信息交换中心，选择 3COM 公司的 SuperStack Ⅱ 3000 作为建筑信息接入交换机，与主交换机 CoreBuilder 3500 相连接以处理大量的信息数据。SuperStack Ⅱ 3000 还可以作为 SuperStack Ⅱ 630 的边缘交换机，速率达到 100Mbit/s，以解决网络通信的瓶颈问题。

通信网络系统采用综合布线系统。此建筑物高度为六层，在网络系统方案设计中将网络中心设在第六层。建筑物信息节点共计有 300 多个，并且还要考虑今后使用光纤与其他建筑物相连接的需求。综合布线采用星形结构，其优点是可以提供相互独立、互不影响的信息通道，便于集中式管理，易于重组，并且支持多种应用。综合布线采用美国 AMP 公司的超五类系列布线产品采用 AMP 的集中式网络管理（系统），将综合布线系统的结构划分为工作区子系统、水平干线子系统和设备间子系统，各子系统设计方案如下：

1) 工作区子系统：在布线工程中，数据系统全部采用 AMP 超五类信息插座，按照统一的标准，每个信息节点均能满足 100Mbit/s 以上的数据传输速率，可以支持现有数据、语音系统以及今后高速数据及视频系统传输的需要。

2）水平干线子系统：水平干线子系统采用星形拓扑结构延伸到工作区，并端接在信息插座上。水平干线从设备间的配线架引出进入主走线槽，沿着线槽分到不同的布线管，再到墙面的信息点接线。整个布线系统水平距离在 90m 内，以确保数据信号在正常的衰减范围内。

3）设备间子系统：设备间子系统主要用于放置网络交换设备和程控交换机等重要设备，同时固定主干线路和外来线路，通过互跳、双跳等操作来完成系统的管理工作。主要的布线元器件有配线架、各类跳线、48cm 标准机柜、雷电保护装置等。

设备间子系统设置在网络中心，安装两个 48cm 宽、2m 高的标准机柜，用于管理水平干线、楼宇间连接的光纤干线以及放置中心网络设备，机框上安装 8 个 AMP 的超五类 48 接口非屏蔽双绞线配线架、光纤配线架以及中心网络设备等。

（3）实时监控系统网络连接

由于建筑中的各类信息数据很多，有些数据必须实时地传输到主控中心，考虑到实时监测系统数据的安全性问题，此子系统采用网关控制方法与建筑内的信息管理系统相连接。现有的物理连接方式主要是路由器、调制解调器和专线方式。实时监控系统与管理网络统一经由主干光纤与中心主交换机相连接。网关的作用是保护实时网络数据的安全性，收集实时监控系统数据并写入服务器供系统共享。

（4）Internet 接口方案

使用 Microsoft Proxy Server 在智能大厦企业内联网 Intranet 和国际互联网 Internet 之间作为安全网关，它既向用户保证了 Internet 的安全性，又改善了数据通信网络的响应时间和工作效率。在 Proxy Server 上安装两块网络适配卡，一块连接内联网 Intranet，一块用于连接 Cisco 2514 路由器。在 Cisco 2514 路由器广域网络口上连接卫星调制解调器，通过卫星 64kbit/s 数据通路由国家信息网络连接到国际互联网 Internet 中。

（5）网络 IP 地址与 VLAN 及域的划分

为了不浪费 IP 地址资源，系统设计时采用子网划分技术，每个子网都用于标志单位内部的不同网络。由于网络的地址部分保持相同，所以从 Internet 到给定 IP 网络地址的任何子网的路由都是一样的，而建筑内部的路由设备必须能够区分出不同的子网。外部路由器将建筑内的所有子网当做一个网络节点，对于二级网络按照子网划分原则分配 IP 地址网段，同时，为每个分支或部门划分一个虚拟局域网（VLAN）。各个 VLAN 之间的联通由 CB 3500 的第三层交换功能来实现，各个 VLAN 之间的安全性通过 NT 的安全性来实现，每个部门和单位各自建立自己的域用户服务器，并对外提供相应的服务。

智能大厦计算机网络系统基本结构如图 9-5 所示。

（6）系统软件和硬件平台选择

1）服务器的选择为了满足用户的需要，并便于将来在功能和容量方面的扩展，该系统的服务器分配方案如下：

①使用运行稳定的 HP LH Ⅱ 作为主域服务器。

②使用运算速度快、数据存储容量大的双 CPU，采用容量为 18.2GB 的服务器作为 SQL 服务器。

③使用运算功能和处理能力稳定的 COMPAQ 5500 作为 WWW 和 E-mail 应用服务器。

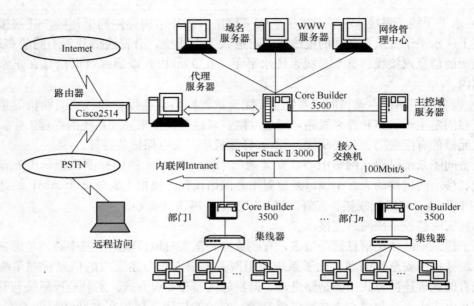

图 9-5　智能大厦计算机网络系统结构

④选用性能稳定、具有较大存储容量的计算机作为代理服务器。

2）网络系统软件的选择

①网络操作系统采用 Windows NT Server 4.0 企业版操作系统，它是一个支持群集的操作系统，而且支持大型 SMP 服务器、更多的 RAM 以及可扩展的分布式应用程序。Windows NT Server 4.0 构建于功能强大的 Widows NT Server 之上，并具有良好的可扩展性、可用性及可管理性。windows NT Server 企业版是建立和实施大型分布应用程序可供选择的操作平台之一。

②网络数据库系统采用 MS SQL7.0 企业版系统，Microsoft SQL Server 是运行在 Windows NT 上的一个高性能的数据库管理系统，它基于多线程的客户机/服务器体系结构。SQL Server 允许集中管理服务，提供企业级的数据管理，提供平行的体系结构，支持超大型数据库系统，能够实施企业规则和规章，既能够保证网络中数据的完整性，也能够保证数据的安全性。因此，Microsoft SQL Server 适合于客户机/服务器模式。

在 MS SQL Server 7.0 版本中，SQL Server 可以向用户提供重要的新型服务器体系结构和图形化的管理功能，同时，也保持了与 ANSI 和 SQL Server 6.x 的兼容性。此外，在 SQL Server 体系结构、服务器功能和开发工具等方面也有所加强。

③电子邮件服务器系统 采用 MS Exchange Server 作为电子邮件服务器软件系统。MS Exchange Server 是基于 Windows NT 平台的电子邮件服务器软件，它可以向用户提供对电子邮箱、公共文件夹、通信簿和其他组件的安全访问。

④代理服务器系统 采用 Microsoft Proxy Server2.0 作为系统的代理服务器软件。Proxy Server 提供了防火墙安全功能，以防止对私有网络的未经授权的外部访问。利用 Proxy Server 可以使用公共的连接，共享系统的带宽，从而减少了电话线、调制解调器以及通信等费用。使用 Proxy Server 可以缓冲经常被访问的站点，改善客户访问 Internet 站点的响应时间，减少 Internet 的通信量。另外，Proxy Server 还支持 WWW 技术。

3. 方案评价

该计算机通信网络系统具有以下特点：

（1）技术先进

采用先进的第三层高功能交换机取代了传统的路由器，使系统的处理速度得到提高；采用虚拟网络技术给逻辑网络的划分、管理等方面带来了便利。

网络管理员可以通过网络管理工作站上的网络管理软件，随时根据不同的需求与部门组合重新划分网络，而不需要任何的硬件改动，有效地提高了网络的运行效率及灵活性。

（2）可靠性高

整个网络采用星形拓扑结构，不会因为某一站点的故障而影响整个网络的正常运行。二期工程实施后，可以使主干光纤和 ISDN 数据通信达到双备份，从而进一步增加网络系统的可靠性。

（3）管理方便

网络中心交换设备和接入交换机以及客户机网卡全部采用 3COM 公司的产品，便于进行系统维护和管理。网络管理员可以通过网络系统管理软件对通信网络进行实时监控和管理。

3COM CoreBuikder 3500 和 SuperStack Ⅱ 3000 还具 s 有基于 Web 的管理功能，提供增强性图形化的用户界面，用于系统进行配置软件选项，在客户机端使用 Web 浏览器就可以实现基于控制台管理的所有功能。

（4）可扩展性好

系统采用了星形结构，网络系统的端接设备可以随时方便地扩展。3COM CoreBuilder 3500 无需中断系统即可以增加新模块，它也可以作为接入千兆以太网或 ATM 网段的边缘设备，CoreBuilder 3500 为向 ATM 主干网转移和连接千兆主干以太网提供了一种升级工具，使得系统向更高的性能和更新的网络标准升级变得容易。

第十章 综合布线系统

10.1 综合布线系统的概述

10.1.1 综合布线系统的概念

综合布线系统又称为通用布线系统或结构化布线系统（SCS），它是建筑物或建筑群内的信息传输网络。它既使语音和数据通信设备、交换设备和其他信息管理系统彼此相连，又使这些设备与外部通信网络相连接。

综合布线系统包括建筑物到外部网络或电话局线路上的连线点与工作区的语音或数据终端之间的所有电缆及相关联的布线部件。

综合布线与传统布线的对比见表 10-1。

综合布线和传统布线的实施过程的比较 表 10-1

	传统布线	结构化综合布线
灵活性开放性	（1）各个系统相互独立，互不兼容，造成用户极大的不方便。 （2）设备的改变或移动都会导致整个布线系统的变化。 （3）难于维护和管理，用户无法改变布线系统来适应自己的要求	（1）用户可以灵活地管理大楼内各个系统。 （2）设备改变、移动后，只需方便地变更跳线即可。 （3）大大减少了维护人员和管理人员的数量
扩展性	（1）计算机和通信技术的飞速发展，使现在的布线难以满足以后的需求。 （2）很难扩展，需要重新施工，造成时间、材料、资金及人员上的浪费	（1）在15～20年内充分适应计算机及通信技术的发展，为办公自动化打下了坚实的线路基础。 （2）在设计时已经为用户预留了充分的扩展余地，保护了用户的前期投资
施工	各个系统独立施工，施工周期长，造成人员、材料及时间上的浪费	各个系统统一施工，周期短，节省大量时间及人力、物力

10.1.2 综合布线系统的特点

综合布线系统是专门设计的一套布线系统，它采用了一系列高质量的标准材料，以模块化的组合方式，把语音、数据、图像系统和部分控制信号系统用统一的传媒介质进行综合，方便地在建筑物中组成一套灵活、标准、开放的传输系统。综合布线有以下特点：

1. 布线系统的综合性

它针对计算机、通信和控制的要求而设计，集合各种技术、系统、设施在一座大楼或建筑物内而成，满足各种不同模拟或数字信号的传输需求，将所有的语音、数据、图像、监控设备的布线组合在一套标准的布线系统上，设备与信息出口之间只需一根标准的连接线，通过标准的接口把它们接通即可。

2. 布线系统结构的模块化

结构化布线系统中除去固定于建筑物内的水平线缆外，其所有的接插件都是积木式的标准件，以方便使用、管理和扩充。它可以使得网络在投入运行后的维护工作中，设备的备件储备减少，故障检查定位快，运行管理简单。它运用星形结构方式，由中心点进行一些配线更动，即可将各种信号接入任意结构。

3. 布线系统是一套完整的产品

它包括非屏蔽双绞线、交叉连接、适配器、连接器、插座及接头、传播电器、设备、测试设备及工具等。

4. 布线系统是搭配最灵活的配线系统

系统传输介质的选择可根据实际的带宽需求灵活搭配，且不需与不同的厂商进行布线协调，能够方便地与不同厂商的不同产品结合起来，组成完整的网络系统。同时它的灵活组合性，给服务与管理提供了最大的方便。由于采用了跳接线的设计，为以后自行进行布线系统线路上的变动及管理增加了方便，并减少因为办公室的搬动而在线路的布放及管理上所耗费的时间和金钱。

5. 系统的目标是设计一种广泛兼容的开放系统

布线系统的目标是用建立布线系统的标准来简化工程的标准系统，从而使布线系统可以简单地连接所有不同厂商的各种通信、计算机、监控及图像设备。这些系统与设备包括：

（1）语音

系统支持符合当今国际标准的模拟和数字 PBX 和 CENTREX（虚拟交换机）电路，支持 ISDN、DDN、ADSL、XDSL 等。

（2）数据

系统满足 EIA、CCITT 各项通信及 IBM、HP、WANG 等各大计算机公司产品的通信标准。

10. 2　综合布线系统的组成

随着 Internet 网络和信息高速公路的发展，各国的政府机关、大的集团公司也都在针对自己的楼宇特点，进行综合布线，以适应新的需要。发展智能化大厦、智能化小区已成为新世纪的开发热点。理想的布线系统表现为：支持语音传输、数据传输、影像影视，而且最终能支持综合型的应用。由于综合型的语音和数据传输的网络布线系统选用的线材、传输介质是多样的（屏蔽、非屏蔽双绞线、光缆等），一般单位可根据自己的特点，选择布线结构和线材。作为布线系统，目前被划分为 6 个子系统，它们是：

（1）工作区子系统。

（2）配线水平子系统。

（3）建筑物干线（垂直）子系统。

（4）设备间子系统。

（5）管理子系统。

（6）建筑群子系统。

大楼的综合布线系统是将各种不同组成部分构成一个有机的整体，而不是像传统的布线那样自成体系，互不相干。综合布线系统结构如图10-1所示。

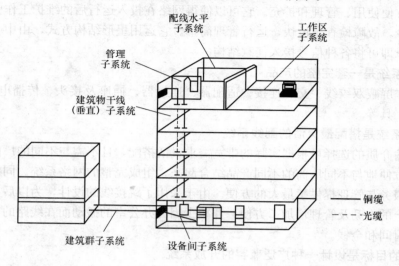

图 10-1　综合布线系统结构图

1. 工作区子系统

工作区子系统又称为服务区子系统，它是由跳线与信息插座所连接设备（中断或工作站）组成如图10-2，其中信息插座包括墙上型、地面型、桌上型等，常用的终端设备包括计算机、电话机、传真机、报警探头、摄像机、监视器、各种传感器件、音响设备等。

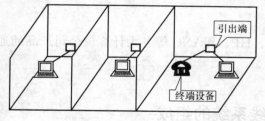

图 10-2　典型的工作区子系统

在进行终端设备和 I/O 连接时可能需要某种传输电子装置，但这种装置并不是工作区子系统的一部分，如调制解调器可以作为终端与其他设备之间的兼容性设备，为传输距离的延长提供所需的转换信号，但却不是工作区子系统的一部分。

在工作区子系统的设计方面，必须要注意以下几点：

（1）从 RJ-45 插座到设备间的连线用双绞线，且不要超过 5m；

（2）RJ-45 插座必须安装在墙壁上或不易被触碰到的地方，插座距地面 30cm 以上；

（3）RJ-45 信息插座与电源插座等应尽量保持 20cm 以上的距离；

（4）对于墙上型信息插座和电源插座，其底边沿线距地板水平面一般应为 30cm。

2. 水平子系统

水平子系统的功能主要是实现信息插座和管理子系统，即中间配线架（IDF）间的连接，将用户工作区引至管理子系统，是整个布线系统最重要的一部分。为用户提供一个符合国际标准，满足语音及高速数据传输要求的信息点出口。该子系统是从工区的信息插座

194

开始到管理区子系统的配线架，将干线子系统线路延伸到用户工作区，一般为星形结构。系统中常用的传输介质是 4 对 UTP（非屏蔽双绞线），它能支持大多数现代通信设备，水平线缆长度不大于 90m。如果需要某些宽带应用时，可以采用光缆。信息出口采用插孔为 ISDN8 芯（RJ-45）的标准插口，每个信息插座都可灵活地运用，并根据实际应用要求可随意更改用途。如图 10-3 所示。

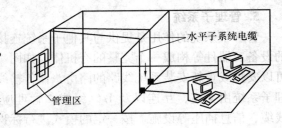

图 10-3　水平子系统

3. 垂直干线子系统

垂直干线子系统也称骨干子系统，由设备间的建筑物配线设备（BD）和跳线以及设备间至各楼层交接间（FD）的干线线缆组成，其缆线通常为大对数双绞线或光缆。垂直干线子系统的功能是通过建筑物内部的传输电缆或光缆，把各接线间和二级交接间的信号传送到设备间，直至传送到最终接口，再通往外部网络。

垂直干线子系统是从建筑物配线架延伸到各楼层配线架间的部分。该子系统包括建筑物干线线缆和建筑物干线线缆在楼层配线架上、机械终端及在建筑物配线架上的交叉连接。建筑物干线线缆不包括转接点，电缆干线不包括接续。干线电缆可采用点对点端接，也可采用分支递减端接和电缆直接连接的方法。

4. 设备间子系统

设备间是一个装有进出线设备和主配线架，并进行布线系统管理和维护的场所。设备间子系统应由综合布线系统的建筑物进线设备，如语音、数据和图像等各种设备，及其保安配线设备和主配线架等组成。

具体来说，设备间至少应具有如下三个功能：提供网络管理的场所；提供设备进线的场所；提供管理人员值班的场所。典型的设备间子系统如图 10-4 所示。

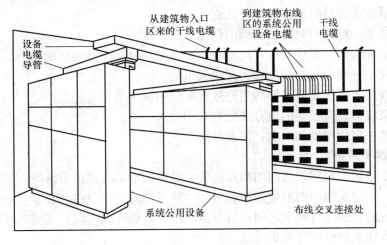

图 10-4　典型的设备间子系统图

5. 管理子系统

管理子系统的作用是提供与其他子系统连接的手段，使整个综合布线系统及其所连接的设备、器件等构成一个完整的有机体，如图 10-5 所示。通过对管理子系统交接的调整，可以安排或重新安装系统线路的路由，使传输线路能延伸到建筑物内部的各个工作区。管理子系统由交连、互连以及 I/O 组成。管理应对设备间、交接间和工作区的配线设备、线缆、信息插座等设施，按一定的模式进行标识和记录。管理子系统是充分体现综合布线灵活性的地方，综合布线与传统布线相比较的优势就在于巨大的灵活性，所以管理子系统是综合布线的一个重要的子系统。

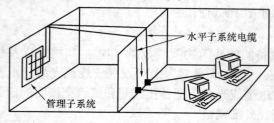

图 10-5　管理子系统

管理子系统一般采用单点管理和双点管理两种管理方案。

单点管理位于设备间的交接设备或互联设备附近，通常线路不进行跳线管理，直接连至用户房间工作区的单点管理还分为单点管理单交接和单点管理双交接两种方式。

双点管理一般用于大型综合布线系统，它除了在设备间有一个管理点之外，在服务间或用户房间的墙壁上还有第二个可管理的交连。第二个交连可以是一个连接块，他对一个接线块或多个终端的配线场和站场进行组合。一般在管理规模比较大且复杂，又有二级交接间的场合，才设置双点管理二次交接方式。

在每个交连区实现线路管理的方法是在各色标场之间接上跨接线或插入线，这些色标分别标明该场是干线电缆、站电缆或设备端接点。这些场通常分配给指定的接线块，而接线块则按垂直或水平结构进行排列。当有关场得端接数量很少时，也可以在一个接线块上完成所有端接。

管理子系统在设计时需注意以下几点：

（1）配线架的配线对数可由管理的信息点数决定。

（2）利用配线架的跳线功能，可使布线系统实现灵活、多功能的能力。

（3）配线架一般由光配线盒和铜配线架组成。

（4）配线间子系统应有足够的空间放置配线架和网络设备。

（5）有集线器、交换器的地方要配有专用稳压电源。

（6）保持一定的温度和湿度，保养好设备。

6. 建筑群子系统

建筑群子系统实现建筑之间的相互连接，提供楼群之间通信设施所需的硬件。建筑群子系统是将一个建筑物中的电缆延伸到另一个建筑物的通信设备和装置，通常是由光缆和相应设备组成的，它支持楼宇之间通信所需的硬件，如导线电缆、光缆以及防止电缆上的脉冲电压进入建筑物的电气保护装置等。

综合布线作为智能建筑的中枢神经，其合理性、优越性、稳定性以及可扩展性适应了社会发展的需求，营造了一个支持多产品、多生产商的环境，顺应了网络业务向高速、多媒体发展的潮流，以更宽的频带、更高的速度、更优的质量来满足各种新业务的需求，必将在全球信息化的今天发挥越来越重要的作用。

10.3　综合布线系统的设备

综合布线是一个系统工程，它所涉及的材料和设备有以下几种：

1. 传输介质：综合布线工程中需要布放的各种线缆。

2. 交连与直连部件：主要指连接各种传输介质构成完整传输通道的相关连接硬件。

3. 管槽部件：主要指支撑各种线缆的不同规格的管道、线槽和桥架以及其他附属部件，还包括在开放式吊顶上方支撑线缆用的 J 形钩、吊线环、线缆夹、扎带等。

4. 布线工具或设备：主要指综合布线系统施工时所需的工具或设备。

10.3.1　传输介质

目前，综合布线使用的线缆主要有电缆和光缆两种。电缆又分为双绞线电缆（屏蔽、非屏蔽）和同轴电缆。光纤主要分为 $62.5/125\mu m$ 多模光纤和 $8.3/125\mu m$ 单模光纤。光缆与电缆的主要区别在于芯线材料的不同，其护套结构及材料时基本相同的，在此仅以电缆为例做详细介绍。

1. 双绞线电缆

双绞线可分为非屏蔽双绞线（UTP）和屏蔽双绞线（STP），前者由线缆外皮作为屏蔽层，适用于网络流量不大的场合；后者具有一个金属甲套对电磁干扰具有较强的抵抗能力，适用于网络流量较大的高速网络。UTP 和 STP 都有一根用于撕开电缆保护套的撕剥线。STP 在铝箔屏蔽层和内层聚酯包皮之间还有一根漏电线，把它连接到接地装置上，可泄放金属屏蔽层的电荷，解除线对间的干扰。

非屏蔽双绞线电缆包括一对或多对由塑料封套包裹的绝缘电线对。由于没有用来屏蔽双绞线的额外的屏蔽层，所以，UTP 比 STP 便宜，抗噪性也相对较低。IEEE 已将 UTP 电缆命名为"10Base-T"，其中"10"代表最大数据传输速率为 10Mbit/s，"Base"代表采用基带传输方法传输信号，"T"代表 UTP。

在计算机的网络布线中，最常用的是非屏蔽双绞线，虽然此种线缆的传输特性和防辐射方面不如屏蔽双绞线，但是它具有屏蔽双绞线所不具有的一些优点，可概括为下述几点：无屏蔽外套，直径小，节省所占用的空间，运输方便；重量较轻，容易弯曲，方便安装；将串扰减至最小或加以消除；具有阻燃性，因此安全性能较好；具有独立性和灵活性，适用于结构化综合布线。

非屏蔽双绞线电缆每对线采用不同的绞距，并结合滤波与对称性等技术，经过精确的生产工艺制成。其中，橙色对和绿色对通常用于发送和接收数据，绞合度最高；蓝色对次之；而棕色对一般用于进行校验，绞合度最低。如果双绞线的绞合密度不符合技术要求，将会引起电缆电阻的不匹配，导致较为严重的近端串扰，从而使传输距离变短，速率降低。由于非屏蔽双绞线电缆同屏蔽双绞线相比，缺少了外层的屏蔽套，因此看起来显得比较单薄。

屏蔽双绞线电缆与非屏蔽双绞线电缆相比，只不过在绝缘保护套层内增加了金属屏蔽层，且每个线对中的电线也是相互绝缘的。按增加的金属屏蔽层数量和金属屏蔽层绕包方式，又可分为铝箔屏蔽双绞线电缆（FTP）、铝箔/金属网双层屏蔽双绞线电缆（SFTP）和独立双层屏蔽双绞线电缆（STP）三种。

双绞线传输信息时要向周围产生辐射，容易被窃听，而屏蔽双绞线电缆的外层由铝箔包裹，可以减小辐射，但是并不能完全消除辐射。屏蔽双绞线相对于非屏蔽双绞线来说，价格较高，安装时较困难，类似于同轴电缆，它必须配有支持屏蔽功能的特殊连接器和相应的安装技术。但它有较高的传输速率，100m 内可达 100～155Mbit/s。

屏蔽双绞线电缆的特点可归纳如下：具有很强的抗外界电磁干扰的能力和很强的防止向外辐射电磁波的能力，有较高的信息保密性；通过 EMC 测试，适用于强电磁干扰环境；在屏蔽双绞线系统中，必须实行全屏蔽措施，即缆线和连接硬件等都应屏蔽，并应有很好的接地；安装技术性较强，价格较贵。

到目前为止，双绞线电缆共有 1 类线、2 类线、3 类线、4 类线、5 类线、超 5 类线、6 类线和 7 类线 8 种类别，类别越高传输带宽越高。

（1）1 类线。支持 20kbit/s 的信号频率，主要用于语音的传输。

（2）2 类线。最高带宽为 1MHz，支持音频和 1Mbit/s 的数据传输。用于 ISDN（综合业务数字网）、数字语音等。

（3）3 类线。最高带宽为 16MHz，适用于 10Base-T 局域网和 4Mbit/s 令牌环网。

（4）4 类线。性能上比 3 类线有一定改进，其最大带宽为 20MHz，适用于包括 16Mbit/s 令牌环局域网在内的数据传输。

（5）5 类线。带宽为 100MHz，可运行 100Mbit/s 的高速网络。

（6）超 5 类线。在对现有的 5 类对绞线的部分性能加以改善后产生的新型电缆系统，不少性能参数，如近端串扰（NEXT）、衰减串扰比（ACR）等，都有所提高，但其传输带宽仍为 100MHz。超 5 类线不仅支持 100Mbit/s 以太网，还支持 1000Mbit/s 以太网。

（7）6 类线。6 类线是一个新级别的电缆系统，除了各项性能参数都有较大提高外，其带宽扩展到了 200MHz 甚至更高。在外形上和结构上，6 类线与 5 类或超 5 类对绞线都有一定的差别，不仅增加了绝缘的十字骨架，将对绞线的 4 对线分别置于十字骨架的 4 个凹槽内，而且电缆的直径也更粗。6 类线由于与超 5 类布线系统具有非常好的兼容性，且能够非常好地支持 1000Base-T 局域网，现在正逐渐被人们所接受，将成为综合布线系统的新宠。

（8）7 类线。带宽为 600MHz，虽然性能优异，但由于价格昂贵、施工复杂，其连接模块的结构与目前的 RJ-45 完全不兼容，并且可选择的产品较少，因此目前很少在布线工程中采用。

2. 同轴电缆

同轴电缆是计算机网络布线中较早使用的一种传输介质，目前还有一些小型网络使用同轴电缆。它由一根空心的外圆柱导体及其所包围的单跟内导线组成。柱体和导线用绝缘材料隔开，其频率特性好于双绞线，可进行较高速率的传输。由于同轴电缆具有屏蔽性能好、抗干扰能力强的特点，所以通常多用于基带传输和宽带传输。

同轴电缆的结构一般包括中心导体、绝缘材料层、网状织物构成的屏蔽层以及外部隔离材料层，如图 10-6 所示。

同轴电缆有许多不同的规格，每一种规格都被分配一个无线管理规格号。电缆类型之间的主要差异在于中心线所使用的材料不同。目前，广泛使用的两种电缆为基带同轴电缆和宽带同轴电缆。

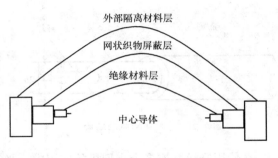

图 10-6　同轴电缆结构图

（1）基带同轴电缆的特性阻抗为 50Ω，其带宽与电缆长度有关。1km 电缆的数据传输速率可达 $1\sim2$Gbit/s，还可以使用更长的电缆，但是传输速率就会降低或要使用中间放大器。

基带同轴电缆易于连接，数据信号可以直接加载至电缆上，阻抗特性比较均匀，电磁干扰屏蔽性好，误码率低，虽然目前同轴电缆大量被光纤取代，但仍广泛应用于有线电视和某些局域网。

按同轴电缆的直径大小，基带同轴电缆一般分为细缆和粗缆两种。

（2）宽带同轴电缆是指使用有线电视电缆进行模拟信号传输的同轴电缆系统。其传输性能要高于基带同轴电缆，但它需要附加信号处理设备，安装比较困难，适用于电缆电视系统、宽带计算机网络和长途电话网。常用的宽带同轴电缆其特性阻抗为 75Ω，数据传输速率最高为 20Mbit/s，可以传输影像信号、数据和语音，传输距离可达数千米。

宽带系统和基带系统的一个主要区别是：宽带系统由于覆盖的区域广，因此，需要模拟放大器周期性地加强信号。这些放大器仅能单向传输信号，所以，如果计算机间有放大器，则报文分组就不能在计算机间逆向传输。

根据内、外导体间绝缘介质的处理方法不同，宽带同轴电缆又可分为如下几种：

实心同轴电缆：为最早采用的射频同轴电缆，其内、外导体间填充实芯的绝缘材料，目前已基本被淘汰。国内常用型号为 SYV 系列。

藕芯同轴电缆：将聚乙烯绝缘介质材料经过物理加工，使之成为藕芯状半空气绝缘介质。信号在该介质电缆中的传输损耗比在实心同轴电缆中小的多，但其防潮、防水性能差，孔内易积水，从而导致性能变差影响传输效果。目前，有线电视分配网络中普遍采用这种传输线。国内常用型号为 SYKV、SDVC 等系列。

物理发泡同轴电缆：在聚乙烯绝缘介质材料中注入气体（如氮气），使介质发泡，通过选择适当工艺参数使之形成很小的互相封闭的均匀气泡。物理发泡同轴电缆是新型的电视电缆，其性能稳定，不易受潮，使用寿命长，传输损耗低，一般在较大型的有线电视系统中采用这种电缆作为干线传输线。

竹节电缆：其聚乙烯绝缘介质经过物理加工，成为竹节状半空气绝缘介质。竹节电缆的优点与物理发泡电缆相同，但由于其对生产工艺和环境条件要求较高，产品规格受到一定限制，一般作为干线传输线。国产型号为 SYDV 系列。

3. 光纤与光缆

光导纤维简称光纤，是用石英玻璃或特制塑料拉成的柔软细丝，直径在几微米到 $120\mu m$（光波波长的几倍）。光纤的典型结构自内向外依次为纤芯、包层及涂覆层，如图 10-7 所示。

光导纤维电缆简称光缆，由一捆光纤组成，其结构大体上包括缆芯和护层两大部分。光缆与光纤的关系如图 10-8 所示。

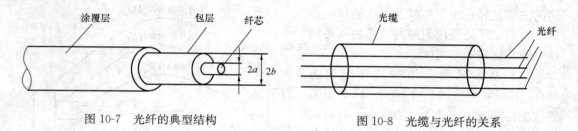

图 10-7　光纤的典型结构　　　　　　　　　　图 10-8　光缆与光纤的关系

在使用光缆互连多个小型机的应用中，必须考虑光纤的单向特性，如果要进行双向通信，就应使用双股光纤。由于要对不同频率的光进行多路传输和多路选择，故在通信器件市场上又出现了光学多路转换器。

光纤的类型由材料（玻璃或塑料纤维）及芯和外层尺寸决定，芯的尺寸大小决定光的传输质量。

光缆在普通计算机网络中的安装是从用户设备开始的。因为光缆只能单向传输，为要实现双向通信，就必须成对出现，一个用于输入，一个用于输出。光缆两端接到光学接口器上安装光缆需小心谨慎。每条光缆的连接都要磨光端头，通过电烧烤工艺与光学接口连在一起，要确保光通道不被阻塞。光纤不能拉得太紧，也不能形成直角。

光纤通信系统。光纤通信系统是以光波为载体、光导纤维为传输介质的通信方式，起主导作用的是光源、光纤、光发送机和光接收机（表 10-2）。

光源、光纤、光发送机和光接收机　　　　　　　　　　　　　　　　表 10-2

名　称	功　能
光源	光源是光波产生的根源
光纤	光纤是传输光波的导体
光发送机	负责产生光束，将电信号转变成光信号，再把光信号导入光纤
光接收机	负责接收从光纤上传输过来的光信号，并将它转变成电信号，经解码后再做相应处理

图 10-9　光纤通信系统的基本构成

光纤通信系统的基本构成如图 10-9 所示。

光纤通信系统主要优点：传输频带宽，通信容量大，短距离时传输速率快；线路损耗低，传输距离远；抗干扰能力强，应用范围广；线径细，质量轻；抗化学腐蚀能力强。

10.3.2　交连与直连部件

连接件是综合布线系统中配线架（柜）和各种连接部件等的总称。配线架等设备有时又被称为接续设备；连接部件包括各种线缆连接器及接插软线，但不包括某些应用系统对综合布线系统使用的连接部件、有源或无源电子线路的中间转接器或其他器件（如阻抗匹配变量器、终端匹配电阻、局域网设备、滤波器和保护器件）等。连接件是综合布线系统中的重要组成部分。

由于综合布线系统中连接件的使用功能、连接方式、用途、装设位置及结构有所不同，所以其分类的方法也有区别，如表 10-3 所示。

综合布线系统中连接件的分类　　　　　　　　　　　　表 10-3

分类方法	种　类	实　例
线路段落	终端连接件	如总配线架（箱、柜）、终端安装的分线设备（如电缆分线盒、光纤盒等）和通信引出端（即各种信息插座）等
	中间连接件	如中间配线架（盘）和中间的分线设备等
使用功能	配线设备	如配线架（箱、柜）等
	交接设备	如配线盘（交接间的交接设备）和室外设置的交接箱等
	分线设备	如电缆分线盒、光纤分线盒和各种信息插座等
设备结构和安装方式	设备结构	架式和柜式（箱式、盒式）
	安装方式	壁挂式和落地式；信息插座有明装和暗装方式，且有墙上、地板和桌面等多种安装方式
装设位置		通常以装设配线架（柜）的位置来划分，主要有建筑群配线架、建筑物配线架和楼层配线架等

目前，国内外产品的连接件主要有 100Ω 电缆布线用、150Ω 电缆布线用、光纤或光缆用三大类型（它们都包括通信引出端的连接硬件）。

10.4　综合布线系统的设计

10.4.1　综合布线系统设计概述

1. 综合布线系统的分级及组成

在建筑物综合布线系统的设计中要遵循一定的设计等级，在综合布线工程中，可根据用户的具体情况，灵活掌握。

综合布线铜缆系统的分级与类别划分应符合表 10-4 的要求。

铜缆布线系统的分级与类别　　　　　　　　　　　　表 10-4

系统分级	支持带宽（Hz）	支持应用器件	
		电　缆	连接硬件
A	100k	—	—
B	1M	—	—
C	16M	3 类	3 类
D	100M	5/5e 类	5/5e 类
E	250M	6 类	6 类
F	600M	7 类	7 类

注：3 类、5/5e 类（超 5 类）、6 类、7 类布线系统应能支持向下兼容的应用。

综合布线系统工程的产品类别及链路、信道等级确定应综合考虑建筑物的功能、应用网络、业务终端类型、业务的需求及发展、性能价格、现场安装条件等因素，应符合表

10-5 的要求。

布线系统等级与类别的选用

表 10-5

业务种类	配线子系统		干线子系统		建筑群子系统	
	等级	类别	等级	类别	等级	类别
语音	D/E	5e/6	C	3（大对数）	C	3（室外大对数）
数据	D/E/F	5e/6/7	D/E/F	5e/6/7（4 对）		
	光纤（多模或单模）	62.5μm 多模/ 50μm 多模/ <10μm 单模	光纤	62.5μm 多模/ 50μm 多模/ <10μm 单模	光纤	62.5μm 多模/ 50μm 多模/ <1μm 单模
其他应用	可采用 5e/6 类 4 对对绞线电缆和 62.5μm 多模/50μm 多模/<10μm 多模、单模光缆					

注：其他应用指数字监控摄像、楼宇自控现场控制器（DDC）、门禁系统等采用网络端口传送数字信息时的应用。

智能建筑与智能建筑园区综合布线系统的设计，应根据实际需要，选择适当的型级。根据国家规范，综合布线系统的设计等级可划分为基本型、增强型和综合型 3 个型级。

（1）基本型。基本型综合布线系统是一个经济有效的布线方案。它支持语音或综合型语音/数据产品，并能够全面过渡到数据的异步传输或综合布线系统。适用于综合布线系统中配置标准较低的场合，用铜芯电缆组网。

基本型综合布线系统配置：

1）每个工作区有一个信息插座。

2）每个工作区的配线电缆为一条 4 对非屏蔽双绞线（UTP）。

3）完全采用夹接式交接硬件。

4）每个工作区的干线电缆至少有 2 对双绞线。

（2）增强型。增强型综合布线系统不仅支持语音和数据的应用，还支持图像、影像、影视、视频会议等。它具有为增强功能提供发展的余地，并能够利用接线板进行管理。适用于综合布线系统中等配置标准的场合，用铜芯电缆组网。

增强型综合布线系统配置：

1）每个工作区有两个以上信息插座。

2）每个工作区的配线电缆为一条 4 对非屏蔽双绞线。

3）采用夹接式或插接式交接硬件。

4）每个工作区的干线电缆至少有 3 对双绞线。

（3）综合型。综合型综合布线系统是将双绞线和光缆纳入建筑物布线的系统。适用于综合布线系统中配置标准较高的场合，用光缆和铜芯电缆混合组网。

综合型综合布线系统配置：

1）在基本型和增强型综合布线系统的基础上增设光缆系统。

2）在每个基本型工作区的干线中至少配有 2 对双绞线。

3）在每个增强型工作区的干线电缆中至少有 3 对双绞线。

综合布线系统的设计分为两个基本的内容：子系统设计和施工图纸设计。

2. 设计流程

设计一个合理的综合布线系统一般包括以下步骤：

（1）分析用户需求。

（2）获取建筑物平面图。

（3）系统结构设计。

（4）布线路由设计。

（5）可行性论证。

（6）绘制综合布线施工图。

（7）编制综合布线用料清单。

综合布线系统的设计过程可用流程图描述，如图 10-10 所示。

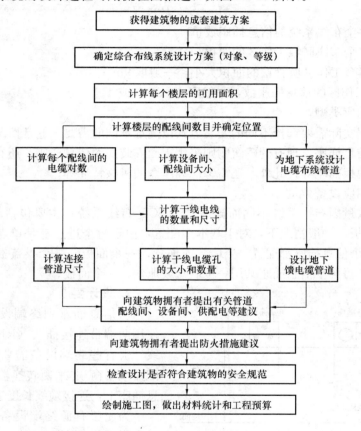

图 10-10 综合布线设计流程图

10.4.2 工作区子系统的设计

1. 设计步骤

（1）确定工作区大小

根据建筑平面图估算出每个楼层的工作区大小，再将每个楼层工作区相加便可得到整个大楼的工作区面积。但要根据具体情况灵活掌握，例如，用途不同其进点密度也不同，同样是工作区，食堂的进点密度就没有办公室的进点密度高，机房的进点密度则更高，另外，还需考虑业主的要求。

（2）确定进点构成

进点构成与综合布线的设计等级有关。若按基本型配置，每个工作区就只有一个信息插座，即单点结构；若按增强型或者综合型配置，那么每个工作区便有两个或两个以上信息插座。但这主要根据业主对大楼的定位来确定，当然，在定位之前必须进行系统目前与未来的需求分析。目前大多数布线系统一般采用双信息插座结构，即双点结构。

（3）确定插座数量

在确定插座数量之前，必须先确定单个工作区的面积大小。一般情况下，可以按每 5～10m² 设置一个工作区，通常大多数布线系统的一个工作区面积取 9m²。这样整个布线系统的信息插座数量 M 可按下式估算，即

$$M = S \div P \times N \tag{10-1}$$

式中　M——整个布线系统的信息插座数量；

　　　S——整个布线区域工作区的面积；

　　　P——单个工作区所管辖的面积大小，一般取 9m²；

　　N 为单个工作区的信息插座数，一般取 1、2、3 或 4。

（4）确定插座类型

用户可根据实际需要选择不同的安装方式以满足不同的需要。通常情况下，新建建筑物采用嵌入式信息插座，现有的建筑物则采用表面安装式的信息插座，还有固定式地板插座以及活动式地板插座等；此外，还需考虑插座盒的机械特性等。

（5）确定相应设备数量

相应设备数量因布线系统不同而异。对于 SCQ 布线系统，主要包括墙盒或者地盒、面板、（半）盖板。一般情况下，对于基本型配置，由于每个进点都是单点结构（即一个插座），所以每个信息插座都配置一个墙盒或地盒，一个面板，一个半盖板。对于增强型或综合型配置，每两个信息插座共用一个墙盒或地盒，一个面板。

2. 设计要点

从信息插座到终端设备的连接通常使用两端带连接插头（RJ-45）的接插软线，但有些终端设备需要选择适当的适配器或平衡/非平衡转换器才能连接到信息插座上，连接缆线长度一般为 3m。

为便于有源终端设备的使用，信息插座附近设置单相三孔电源插座。信息插座与电源插座布局如图 10-11 所示。

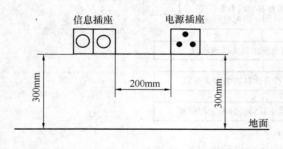

图 10-11　信息与电源插座的布局

10.4.3　水平子系统的设计

1. 水平子系统的拓扑结构

配线子系统一般采用星状拓扑结构，如图 10-12 所示。从图中可以看出，这种拓扑结构以楼层配线架（FD）为主结点，各个通信引出端（TO）为从结点。FD 与 TO 之间采取独立的线路相互连接，形成以 FD 为中心的向外辐射的星状线路网状态。这种网络拓扑结构的线路长度较短，有利于保证传输质量，降低工程造价，便于维护使用，并能很好地解决对各种应用的开放性。

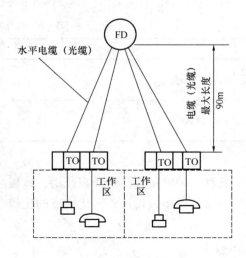

图 10-12　星状拓扑结构

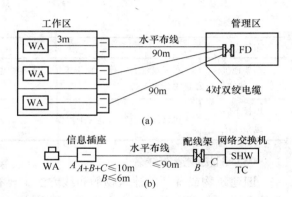

(a)

(b)

图 10-13　终端设备与配线子系统连接

(a) 配线子系统布线和工作区终端设备的连接；

(b) 终端设备与配线子系统连接

注：1. 为形成总线型和环型拓扑结构，水平布线可认为是干线布线的一部分。

　　2. 有些应用系统在水平布线的信息插座处需要电气器件（入阻抗匹配器件）。这些电气器件不能作为水平布线的一部分安装。如果需要，只能接在信息插座外部，起到转接的作用。

　　3. 桥接配线不能归为水平布线。

　　4. 跳接是配线子系统与干线子系统在配线架上的连接。

　　5. 对接是工作区终端设备与信息插座的连接。

　　配线子系统的水平布线可以是同一类型干线电缆在配线架上不同形式的转接，典型的水平子系统布线与工作区终端设备的连接如图 10-13 (a) 所示。配线间的有源设备与配线架上的连接，以及工作区终端设备与水平子系统信息插座的连接关系如图 10-13 (b) 所示。

2. 水平子系统的布线

(1) 吊顶内布线。主要有四种：区域布线法、内部布线法、电缆管道布线法、插通布线法。其优缺点的比较见表 10-6。

四种吊顶内布线法的优缺点比较　　　　　　　　　　　　表 10-6

布线方式	优　点	缺　点
区域布线法	维护方便	线路杂乱
内部部线法	成本低，灵活性好	防火性能差
电缆管道布线法	防火性好	造价高
插通布线法	易于检修	电缆间易产生干扰

(2) 地板下布线。新铺设的地板的布线方法主要有以下四种：地板下线槽布线法、蜂窝状地板布线法、高架地板布线法、地板下管道布线法。其优缺点的比较见表 10-7。

四种地板下布线法的优缺点比较　　　　　　　　　　　　表 10-7

布线方式	优　点	缺　点
地板下线槽布线法	强弱电可以同路由和适用于大开间场合	不适合石质地面，造价昂贵，不适合楼层中信息点特别多的场合
蜂窝状地板布线法	机械保护性好，电气干扰少，外观好，容量大	成本高，结构复杂，对地板的承重要求高

布线方式	优　点	缺　点
高架地板布线法	布线灵活，方便，宜于维护，能容纳电缆数量多，且美观	影响工作环境
地板下管道布线法	机械保护性好，电气干扰少	成本较高

（3）旧楼改造布线。

旧建筑物或翻新的建筑物的布线方法主要有以下几种：护壁板电缆管线布线法、地板导管布线法、模压电缆管道布线法、另外有时还会用到通信线槽敷设法。其优缺点的比较见表10-8。

四种翻新的建筑物布线法的优缺点比较　　　　　　　　表 10-8

布线方式	优　点	缺　点
护壁板电缆管线布线法	容易检修	不适合大楼层区域布线
地板导管布线	容易快速安装	仅适用于通行量不大的区域（如办公室）
模制电缆管道布线法	保持外观完好	布线灵活性差
通信线槽敷设法	容易检修	花费高，破坏外观

3. 设计步骤

（1）确定路由。在设计配线子系统时，应首先根据建筑物的结构及用途等，确定配线子系统路由设计方案，基本原则是：对于新建的建筑物，待施工设计图完成后，就可按照施工图设计配线子系统走线方案；档次高的建筑物一般都有吊顶，水平走线可在吊顶内进行；一般的建筑物，配线子系统采用地板管道布线方法。

（2）确定信息插座的数量和类型。确定了路由之后，紧接着应进行下列操作：根据用户需求和建筑物结构确定每个楼层交接间和二级交接间的服务区域及可应用的传输介质；根据楼层平面图计算可用的空间；根据信息种类和传输率确定信息插座类型，并估算工作区信息插座的总数。在实际中应注意以下几点：

1）根据系统设计等级，确定是采用基本型，还是增强型或综合型。对于基本型系统，可按每 $10m^2$ 空间内设计一个信息插座；对于增强型和综合型系统，可按每 $10m^2$ 空间内设计两个信息插座，其中一个用于语音，另一个用于数据。

2）确定信息插座的类型时，新建筑物通常用嵌入式安装的信息插座；而已有的建筑物则采用表面安装的信息插座，也可采用嵌入式信息插座。

3）在干线子系统工作单上，应注明每个楼层交接间所服务的工作区数量和经过楼层交接间所服务的全部工作区。

4）每个工作区至少要配置一个插座盒，对于难以再增加插座盒的工作区或信息流量较大的工作区，最好安装两个分离的插座盒。

5）每个工作区中的信息插座与配线子系统缆线对应关系如下：第一个信息插座应由5类100Ω双绞电缆支持；第二个信息插座应由5类100Ω、150Ω双绞电缆或光缆支持。

（3）确定缆线的类型和长度。

1) 确定缆线类型。电缆类型的选择是由布线环境和应用需要决定的。按照配线子系统对缆线及长度的要求，在水平区段从楼层交接间到工作区的信息插座之间，应优先选择4对双绞电缆以便能向用户提供能支持语音和数据的传输通道。

在确定缆线类型时还应根据现场对电磁兼容性（EMC）的要求，选用是屏蔽（STP）还是非屏蔽（UTP），并且分别有阻燃、非阻燃类的实心和非实心电缆。

2) 确定电缆长度。确定了电缆的类型后接着就需要确定电缆长度，对此应考虑以下几点，即：确定布线方法和走向；确定每个楼层交接间或二级交接间所要服务的区域；确认离交接间最远的信息插座以及离交接间最近的信息插座；按照可能采用的电缆路由确定每根电缆走线距离；平均电缆长度＝两根电缆路由的总长度/2；总电缆长度＝平均电缆长度＋备用部分（平均电缆长度的 10%）＋端接容差（一般取 6～10m）。每个楼层用线量 C 可按式（10-2）计算，即

$$C = [0.55(F + N) + 6]n \qquad (10\text{-}2)$$

式中　F——最远的信息插座离交接间的距离；

　　　N——最近的信息插座离交接间的距离；

　　　n——每层楼的信息插座的数量。

而整座楼的用线量 W 可按式（10-3）计算，即：

$$W = MC \qquad (10\text{-}3)$$

式中　M——楼层数。

10.4.4　垂直干线子系统的设计

1. 垂直干线子系统的拓扑结构

综合布线系统中干线子系统主要采用星型拓扑结构。在设备间、楼层配线间或二级交接间的配线架上，采用接插软线或跳线即可实现各种拓扑结构的转换。

星型拓扑结构由一个中心主结点（主配线架）向外辐射延伸到各从结点（楼层配线架）组成，如图 10-14 所示。由于从中心结点到从结点的线路均与其他线路相互独立，所以布线系统设计是一种模块化的设计。主结点采用集中式访问控制策略，其控制设备较为复杂，各从结点的信息处理负担较小。主结点可以直接与从结点相连，从结点之间必须经中心结点转接才能通信。星形结构一般分为两类：一类是中心主

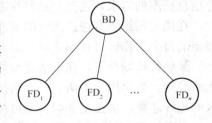

图 10-14　干线星型拓扑结构

结点的接口设备为功能很强的中央控制设备，它具有信息处理和转接双重功能，一旦建立了通道连接，便可没有延迟地在连通的两个结点之间传送信息；另一类是转接中心结点，即仅起到从结点间的连通作用。

2. 设计步骤

干线子系统的设计步骤依次为确定干线子系统规模、确定每层楼的干线、确定整座建筑物的干线、确定干线子系统的布线方法、确定线缆的接合方法、根据选定的接合方法确定干线电缆尺寸和确定干线通道结构。

（1）确定干线子系统规模

在大型建筑物内，均有开放型通道和弱电间。开放型通道一般是从建筑物的最底层到楼顶的一个开放空间，中间不被任何楼板隔开。弱电间是一连串上下对齐的小房间，每层楼都有一间。在这些房间的地板上，留有圆孔或方孔，所有孔均建造高出地面 25mm 左右的护栏。在综合布线中，一般将方孔称为电缆井，将圆孔称为电缆孔。穿过地板的电缆井和电缆孔如图 10-15 所示。

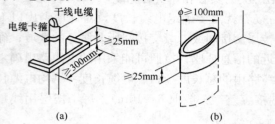

图 10-15　穿过弱电间地板的电缆孔和电缆井
(a) 电缆井；(b) 电缆孔

干线子系统布线通道是由一连串穿过弱电间地板且垂直对齐的电缆孔或电缆井组成的。每个楼层封闭型的弱电间作为楼层配线间。

确定干线子系统的通道规模，主要就是确定干线通道和配线间的数目，确定的依据是布线系统所要覆盖的可用楼层的面积。如果在给定楼层内，所要服务的所有终端设备都在配线间的 75m 范围内，则应采用单干线布线系统。也就是说，采用一条垂直干线通道，且每个楼层只设置一个交接间。凡不符合这一要求的，便要采用双通道干线子系统，或采用经分支电缆与楼层配线间相连接的二级交接间。

一般情况下，同一栋大楼的交接间都是上下对齐的，如果没有对齐，可以采用大小适应的电缆管道系统将其连通。

在楼层配线间内，应将电缆孔或电缆井设置在靠近支持线缆的墙壁附近。但电缆孔或电缆井不应妨碍端接空间。

（2）确定每层楼的干线

在确定每层楼的干线线缆类型和数量时，应根据水平子系统所有的数据、语音、图像等信息插座的需求，按照信息共享原则来进行推算。

在确定每组语音通道所含的双绞线电缆数量时，基本型的每个工作区可选用 2 对；增强型的每个工作区可选用 3 对；综合型的每个工作区可选用 4 对。

某些特殊场合下，在不清楚具体应用要求之前，每组数据通道所含的双绞线电缆根本无法确定。如果用途不明确，应当按 4 对线模块化系数来规划干线的规模。对于每个工作区的光纤芯数，增强型和综合型可按 0.2 芯计算。

需要注意的是，在一根大对数电缆中所含的双绞线超过 25 对时，应当按 25 对为一束来进行分组；具有同样电气性能的线束组成一根单独的 25 对双绞线电缆。多线对电缆中的每一组 25 对线束组都应视为独立的一根 25 对双绞线电缆。

（3）确定整座建筑物的干线

整座建筑物的干线子系统信道的数量，是根据每层楼布线密度来确定的。一般情况下，每 1000m² 宜设置一个电缆孔或电缆井。如果布线密度很高，可以适当的增加干线子系统通道。

整座建筑物的干线线缆类别、数量与综合布线设计等级和水平子系统的线缆数量有关。各楼层干线的规模确定以后，将所有楼层的干线分类相加，便可确定整座建筑物的干线线缆类别和数量。

（4）确定主干线缆的路由方案

干线子系统分为垂直型和水平型两种类型。尽管在大多数建筑物里，干线子系统都是垂直型的（因为大多数楼宇都是向高空发展的），但是在一些情况下，建筑物呈水平主干型也是很常见的（不可与水平布线子系统相混淆）。这就意味着，在一个楼层里可以有几个分配线架（即楼层配线架）。所以，我们应该把楼层配线架理解为逻辑上的楼层配线架（即每个楼层配线架覆盖一定数量的信息插座，不同的楼层配线架可以在同一个楼层上），而不应将其理解为物理上的楼层配线架（不同的楼层配线架在不同的楼层上）。因此，主干线缆路由既可能是垂直型通道，也可能是水平型通道，或是两者的综合。

1）确定干线子系统通道规模

干线子系统是建筑物内的主馈电缆。在大型建筑物内，经常使用的干线子系统通道由一连串穿过交接间地板且垂直对准的通孔组成。

确定干线子系统的通道规模，主要就是确定干线通道和配线间的数目。确定的依据就是布线系统所要覆盖的可用楼层面积。如果给定楼层的所有信息插座都在配线间的 75m 范围之内，那么只需采用单干线接线系统。也就是说，采用一条垂直干线通道，且每个楼层只设置一个交接间。如果有部分信息插座超出交接间的 75m 范围之外，那就需要采用双通道干线子系统，或者采用经分支电缆与设备间相连的二级交接间。

一般情况下，同一幢大楼的交接间都是上下对齐的，如果没有对齐，可采用大小合适的电缆管道系统将其连通。

2）确定主干线缆的布线方法

确定干线子系统的布线方法有垂直干线线缆的布线和水平干线线缆的布线。而建筑物垂直干线布线通道可采用电缆孔和电缆竖井两种方法，水平干线布线的通道可采用金属管道和电缆托架两种方法。

（5）确定线缆的接合方法

将楼层配线间与二级交接间进行连接时，最重要的是根据建筑物的结构和用户要求，确定采用何种接合方法。通常可选用点对点端接法、分支接合法和电缆直接端接法三种接合方法。

1）点对点端接法

点对点端接法是最简单、最直接的接合方法，如图 10-16 所示。在这种端接法中，首先要选择一根足够粗的双绞电缆或光纤，其数量（电缆对数、光纤根数）应能满足一个楼层的全部信息插座的需要，而且该楼层只需设置一个配线间。然后从设备间将这根电缆引出，经干线通道，端接于该楼层的一个指定配线间内的连接硬件。这根电缆到此为止，不再延伸至别处。因此，这根电缆的长度取决于它要连往哪个楼层以及端接的交接间与干线通道之间的距离，即电缆长度取决于该楼层离设备间的高度以及在该楼层上的横向走线距离。

2）分支接合法

分支接合法就是使干线中的一根多对电缆支持若干个楼层交接间的通信，经过交接盒后分出若干根小电缆，分别延伸至每个配线间，并端接于目的地的连接硬件。分支接合法可分为单楼层和多楼层两类。

分支接合法的优点是干线中的主馈电缆总数较少，可节省空间。在某些情况下，这种

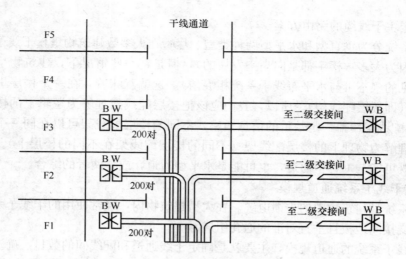

图 10-16 典型的点对点端接法

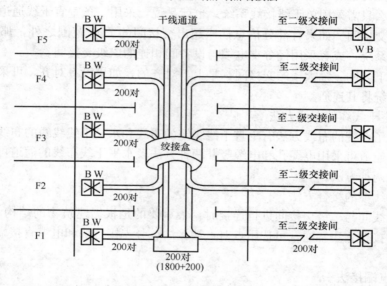

图 10-17 典型的分支结合法

接合方法的成本低于点对点端接法。

3）电缆直接端接法

在综合布线中，当设备间与计算机机房处于不同的地点，而且需要将话音电缆连至设备间，将数据电缆连至计算机机房时，便可以采用直截了当的连接方法。即在设计中选取干线电缆的不同部分来分别满足不同应用的需要。

（6）根据选定的接合方法确定干线电缆尺寸

在混合式连接方法中，应确定交接间与二级交接间之间的连接电缆尺寸（每个信息插座接 3 对线）。对于单楼层/多楼层的分支接合法，每个工作区信息插座应选用 3 对双绞电缆。

单层分支接合法的电缆线对数的算法（每个工作区信息插座选用 3 对线）和端接电缆的线对数算法（每个信息插座接 3 对线）分别如图 10-18 和图 10-19 所示。

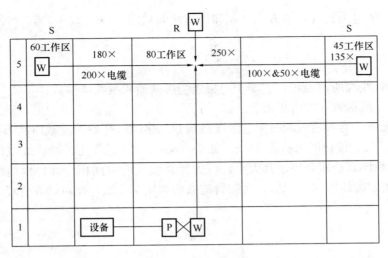

图 10-18　单层分支结合法的电缆线对数的算法

（每个工作区信息插座选用 3 对线）

注：W—白场，为从设备间引出的馈缆；G—灰场，为从二级交接间至
交接间的电缆；B—蓝场，为工作区的端接站；P—紫场，用于端
接交换机

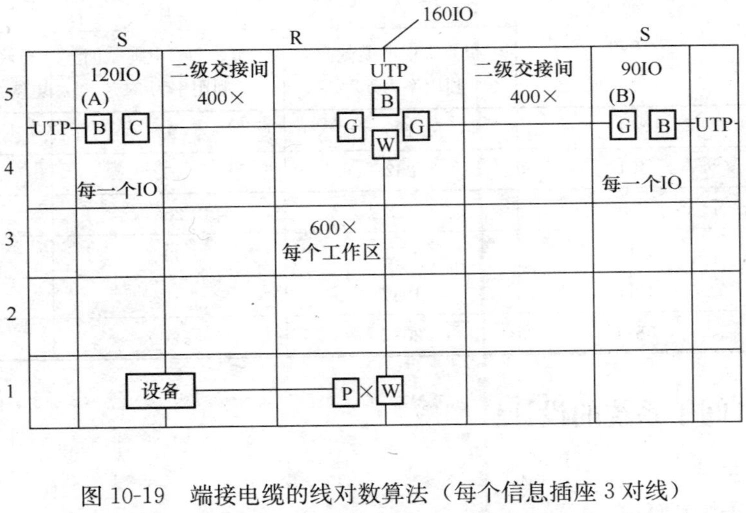

图 10-19　端接电缆的线对数算法（每个信息插座 3 对线）

注：W—白场，为从设备间引出的馈缆；G—灰场，为从二级交接间至交接
间的电缆；B—蓝场，为工作区的端接站；P—紫场，用于端接交换机

　　上述设计实例是假定电子设备能支持很大的信息插座数目。这种设备放在二级交接间
内，并通过光缆连至设备间或计算机中心。

　　根据上述步骤为"确定每层楼的干线"和步骤"确定整座建筑物的干线"确定干线数
量，结合选定的线缆接合方法，并考虑一定的冗余，选择标准规格的干线线缆并确定其
尺寸。

　　（7）确定干线通道结构

　　由选定的干线线缆型号可以确定每根干线线缆的尺寸。然后，根据管道安装及拉伸要

求，选择相应的电缆孔或管道方式。孔和管道截面利用率为 30％～50％。计算公式如下：

$$\frac{S_1}{S_2} \leqslant 50\% \tag{10-4}$$

式中　S_1——线缆所占面积，它等于每根线缆横截面积乘线缆根数；

　　　S_2——所选管孔的可用面积。

一般情况下，当管道内同时穿过的缆线根数越多时，孔或管道截面利用率便越大，一般为 30％～55％，设计时可查表 10-9。如果有必要增加电缆孔、管道或电缆井时，也可利用直径/面积换算公式来决定其大小。首先计算缆线所占面积，即每根缆线面积乘以缆线根数。在确定缆线所占面积后，再按管道截面利用率公式，便可计算管径。管径计算公式如下：

$$S = (\pi/4)D^2 \tag{10-5}$$

式中　D——管道直径。

管道面积　　　　　　　　　　　　　　　　表 10-9

管　道		管道面积		
管径 D/mm	管径截面积 S/mm²	推荐最大占用面积/mm²		
		A	B	C
		布放 1 根电缆截面利用率为 53％	布放 2 根电缆截面利用率为 31％	布放 3 根（3 根以上）电缆截面利用率为 40％
20	314	166	97	126
25	494	262	153	198
32	808	428	250	323
40	1264	670	392	506
50	1975	1047	612	790
70	3871	2052	1200	1548

10.4.5　设备间子系统的设计

1. 设计要求

（1）设备间位置要求

设备间的位置及大小应根据建筑物的结构、综合布线系统的规模和管理方式，以及应用系统设备的数量等进行综合考虑，择优选择。

（2）设备间安装空间要求

设备间内应有足够的空间，用以放置计算机主机、用户电话交换机、交换设备等。

（3）设备间装修要求

设备间的装修要求较高，一般应达到以下几点：温度应保持在 0～27℃之间，相对湿度应保持在 60％～80％；应符合国家有关消防的规定；应满足照明等通信机房的标准要求；应防止灰尘和有害气体侵入等。

（4）设备间的主要设备要求

如电话主机、数据处理机等，可一起放置，也可分别放置。在较大型的综合布线系统中，一般可将计算机主机、数字程控交换机、楼宇自动化控制设备分别设置于机房中，而把与综合布线系统密切相关的硬件或设备放置在设备间。但计算机网络系统中的互联设备，如路由器、交换机等，距离设备间不应太远。

（5）设备间内的所有进出线装置或设备应采用色标区别各类用途的配线区。

（6）设备间供电电源要求

依据设备的性能，允许的变动范围见表 10-10。

设备的性能允许电源波动范围　　　　　　　　表 10-10

级别 项目	A 级	B 级	C 级
电压变动（%）	−5～5	−10～7	−15～+10
频率变化（Hz）	−0.2～+0.2	−0.5～+0.5	−1～+1
波形失真率（%）	<±5	<±7	<±10

2. 设计步骤

（1）设备间的位置

设备间的理想位置应处于建筑物的综合布线系统主干网的中间，这样，它到各楼层的布线距离才会最短。但在实际应用中，应遵循下列条件：

1）考虑到配线架等大型设备的搬运和室内外各种通信设备网络接口的连接，设备间常选择在一楼或二楼，并使其尽量靠近建筑物通信电缆引入区和网络接口。尽量靠近服务电梯，以便运载设备，同时应考虑电梯的面积、高度和载荷等限制条件素。

2）当计算机主机和程控用户交换机机房不与设备间共用时，为了保证传输质量，机房与设备间的距离不宜太远。

3）设备间应设置于周围环境好、安全、易于维护的地方，并应尽量远离强振动源和强噪声源，避开强电磁场的干扰，远离有害气体源以及腐蚀、易燃、易爆的物品。

4）不宜设置于建筑物的顶层或地下层。

5）不能与用水设备间、卫生间相邻或在其楼下。

（2）设备间使用面积

设备间使用面积的大小主要取决于设备的数量。应根据能安装所有屋内通信线路设备的数量、规格、尺寸和网络结构等因素综合考虑，并留有一定的人员操作和活动面积。设备间的使用面积最小不得小于 20m²，其计算方法如下：

1）当计算机系统设备已选型时，设备间的使用面积可按下列公式计算：

$$S = (5 \sim 7) \Sigma S_b \tag{10-6}$$

式中　　S——设备间的使用面积（m²）；

　　　S_b——与综合布线系统有关的并在设备间平面布置图中占有位置的设备面积（m²）；

　　　ΣS_b 为设备间内所有设备占地面积的总和（m²）。

2）当计算机系统的设备尚未选型时，设备间的使用面积可按下列公式计算：

$$S = KA \tag{10-7}$$

式中　S——设备间的使用面积（m^2）；

　　　A——设备间的所有设备台（架）的总数；

　　　K——系数，取值为（4.5～5.5）m^2/台（架）。

（3）设备间的建筑结构

在进行设计时，设备间的净高应根据设备间使用面积的大小确定，一般为 2.5～3.2m。门的大小至少为 2.1m×0.9m（高×宽）。设备间的楼板负荷载重根据设备确定，一般分为两级：A级≥500kg/m^2，B级≥300kg/m^2。

（4）设备间的环境条件

设备间子系统在设计时，应针对环境问题进行认真的考虑，主要包括温度和湿度、尘埃、空调系统的选用、照明和噪声等。

温度、湿度一般可分为 A、B、C 三个级别，如表 10-11 所示。设备间可按某一级执行，也可按某些级综合执行。

设备间温度与湿度指标　　　　　　　　　　　　　　　　　　　　　表 10-11

项目 \ 级别	A 级		B 级	C 级
	夏季	冬季		
温度/℃	22±4	18±4	12～30	8～35
相对湿度/%	40～65		35～70	30～80
温度变化率/（℃/h）	<5，不凝露		<10，不凝露	<15，不凝露

尘埃依存放在设备间内的设备要求而定。一般可分为 A、B 两个级别，具体指标见表10-12。A级相当于每立方英尺 30 万粒，B级相当于每立方英尺 50 万粒。

设备间对尘埃要求的数据　　　　　　　　　　　　　　　　　　　　表 10-12

项目 \ 级别	A 级	B 级
粒度/μm	>0.5	>0.5
个数/（粒/dm^3）	<1000	<18000

（5）设备间或机房电源插座的设置

1）设备间或机房

对于新建建筑物可预埋管道和地插电源盒。电源线的线径可根据负载大小确定，插座数量可按 40 个/100m^2 以上设计（插座必须接地线）。

对于旧建筑物可破墙重新布线，或走明线。插座数量可按（20～40）个/100m^2 以上设计（插座必须接地线）。插座要按顺序编号，并在配线柜上配有对应的低压断路器。

2）配线间

为了便于管理，配线间可采用集中供电方式，由设备间或机房的不间断电源为计算机网络互联设备部分供电。插座数量按 1 个/m^2 或根据应用设备的数量确定。

（6）设备间防火设计

A、B类设备间应设置火灾报警装置。在机房、基本工作房间内、活动地板下、吊顶上方、主要空调管道中及易燃物附近都应设置烟感和温感探测器。

214

A类设备间内设置二氧化碳自动灭火系统，并备有手提式二氧化碳灭火器；B类设备间在条件许可的情况下，应设置二氧化碳自动灭火系统，并备有手提式二氧化碳灭火器；C类设备间应备有手提式二氧化碳灭火器。

A、B、C类设备间除纸介质等易燃物质外，禁止使用水、干粉或泡沫等灭火剂，以防止产生二次破坏。

（7）设备间内部装饰设计

设备间的内部装饰主要是地面、墙面和顶棚，设备间的装饰材料应使用符合《建筑防火设计规范》中规定的阻燃材料或非燃材料，应能够防潮、吸音、不起尘和防静电等。

10.4.6 管理子系统的设计

1. 交接方式

在管理子系统中，线路管理交接方案分为单点管理和双点管理两种。在不同类型的建筑物中，管理子系统经常采用单点管理单交接、单点管理双交接和双点管理双交接三种方式。

综合布线系统的管理方式取决于用于构造交接场的硬件所处的地点、结构和类型。交接场的结构取决于综合布线系统的规模和所选用的连接硬件。

（1）单点管理单交接：这种方式使用的场合较少，管理点位于设备间的交接设备或互联设备附近，通常线路不进行跳线管理，直接连至用户房间工作区，或直接连至第二个接线交接区，如图10-20所示。

（2）单点管理双交接：管理点位于设备间的交接设备或互联设备附近，线路连接至配线间交接区（第二个接线交接区），如图10-21所示。如果没有配线间，第二个交接区可设置于用户指定的墙壁上。

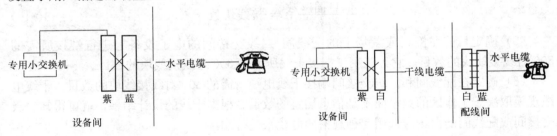

图 10-20　单点管理单交接　　　　　　图 10-21　单点管理双交接

（3）双点管理双交接：对于较大规模的综合布线系统，在管理子系统中可设置双点管理双交接。双点管理除了在设备间内有一个管理点之外，在楼层配线间或用户房间的墙壁上还有第二个可管理的交接区。双交接要经过二级交接设备，第二个交接可以是一个连接块，它将一个接线块或多个终端块（其配线场与站场各自独立）的配线场和站场进行组合。一般在管理规模较大而复杂，且有二级交接间时，才设置双点管理双交接方式，如图10-22所示。

2. 配线间与二级交接间管理区设计

管理子系统的设计依次为配线间与二级交接间管理区设计，设备间管理区设计和管理标记。

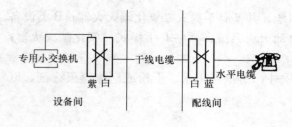

图 10-22　双点管理双交接

首先应选择 110 型硬件，并确定其规模。具体的设计过程如下：

（1）确定配线间/干线交接间所要使用的硬件类型。

1）110A 用于用户不想对楼层上的线路进行修改、移位或重组。

2）110P 用于用户今后需要重组线路。

（2）决定待端接线路的模块化系数。这与系统有关，综合布线系统设计推荐的标准的规定如下：

1）连接电缆端采用 3 对线。

2）基本型综合布线系统设计的干线电缆端接采用 2 对线。

3）增强型或综合型综合布线系统设计中的干线电缆端接采用 3 对线。

4）工作站端接采用 4 对线。

（3）决定蓝场上每个接线块端接的线路数（工作站数）。

工作站端接必须选用 4 对线模块化系数，一个接线块每行可端接 25 对线。合 100 对线的接线块有 4 行，300 对线的接线块每块有 12 行。计算公式如下：

$$\frac{25（绝对最大数目／行）}{线路模块化系数} = 线路数／行 \tag{10-8}$$

$$行数 \times 4 对线线路数／行 = 线路数／块 \tag{10-9}$$

对于多余的线对，最后可用一个 110C-5 连接。

（4）决定蓝场所需的接线块的规格和数目：

$$\frac{信息插座数}{线路数／块} = 接线块数 \tag{10-10}$$

（5）确定目前在橙场或紫场上的配线间/二级交接间的电子设备上进行端接所需的 300 对线接线块的数目。它等于用于端接干线所需的 300 对线接线块的数目。

（6）确定在配线间和二级交接间端接干线电缆所需的 300 对线接线块的数目。干线电缆规模取决于工作区的数量而不是信息插座的数量。根据干线的设计结果，就可得知二级交接间或配线间的白场应选用何种规格的电缆来进行端接。

$$\frac{电缆的线对总数}{300} = 用于端接干线电缆所需的 300 对线接线的数量 \tag{10-11}$$

（7）确定二级交接间连接电缆进行端接所需的接线块数目。计算模块化系数应是每条线路含 4 对线。连接电缆是按灰场与蓝场之比为 1：1 进行管理。按每个信息插座分配 4 对线计算，就可得到在 110C 连接块上端接电缆所需的接线块数目。

（8）确定在配线间端接电缆所需的接线块数目，方法与上述相同。

（9）写出墙场的全部材料清单，并画出详细的墙场结构图。

（10）利用每个配线间地点的墙场尺寸，画出每个配线间的等比例图。

3. 设备间管理区设计

设备间管理子系统的设计，一般按以下步骤进行：

（1）尽量在交连场之间预留出墙空间，以便满足未来交连硬件的扩充。

（2）确认线路模块化系数是 2 对线或 3 对线，将每个模块作为一条线路处理，线路模块化系数视具体系统而定。

（3）确定用于数据/语音线路端接电缆对线的总数，并对数据或语音线路所需的墙场或终端带条进行分配。

（4）确定所使用的 110 交连硬件的类型。如果总的对线数大于 6000（即 2000 条线路，模块化系数是 3 对线），则应使用 110A 交连硬件。如果总的对线数小于 6000，则可使用 110A 或 110P 交连硬件。

（5）确定每一接线块可供使用的总线对。在主布线交连硬件的白场上，接线块的数目由所使用的硬件类型、每个接线块可使用的有效对线数以及端接的接线对线数三个因素。

（6）确定白场上的接线块数。应首先用每种应用（数据或语音）所需的输入线对总数除以每个接线块的可用线对总数，然后按高位取整数，即可得到白场接线块的数目。

（7）选择和确定交接硬件的规模。中继线/辅助场交连用于端接总机（CO）中继线、公用系统设备和交换机辅助设备，如值班控制台、调制解调器。

（8）确定设备间交连硬件的位置。确定了主布线终端的每一个场所需的接线块总数后，设计人员还必须知道所选定的硬件的尺寸，进行终端块的布置安排，使之更适应于所选用的线路管理。

（9）绘制整个布线系统即所有子系统的详细施工图，编写施工工艺，列出材料清单。

4. 管理标记

标记是管理综合布线系统的一个重要组成部分。完整的标记应提供以下的信息：建筑物的名称、位置、区号、起始点和功能。综合布线系统使用了三种标记，即电缆标记、场标记和插入标记。其中，最常用的是插入标记。

10.4.7　建筑群子系统

建筑群子系统的设计步骤依次为：了解现场；确定电缆系统的一般性参数；确定建筑的电缆入口；确定障碍物的位置；确定主电缆路由和备用电缆路由；选择所需电缆类型；确定每种选择方案所需的劳务费用；确定每种选择方案的材料成本和选择最经济、最实用的设计方案。

1. 了解现场

了解现场需要做的是：

（1）确定正个建筑物的大小。

（2）确定建筑物的座数。

（3）确定现场的特点。

（4）确定确定建筑工地界限。

2. 确定电缆系统的一般性参数

确定电缆系统的一般性参数如下：

（1）确认起点位置。

（2）确认端接点位置。

（3）确认涉及的建筑物及每座建筑物的层数。

（4）确定每个端接点所需的双绞线对数。

（5）确定有多少个端接点及每栋建筑物所需的双绞线总对数。

3. 确定建筑的电缆入口

（1）现有的建筑物

1）应了解各个入口管道的位置。

2）确定每座建筑物有多少入口管道可供使用。

3）明确入口管道数目是否符合系统的需要。

4）如果入口管道不够用，则要确认在移走或重新布置某些电缆时能否空出部分入口管道，以及在不够用时确定需另装多少入口管道等。

（2）尚未建成的建筑物

1）应根据选定的电缆路由完成电缆系统设计，并标示出入口管道的位置。

2）选定入口管道的规格、长度和材料。

3）在建筑物施工过程中，要求安装好入口管道等。

（3）入口管道位置的选择

1）建筑物入口管道的位置选择应便于连接公共设备；如果有需要，应在墙上穿过一根或多根管道。

2）对于所使用的易燃材料均应端接于建筑物外。但外线电缆的聚丙烯护皮例外，要求它在建筑物内部的长度（包括多余电缆的卷曲部分）不超过15m；相反，如果外线电缆延伸至建筑物内部的长度超过15m，就应该考虑使用合适的电缆入口器材，往入口管道中填充防水和气密性很好的密封胶。

4. 确定障碍物的位置

确定障碍物的位置主要包括以下几点：

（1）确定电缆的布线方法。

（2）确定地下设施的位置。

（3）识别土壤的类型，如沙质土、黏土、砾土等。

（4）在拟定的电缆路由中，查清沿线的各个障碍物的位置或地理条件，包括铺路区域、池塘、河流、山丘、砾石地、截留井、桥梁、铁路、树林、人孔及其他；

（5）确定对管道的需求。

5. 确定主电缆路由和备用电缆路由

（1）对于每一种特定的路由，确定可能的电缆结构；对所有建筑物进行分组，每组单独分配一条电缆；每个建筑物单独使用一条电缆。

（2）在电缆路由中查清那些地方需要经获准后才能通过的地方，并且通过对每个路由的比较，从中选择最优的路由方案。

6. 选择所需电缆类型

选择所需电缆类型的内容如下：

（1）确定电缆的长度。

（2）画出最后的结构图。

（3）准备选定路由的位置和挖沟的详细图，包括公用道路图或需要审批后才能使用的地区图。

（4）确定入口管道的大小与规格。

（5）选择每种设计方案中所需的专用电缆。

（6）如果需要用管道，应该选择其规格、长度及类型。

（7）如果需用钢管，应选择其规格和材料。

7. 确定每种选择方案所需的劳务费用

确定每种选择方案所需的劳务费用的步骤如下：

（1）确定布线的时间，包括迁移或改变道路、草坪、树木等所用的时间，如果使用管道，应包括敷设管道和穿电缆的时间。

（2）确定电缆接合时间。

（3）确定其他的时间，如移走旧电缆、处理障碍物所需用的时间。

（4）计算总的时间，方法是将各项所需时间相加。

（5）计算每种设计方案的费用，即用总时间乘以当地的工时费。

8. 确定每种选择方案的材料成本

材料成本主要包括电缆成本、支撑结构成本和支撑硬件成本，各个成本的确定方法如下：

（1）确定电缆成本　确定每米的成本；对于每根电缆，应查清每100m的成本。各种电缆的价格与对应总长度的乘积之和即为电缆成本。

（2）计算所有支撑结构成本　说明并列出所有支撑结构；根据价格表查明每项用品的单价；单价与所需数量的乘积即为支撑结构成本。

（3）计算所有支撑硬件成本　将三者相加即为材料总成本。

9. 选择最经济、最实用的设计方案

每种选择方案的劳务成本和材料成本之和，即为每种方案的总成本。比较各种方案的总成本后并从中选择最经济、最实用的方案。

第十一章 办公自动化系统

11.1 办公自动化系统的构成

办公自动化系统（OAS）是智能建筑的重要组成部分，是在管理信息系统（MIS）和决策支持系统（DSS）的基础上兴起的一门综合性技术，涉及行为科学、社会科学、管理科学、系统工程学和人机工程学等多种学科，并以计算机、通信、自动化等技术为支撑技术。它以先进的科学技术装备办公系统，达到提高工作效率与管理水平，使办公系统达到信息灵活、管理方便和决策正确的目的。

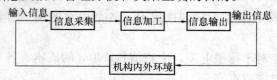

图 11-1 OAS 系统功能结构

OAS 系统可分为组织机构、办公制度、办公人员、办公环境、办公信息和办公活动技术手段 6 个基本要素。各部分有机结合相互作用构成有效的 OAS 系统。OAS 系统功能结构如图 11-1 所示。

办公自动化系统主要由硬件系统和软件系统构成。系统的软件分类方框图见图 11-2，硬件分类见表 11-1。

1. 硬件系统包括计算机及其外围设备等，如打印机、扫描仪、复印机等。自动化系统中的计算机一般通过网络实现信息资源共享，并可以便捷地接入互联网。

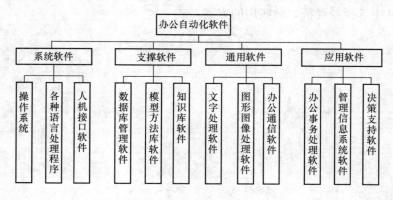

图 11-2 软件分类方框图

办公自动化系统硬件分类　　　　　　　　　　　　　　　　　　　　表 11-1

类　别	代表机型
信息复制设备	打印机、复印机、速印机、轻印刷系统等
信息处理设备	计算机、图形图像处理系统等
信息传输设备	各种局域网和广域网、电话机、传真机等
信息存储设备	磁存储、光存储、缩微胶片和摄录像设备等
其他办公辅助设备	稳压电源、UPS、碎纸机和空气调节器

2. 办公自动化系统的软件是指用于运行、管理、维护和应用开发计算机所编制的计算机程序。主要包括以下几种类型的软件：

（1）系统软件

系统软件是指控制和协调计算机及外部设备，支持应用软件开发和运行的系统，是无需用户干预的各种程序的集合，主要功能是调度、监控和维护计算机系统，负责管理计算机系统中各种独立的硬件，使得它们可以协调工作，其一般分为个人操作系统和网络操作系统，前者是指个人用户计算机需要安装的计算机操作系统，以运行不同的办公自动化应用软件，其目的是让用户与系统及在此操作系统上运行的各种应用之间的交互作用达到最佳。后者是指向网络计算机提供服务的特殊操作系统，以使网络相关特性达到最佳为目的，如共享数据文件、软件应用，以及共享硬盘、打印机、调制解调器、扫描仪和传真机等。

（2）支撑软件

支撑软件是支撑各种软件的开发与维护的软件，又称为软件开发环境。它主要包括环境数据库、各种接口软件和工具组。包括一系列基本的工具，比如编译器，数据库管理，存储器格式化，文件系统管理，用户身份验证，驱动管理，网络连接等方面的工具。其中办公自动化系统使用的较重要的软件是数据库管理系统软件。

（3）通用软件

如文字处理系统，图形处理系统等均属通用软件，文字处理系统一般用于文字的格式化和排版，文字处理软件的发展和文字处理的电子化是信息社会发展的标志之一。目前常用的办公文字处理软件主要有 Microsoft Office 系列、金山办公系列等。

（4）专用软件

专用软件是指支持具体办公活动的应用程序，一般是根据具体用户的需求而研制的。它面向不同用户，处理不同业务，如工资管理系统，图书管理系统等。按照对不同层次办公活动的支持，这类软件又可以进一步划分为三个子层，即办公事务处理软件、管理信息系统软件和决策支持软件。

11.2　办公自动化系统的分类

办公自动化系统是一种广义的信息系统概念，是由支持办公活动中范围广泛的多种技术集合而成的综合信息系统，是将计算机用于数据处理和信息管理的有效手段。

办公自动化系统的发展由初级到高级不断完善。经历了单机、网络及综合系统几个阶段。根据不同类型的办公室和办公机构，可将办公自动化系统分为三个层次：即事务处理办公自动化系统、管理信息办公自动化系统和决策支持办公自动化系统。办公自动化系统的层次结构如图 11-3 所示。

事务处理办公自动化系统包括基本办公事务处理和机关行政事务处理两大部分，支持机构内各办公室的基本办公事务处理和机关的行政事务处理。

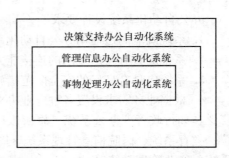

图 11-3　办公自动化系统的层次结构

管理信息办公自动化系统除承担事务型办公系统的事务外，主要任务是完成本部门的信息管理。它是各种办公事务处理活动与管理控制结合的办公自动化系统。

决策支持办公自动化系统以事务处理和信息管理为基础，主要承担辅助决策任务。

11.3　办公自动化系统的设计

11.3.1　设计原则

办公自动化系统的开发是一项系统工程。为了保证系统的质量，设计人员必须遵守共同的设计原则。

1. 系统性：系统是作为统一的整体存在的。因此，在系统设计中，要从整个系统的角度考虑以下因素：系统的代码要统一，设计规范要标准，传递语言要尽可能一致，对系统的数据采集要做到数出一处、全局共享。

2. 可靠性：一个成功的办公自动化系统必须具有较高的可靠性，如安全保密性、检错及纠错能力、抗病毒能力等。可靠性既是系统设计的考核指标，也是系统设计时必须注意的一项原则。

3. 经济性：在满足系统需求的条件下，尽可能减少系统的开销。一方面，在硬件投资上不能盲目追求技术上的先进，应以满足需要为前提；另一方面，系统设计尽量避免不必要的复杂化，各模块应当尽量简洁，以便缩短处理流程，减少处理费用。

4. 灵活性：为保持系统的长久生命力，要求系统具有很强的环境适应性。为此，系统应具有较好的开放性和结构可变性。在系统设计中，尽量采用模块化结构，提高各模块的独立性，尽量减少模块间的数据耦合，使各个子系统间的数据依赖减至最低程度。这样，既便于模块的修改，又便于系统适应环境变化的能力。

办公自动化系统设计阶段的任务是根据逻辑模型提出物理实现的具体方案。因此，在开始进行物理设计时，应该以系统分析报告中所提供的数据流程图为依据，即从抽象的信息处理功能开始考虑问题，而不管在现行系统中这些工作是利用哪些物理手段实现的。办公自动化系统设计的优劣，应该从系统设计的目标来加以衡量。因此，明确办公自动化系统设计目标十分重要。通常系统设计的目标应从系统实用性、系统运行效率、系统可靠性、系统交互性和易操作性、系统可变性和易维护性等方面来考虑。

11.3.2　设计要求

办公自动化系统设计要求

1. 系统既能满足通用办公自动化系统的要求，又要为专业办公自动化系统打下基础。

2. 系统应具有与广域网的连接能力，实现与互联网的连接。

3. 系统应具有良好的安全防范措施。

4. 根据业务需求设置各种专业办公自动化系统功能。智能建筑办公自动化系统内容广泛，如行政管理办公系统、旅游饭店信息系统、商业经营管理系统、银行业务处理系统、教育系统、医院信息管理系统、图书档案检索系统、铁路航空售票系统、停车场管理系统、物业管理系统等。

11.3.3 网络设备选择

1. 硬件配置的要求

（1）应用网络服务器

1）处理器：支持系统同步分时运行并具有多道程序批处理功能。①系统易于功能扩展，满足未来的需求。②系统可与系统中的所有设备进行通信联系，并使系统的所有外围设备在运行中相互配合；③系统应是多 CPU 的主机系统，并具有开放性和兼容性，可提供系统扩展功能，在扩展过程中对资源需求控制在最低的限度；④系统具有决策支持系统所需硬件配置，并具有最大限度运行的能力。

2）主存储器：主存储器的容量根据系统需要设定，同时应提供所需的响应时间、系统软件和应用软件，以完成所需要的功能。①主存储器具有足够处理与支持工作负荷的能力；②主存储器采用模块化设计，以便插入模块扩展系统功能；③主存储器具有保护与检测系统信息传输错误的功能；④主存储器具有硬件内存存储功能，以保护在多道程序运行状态下应用程序的运行，并采用同一个局域网络；⑤系统网络界面结构具有适应性，可支持所有的界面接口设备。

3）磁盘存储系统应提供足够的磁盘驱动能力，以完成操作系统程序、应用系统程序、数据库和操作内容的存储功能及有效运行数据库存储的内部操作功能。①系统的磁盘存储量（固定的和可移动的）足以维持系统工作负荷和操作需要，系统可以提供磁盘驱动器的工作范围；②磁盘存储应能够完成所有操作信息，包括内部存储。③磁盘存储能力是可提升的，控制器和磁盘驱动器的容量和响应将提供最大限度的数据存取和最短的信息传送时间。

4）脱机存储器系统可提供足够空间和速度，用以制作备份文件的存储器。①脱机存储器可保障最大限度地进行信息存储，并始终保持最大的信息传送速率；②脱机存储器所使用的盘（如磁盘、光盘等）是由供应商设定的，如果设定一种以上的脱机存储器，则将列出每一种脱机存储器的详细资料。

（2）数据库服务器系统具备适当数量的数据库服务器。数据库服务器支持关系数据库管理系统，也允许操作员调用和存取实时数据和共享历史数据资源。

1）系统的数据库服务器能够满足上述硬件及容量规划需要，并且能与局域网络集成。

2）系统应提供数据库服务器的界面接口连接设备。

2. 办公软件介绍

Microsoft Office 是微软公司开发的办公自动化软件。

Word 主要用来进行文本的输入、编辑、排版、打印等工作，可进行书信、公文、报告、论文、商业合同、写作排版等一些文字的工作；

Excel 主要用来进行繁重任务的预算、财务、数据汇总等工作；

PowerPoint：主要用来制作演示文稿和幻灯片及投影片等，甚至可以制作贺卡、流程图、组织结构图等；

Access 是一个桌面数据库系统及数据库应用程序；

Outlook 是一个桌面信息管理的应用程序，可以用于联系人、列表、日程安排等；

FrontPage 主要用来制作和发布 Internet 的 Web 页面。

这几个软件之间的内容可以互相调用，互相连接，或利用复制粘贴功能共享数据资源。

Lotus 公司的 Smart suite 是另一个流行的办公套件，商业办公领域应用广泛。

WPS 是我国珠海金山软件股份有限公司。

Open Office：一家名为 Star 的德国公司致力于开发一个跨平台的办公软件 Star Office 并提供免费下载。它是世界上唯一一个非常接近 Microsoft Office 而又可以跨平台的产品。

3. 局域网平台的选择

智能建筑办公自动化系统的 LAN 平台一般是基于建立在综合布线系统之上的主干局域网和楼层局域网。大多数智能建筑的主干网都达到了 100Mbit/s 或 1000Mbit/s 交换，能够满足 OAS 的需求。

楼层 LAN 的设计，根据实际情况，可以与主干网同时设计，也可以在大楼建成后根据购房/租房的使用单位对办公自动化系统的不同要求单独进行设计。楼层 LAN 的设计在国家标准、GB/T 50314—2000 中没有明确规定。楼层 LAN 依据单位的不同需求，可考虑选用 10BASE-T 和 100BASE-TX。这是因为，一方面综合布线系统的楼层水平子系统都是采用 UTP（非屏蔽双绞线）作为传输介质，另一方面共享/交换型 10Mbit/s 以太网以及共享/交换型 100Mbit/s 快速以太网能够满足目前及在可预见的未来不同层次的桌面办公应用对带宽的需求。

11.3.4 办公自动化系统设计

1. 设计步骤

办公自动化系统设计可根据具体系统的功能要求进行，一般的办公自动化系统设计需经过以下的步骤：

（1）办公事务调查：全面弄清楚本项目的信息量大小、信息的类型、信息的流程和内外信息需求的关系。简而言之，就是要调查清楚办公自动化系统做些什么、解决什么问题，这是办公自动化系统建设的基础。

（2）办公环境调查：要弄清楚本部门与相关部门及相关机构之间的关系，要了解本部门现有设备配置和办公资源的使用情况、工作能力大小，为系统进行设备配置及选择提供依据。

（3）系统目标分析：根据办公事务需求，分析该办公自动化系统能完成的基本任务（如事务管理、信息管理和决策管理等），包括近期、中期和远期的目标，以及系统将来获得的社会效益和经济效益。

（4）系统功能分析：确定为实现系统目标应该具有的所有功能，如办公事务管理信息资料的存储、查询等，这是设计办公具体管理事务模块所必需的。

（5）系统设备配置分析：根据系统的需求及系统实际的资金投入，从确保系统的先进性、实用性、可靠性、经济性来选择 OA 设备的配置，并要考虑到发展的需要。

（6）可行性论证：在系统设计之前，应对系统的总体方案进行分析、评估、论证、修订，在依靠专家对系统的方案的科学性、先进性，可行性进行全面论证和评估后才能够实施。

2. 系统设计

办公自动化统设计是根据系统分析阶段确定的系统功能，确定系统的物理结构，即由逻辑模型得出物理模型。在系统分析中要解决做什么，在系统设计中是要解决怎样做。该阶段的主要任务是根据系统分析阶段确定的系统目标选定系统方案和系统结构，设计计算机处理流程和应用程序编制的方法，编写程序设计说明书，选择计算机设备。

为了实现系统功能，需要进行硬件网络系统的设计和软件结构的设计。硬件网络设计主要是计算机硬件和网型的选择。选择网络和硬件时一方面应考虑满足系统对存储容量、响应速度和共享资源等方面的要求；另一方面要考虑网络的覆盖面以及施工、维护、扩展的方便与可靠；最后还要考虑安全方面，比如容错、后备、防断电、防雷击等。软件结构的设计，主要是将按系统功能要求做出的数据流程图转换为软件模块调用控制图，并对各个模块的功能和输入、输出给予明确的定义。

程序设计分为初步设计（总体设计）和详细设计。

初步设计通常从功能分解入手，将系统划分成功能简单的若干个子系统，这样不仅可以简化设计，而且还有利于今后的修改和扩充。然后进行计算机处理流程设计，绘制出系统的处理流程图。

例如：企业管理信息系统，可以划分成产品技术文件子系统、人事劳资系统、基本生产管理子系统、物资管理子系统、经济计划子系统、辅助生产子系统、财务成本子系统、产品销售子系统、设备管理子系统等等。而物资管理子系统又可以分解成采购计划管理、合同管理和库存管理等。

详细设计是在确定功能结构图的同时，进一步确定每一模块的具体实现方法、设计系统的物理模型等。详细设计包括代码设计、输入设计、输出设计、存储设计、联机设计和编写程序设计说明书等。标准形式的程序说明书由说明项目、数据定义和处理内容定义三部分组成。说明项目包括系统名称、子系统名称、功能名称、程序名称、程序标识符、程序语言、使用机器等。数据定义有库文件名称、文件名称、数据大小标识信息、项目名称及其位数、字符性质等。处理内容定义可用关联图表示输入、输出数据间的关系，对处理作简要说明。

3. 数据库设计

数据库设计是项目开发和系统设计中非常重要的一个环节，在这里要特别强调数据库设计的重要性，是因为数据库设计就像建设高楼大厦的根基一样，如果设计不好，在后来的系统维护、变更和功能扩充时，甚至在系统开发过程中都会引起比较大的问题。将需求分析得到的用户需求抽象为信息结构及概念模型的过程是概念结构设计。为了描述数据库结构的概念模式，这里采用 E-R 图来描述数据库的实体关系。

逻辑结构设计的任务是把概念结构设计阶段设计好的 E-R 图转换成与选用的 DBMS 产品所支持的数据模型相符合的逻辑结构。

E-R 图转换为关系数据模型所要解决的问题是如何将实体和实体间的联系转换成关系模式，如何确定这些关系模式的属性和码。

数据库中两实体间 1：n 联系转换为一个与 n 端对应的关系模式合并的关系模式的方法是将联系的属性与 1 端的码加入 n 端作为属性，主码为 n 端实体的主码。以某企业的用户信息管理模块为例由 E-R 图转换成的关系数据模式有：

用户信息表 user   表 11-2

字段名称	字段说明	字段类型	可否为空	主键	备注
ID	唯一 ID	int（10）	否	是	自增字段
username	用户名	varchar（50）	否		
truename	用户姓名	varchar（50）	是		
password	用户密码	varchar（50）	否		
email	电子邮件	varchar（50）	是		
sex	性别	varchar（4）	是		
userid	用户身份证号	varchar（16）	是		
branch	部门	varchar（20）	是		
job	职务	varchar（20）	是		
accesstime	访问次	int（11）	否		
foundtime	创建时间	varchar（20）	否		
telephone	电话	varchar（20）	是		
address	地址	varchar（50）	是		
Rights	权限	varchar（1）			1-管理员

11.3.5 系统实施与测试

办公自动化系统在智能建筑中的实施基础是大楼内的综合布线系统和信息通信系统。大楼内的综合布线系统为大楼内各楼层安装办公自动化设施做好了准备，布线系统的设计不仅考虑了传输速率的要求，而且其模块化结构使办公自动化系统的组网方式灵活方便。

办公自动化系统的两个主要技术支柱是数据库系统和数据通信系统技术。借助计算机网络提供的数据通信，可以使办公自动化系统的数据库构成分布的形式，使办公信息的存储分布更合理，利用更有效。局域网的分段技术以及多个局域网的互联技术使得高层建筑中的各个办公节点能够通过垂直布置的干线网进行联络。

11.3.6 设计示例

1. 某校园网络的基本结构如图 11-4 所示。

校园办公网络是将各种不同应用的信息资源通过网络设备相互连接起来，形成校园区内部网络系统，对外通过路由设备接入广域网。校园网建设主要包括两部分内容：技术方案设计和应用信息资源建设。技术方案设计主要包括网络技术选择、设备选择和网络布线等；应用信息系统资源建设主要包括内部信息资源建设和外部信息资源建设等。

校园办公网络信息系统一般包括：教学、科研、办公、学习业务应用管理系统、数字教学系统、数字化图书馆系统、校园资源规划管理系统、建筑物业管理系统、校园卡应用系统、校园网安全管理系统等。

某校园办公网络信息化系统主要由校园网络中心、教学子网、办公子网、图书馆子网、宿舍子网、后勤子网等组成。系统中的局域网是数据通信系统，该网络平台提供用户所需的带宽、通信协议和管理控制要求。

226

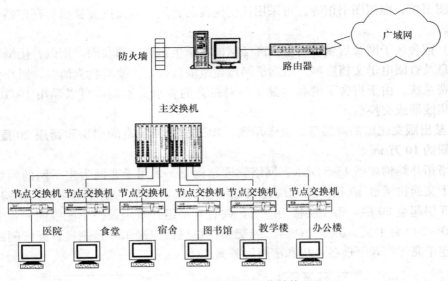

图 11-4　校园计算机网络结构

（1）校园网络中心　校园网络中心主要包括主干网络、校园网与因特网的互联、远程访问服务等。公共网络设备包括交换机、路由器、终端与网络端连接设备，如调制解调器、远程访问服务器等。

1）主干网络：主干网络一般采用高速以太网技术、FDDI、ATM 技术等，目前一般采用万兆位以太网技术。校园网的中心交换机采用智能型机箱式以太网交换机，它可选插10Base-TX、100Base-TX、100Base-FX 模块等，适用于大型主干网络和高速率、高端口密度、多端口类型的复杂网络。

2）校园网与因特网互联校园网互联以 TCP/IP 协议为平台。局域网经过防火墙和路由器实现与广域网的连接和隔离。

3）远程访问服务访问服务器安装在本地局域网中，为远程访问人员提供上网服务。

（2）教学子网利用网络实现计算机辅助多媒体教学、双向教学、远程教育，如交互式多媒体课堂、电子阅览室、教师培训等。教学子网由于对速度要求较高，一般采用自适应以太网交换机，它可提供 10/100Mbit/s 交换式端口或万兆位以太网模块。

（3）办公子网办公子网能提供物业管理、教育管理、教学评估、经营管理、金融管理、交通管理和食堂管理等方面综合服务。主要功能有文字处理、模式识别、图形处理、图像处理、情报检索、统计分析、决策支持、计算机辅助设计、印刷排版、文档管理、电子账务、电子邮件、电子数据交换、来访接待、电子黑板、电视会议和同声传译等。另外，先进的办公子网还可提供辅助决策功能，从低级到高级逐步建立办公服务的决策支持系统。

办公子网主要面向学校的各级领导及职能部门，能够实现对网络数据的查询、修改、添加、删除等操作，同时应能够满足视频传输的要求。因此，办公子网可以采用自适应集线器，它除具备普通双速集线器功能外，还专门提供了交换式端口，能为连接在该端口上的设备提供独享的 10/100Mbit/s 带宽，有效地提高了数据的传输速率。

（4）图书馆子网图书馆子网具有图书档案管理、数字化图书馆等功能，可以实现多媒体视听图书馆、虚拟图书馆等。可采用性能优良的自适应以太网交换机，存储器可以采用光盘库。

（5）宿舍区子网及后勤子网宿舍区子网即在学生宿舍内部联网，用以直接浏览学校发布的信息及查阅电子文档资料。后勤子网覆盖范围较大，主要有食堂消费、医疗费用等智能卡计费系统。由于宿舍子网和后勤子网对带宽的要求并不高，可以采用10/100Mbit/s自适应集线器或交换机。

2. 某出版文化城的网络系统设计示例。本工程有 4 层高的裙房和两座 20 层的主楼，建筑面积约 10 万 m²。

网络拓扑结构如图 11-5 所示。网络物理结构——采用千兆网为主干网的两级交换结构。主干交换机通过 10 根多模光缆连接二级交换机，两座主楼各用 4 根，裙房用 2 根。主楼自 5 层起至 20 层，每 4 层楼为一组，共有 4 个组，每组设一个配线间，每个配线间连接 160～200 台主机。裙房设两台二级交换机，每台连接 120 台主机。配线间的二级交换机上连千兆光缆，下连各主机和部门服务器。

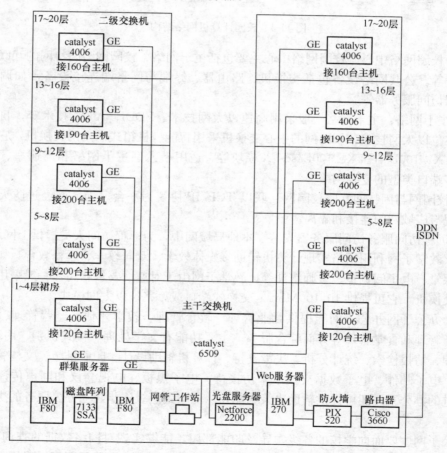

图 11-5　某出版文化城的网络系统图

裙房展销大厅广泛采用多媒体网络技术，因此对信号时延和带宽均有一定要求。裙房内每台主机所占带宽要明显高于主楼，此外，在交换机上还要进行数据优先级输出队列的管理控制，使多媒体应用在网络上能够得到良好的服务质量保证。

主干交换机——选用一台 Cisco Catalyst 6509 千兆位交换机。该交换机采用 9 槽模块式机柜，具有第三层路由交换，双电源冗余。背板带宽为 32Gbit/s，多层交换转发速率为 30Mbit/s，并具有可扩展性。机柜内配 2 个 8 端口千兆位模块，用以连接主干网和网络群集服务器。另配一个 48 端口 10/100M 模块，连接网管工作站、PIX 防火墙、光盘服务器和机房内其他设备。主干交换机集成有 IOS 软件，可有效地管理网络流量，该交换机为满足多种业务环境中的数据、语音和视频应用提供了必要的速度、容量和智能化功能。

二级交换机——选用 10 台 Cisco Catalyst 4006 交换机。该交换机采用 6 槽模块式机柜，双电源冗余，背板带宽 60Gbit/s，具有很高的性能和可扩展性。每台 4006 交换机的配置为，32 口 10/100M 自适应端口带 2 个千兆位的上联模块一个，根据所带主机数量不同，配 2-4 个 48 口 10/100M 自适应端口模块。

网络操作系统——在企业级的大型局域网中，安装不同的操作系统，扬长避短、合理共存为可取的办法。Unix 操作系统由于是开放式源代码，具有更好的安全性、稳定性和可扩展性，故选作网络服务器和 Web：服务器的操作平台，而将 WindowsNT 作为部门级应用服务器的操作平台。

网络服务器与数据库系统——作为局域网的核心，网络服务器实现数据库服务和办公自动化 OA 等关键应用功能，要求高速并行处理，高度可靠，并便于性能扩展。选用 IBM RS/6000 企业级服务器 F80 两台，通过备援软件 HACMP 组成群集系统，双机共享 IBM7133 SSA 磁盘阵列柜，实现并行处理、负载均衡和节点机失效后的平滑接管。在正常情况下，一台服务器运行 OA 服务，处理客户端的应用请求，另一台服务器运行数据库服务，对共享磁盘阵列中的数据进行存取。当一台服务器发生故障时，另一台服务器接管该服务器工作，使整个系统运行不致中断。

F80 机具有铜芯技术 64 位处理器 RS64Ⅲ，最多可扩展为 6 路 500MHz 的对称多处理，共享内存达 16GB，I/O 带宽达 1Gbit/s，硬盘数据传输率为 160Gbit/s。选配 3Com 智能型千兆网卡连接主干交换机。随机集成的操作系统 AIX4.3.3 是目前具有领先水平的 Unix 系统。所有这些有助于克服网络性能瓶颈，为充分发挥千兆以太网的优势提供了良好的服务器软、硬件平台。

选用 Iotos Domino/notes，开发办公自动化系统的各个功能模块，实现管理层查询、公文收发、督办、刊物编辑出版、公共个人信息发布、电子邮件等业务应用。

选用 IBM DB2 通用数据库，因其具有良好的开放性，集成了数据管理、电子商务、商务智能，支持包括文字、图像、声音和视频非结构性数据等在内的各种应用服务。

网管工作站与网管软件——使用一台奔腾Ⅲ PC 为网管工作站，选用 Cisco WORKS 2000LANmanagement for NT 为网络管理软件，以实现对网络设备的监控与操作。

光盘服务器——为便于使用 Web 浏览器阅读电子图书和欣赏音像制品，选用一台 PROCOM 公司的 Net FORCE 2200 光盘镜像服务器，通过 100M 网卡连至主干交换机。Net FORCE 2200 支持 Unix 和 Windows 异构环境，具有高速动态缓存镜像，支持 CD、VCD、DVD。硬盘容量最大达 180G，数据传输率达 33Mbit/s，并可支持 200 名并发用户同时访问。

因特网的接入与安全性设计——选用 Cisco 3660 路由器，通过 1M 带宽的 DDN 专线和 4 条 ISDN 接入因特网。路由器兼作网络的第一道防线，阻止从因特网上伪造源地址进来的数据包。其输出端接至 Cisco 高速硬件防火墙、PIX 520。PIX 将网络分为内网和外网，外网放置 Web 服务器。PIX 支持状态检查、NAT、代理、流量检测等功能，具有很高的执行速度。

网络服务器和 Web 服务器采用 Unix 操作系统，有助于加强整个网络系统的安全性。

内部网的安全性主要体现在对网络数据资源的访问控制。主干交换机 6509 和二级交换机 4006 均支持 VLAN。VLAN 结合 IP 地址划分，原则上各个部门为一个独立子网。按职能和所处位置，划分为行政、财会、营销、编辑出版、展示、培训、读者浏览等若干子网。供租赁的写字楼，则要根据各用户的需求另行划分若干子网。对财会等重要部门实行单独隔离。各个部门之间，以及子网与网络服务器之间可以有限制地访问。在局域网内，对共享资源分别设置访问权限，以避免重要信息遭受网络内部的非法入侵。

电子商务平台的构建——网上销售图书音像制品，以 B-B 为主，B-C 为辅。由于有相对稳定的购买群体，销售量应有一定保证。

Web 服务器的选择。选用一台 IBM BS/6000 系列服务器，型号 270。该服务器具有 64 位 Power3——Ⅱ处理器，可扩展到 4 路，内部集成 AIX4.3.3 操作系统。随着网上业务的扩大，可方便地添置一台同型号机组成群集系统。并可添置一台 Cisco Cache engine 缓存设备来加速用户访问。

软件平台的选择。选用 IBM Webstphere 作为网络环境开发应用软件。该软件对 Web 网站的创建、维护、优化管理和动态数据发布等均能提供功能强大的支持。

网站的内容和形式。网上展示的图书需包括如下条目：封面、作者、内容简介、出版日期、价格、电话及购买方式等。文艺作品要有精彩书摘，科技书籍要有详尽目录。

UPS 的配置——配备在线式正弦波 UPS 电源，集中给中心机房和配线间设备供电。选用 APC Symetra 16kVA 不间断电源阵列一台，该设备提供了电源冗余、模块扩充、软件监控和热拔插维护，具有极高的可靠性。

第十二章　住宅小区智能化系统

12.1　住宅智能化系统

12.1.1　智能住宅

智能家居是一个居住环境，是以住宅为平台安装有智能家居系统的居住环境，实施智能家居系统的过程就称为智能家居集成。以住宅为平台，利用有线和无线网络平台通信技术、包括综合布线系统，安全防范系统，背景音乐广播系统，灯光窗帘控制系统，空调VRV控制系统，以及家庭影院控制系统；将家居生活有关的设施集成，构建高效的住宅设施与家庭日程事务的管理系统，提升家居安全性、便利性、舒适性、艺术性，并实现环保节能的居住环境。

住宅小区智能化系统是将建筑技术与现代计算机技术、信息与网络技术、自动控制技术相结合，将住宅小区的安全防卫、物业管理、多元信息服务与管理、家庭办公与智能化系统集成，为住宅小区的服务与管理、居民生活提供高技术的智能化辅助管理手段，提高小区的物业管理和服务水平，以期实现快捷、高效的超值服务，为住房提供更加安全、方便、舒适的居家环境。

智能居住区的智能主要体现在通信网络、家庭办公自动化、物业管理自动化和社区服务自动化。智能化住宅小区的内容包括：①住宅小区设立计算机自动化管理中心，水、电、气等自动计量、收费；②住宅小区封闭，实行安全防范系统自动化监控管理；住宅的火灾，有害气体泄漏实行自动报警；③住宅设置楼宇对讲和紧急呼叫系统；④对住宅小区机电设备、设施实行集中管理，对其运作状态实施远程监控。

12.1.2　住宅智能化系统的组成和功能

1. 住宅智能化系统的组成

住宅智能化系统一般由家庭智能控制器、现场终端设备、家庭监控网络组成，具体如图 12-1 所示。

（1）家庭智能控制器。指具有家庭安全防范、设备环境监控、家电控制或信息通信功能，能完成住宅内各种数据采集、控制及通信传输的设备（或设备组合）。

（2）现场终端设备。指家庭内（含住宅周围）的传感器以及自动执行机构等装置，如各种入侵探测器、温度传感器、湿度传感器、带脉冲或数据接口的水电计量表、电磁阀、声光报警器、空调器和各种网络家用电器等。

（3）家庭监控网络。家庭监控网络主要连接不同的现场设备，目前有以下三种方式：

1）家庭总线。目前普遍使用的作为家庭监控网络的解决方案有串行通信方式，如RS-485/RS-422、CAN、BACNet、LONworks、Cebus、1-wire（单总线）等通信接口。其中 RS-485/RS-422 应用最为广泛，相对成本较低。但由于需要微处理器控制，因此相

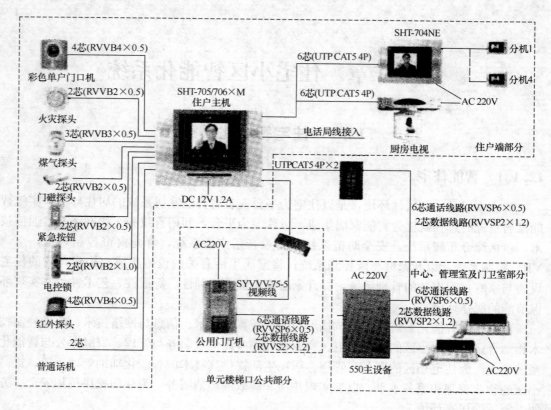

图 12-1　住宅智能化系统

对于家庭监控网络应用来说，其成本依然较高，尤其是在监测单个 I/O 时更为突出；而 CAN 在提供了更高的可靠性同时，成本也高过 RS-485/RS-422 通信方案。

　　2）无线网络。即家庭内所有的监控单元采用无线连接至主机。其显著优点是无需为网络连接铺设电缆。但也存在明显的缺点，即每个监测单元由于采用电池供电，因而需要定期更换电池，容易受到外界强电磁干扰影响，成本较高等。

　　3）电力载波通信网络。即家庭内所有的监控单元通过电力线连接至主机。这种方式由于借助于现有的电缆，不需重新布线。但目前国内使用的一些低成本电力载波通信方式的应用中存在较多问题，如可靠性差等。而且在市电停电后，家庭监控网络将失效。

　2. 住宅智能化系统的功能

　　住宅小区的智能化等级将根据其具备的功能和相应投资来决定，建设部在《全国住宅小区智能化技术示范工程建设大纲》中对智能小区示范工程按技术的全面性、先进性划分为三个层次，对其技术含量作出了如下的划分，见表 12-1。

　　(1) 普及型住宅小区——成本中等，应用信息技术实现以下功能要求：

　　1）住宅小区设立计算机自动化管理中心；

　　2）水、电、气、热等自动计量、收费；

　　3）住宅小区封闭，实行安全防范自动化监控管理；

　　4）住宅的火灾、有害气体泄漏等实行自动报警；

　　5）住宅设置紧急呼叫系统；

住宅小区智能化系统功能及等级表　　　　　　表 12-1

功能			性　质	等　级　标　准		
				最低标准	普及标准	较高标准
（一）物业管理及安防	（1）小区管理中心		对小区各子系统进行全面监控	＊	＊	＊
	（2）小区公共安全防范	A. 周界防范系统	对楼宇出入口，小区出入口，主要交通要道，停车场，楼梯等重要场所进行远程监控		＊	＊
		B. 电子巡更系统	在保安人员巡更路线上设置巡更到位触发按钮（或 IC 卡），监督与保护巡更人员		＊	＊
		C. 防灾及应急联动	与 110、119 等防盗，防火部门建立专线联系及时处理各种问题		＊	＊
		D. 小区停车场管理	感应式 IC 卡管理		＊	＊
	（3）三表（电表、水表、煤气表）计量（IC 卡或远传）		自动将三表读数传送到控制中心	＊	＊	＊
	（4）小区机电设备监控	A. 给水排水、变电所集中监控	实时监控水泵的运行情况，对电力系统监控		＊	＊
		B. 电梯、供暖监控	实时监控电梯，供暖设备的运行情况			＊
		C. 区域照明自动监控			＊	＊
	（5）小区电子广告牌		向小区居民发布各种信息		＊	＊
（二）信息通信服务与管理	（1）小区信息服务中心		对各信息服务终端进行系统管理		＊	＊
	（2）小区综合信息管理		房产管理，住户管理，租金与管理费管理统计报表，住户可以通过社区网进行物业报修		＊	＊
	（3）综合通信网络		HBS、ISDN、ATM 宽带网			＊

233

功能		性　质	等级标准		
			最低标准	普及标准	较高标准
（三）住宅智能化	（1）家庭保安报警	门禁开关，红外线报警器	*	*	*
	（2）防火，防煤气泄漏报警	煤气泄漏，发生火灾时发出告警，烟感、温感、煤气泄漏探测器	*	*	*
	（3）紧急求助报警　消防手动报警	紧急求助按钮-1	*	*	*
	防盗，防抢报警	紧急求助按钮-2（附无线红外按钮）	*	*	*
	医务抢救报警	紧急求助按钮-3（附无线红外按钮）	*	*	*
	其他求助报警	紧急求助按钮-4	*	*	*
	（4）家庭电器自动化控制	在户外通过电话时家用电器进行操作，实现远程控制			*
	（5）家庭通信总线接口　音频	应用 ISDN 线路提供了 128K 的带宽，住户可在家中按需点播 CD 的音乐节目		*	*
	视频	宽带网的接入采用 ADSL 和 FTTB 加上五类双绞线分别能提供 MPEG1 和 MPEG2 的 VCD 点播	*	*	*
	数据	通过 HBS 家庭端口传输各类数据		*	*
（四）铺设管网	根据各功能要求统一设计，铺设管网	建立小区服务网络	按二级功能	按一级功能	按一级功能

注：表中 * 号表示具有此功能。

　6）对住宅小区的关键设备、设施实行集中管理，对其运行状态实施远程监控。

　（2）先进型住宅小区——成本较高，应用信息技术和网络技术实现以下功能要求：

　1）实现普及型的全部功能要求；

　2）实行住宅小区与城市区域联网，互通信息、资源共享；

　3）住户通过网络终端实现医疗、文娱、商业等公共服务和费用自动结算（或具备实施条件）；

　4）住户通过家庭电脑实现阅读电子书籍和出版物等。

　（3）领先型住宅小区——成本约为住宅投资的 1%～2%，应用信息技术、网络技术和信息集成技术实现以下功能要求：

　1）实现先进型的全部功能要求；

2）实现住宅小区开发建设应用 HI-CIMS 技术，实施住宅小区开发全生命周期的现代信息集成系统，达到提高质量、有效管理、改善环境的目标。

12.2 访 客 对 讲 系 统

12.2.1 访客对讲系统的分类

访客对讲系统是指对来访客人与住户之间提供双向通话或可视通话，并由住户遥控防盗门的开关及向保安管理中心进行紧急报警的一种安全防范系统。它适用于单元式公寓、高层住宅楼和居住小区等。它的分类如下：

1. 按对讲功能分

可分为单对讲型和可视对讲型。

2. 按线制结构分

可分为多线制、总线加多线制、总线制（表 12-2 及图 12-2）。

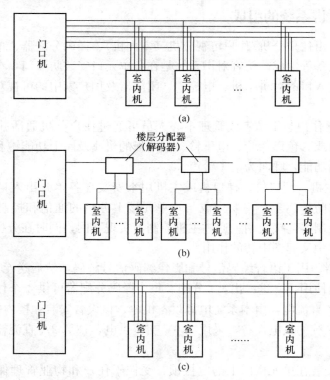

图 12-2 三种访客对讲系统结构

(a) 多线制；(b) 总线多线制；(c) 总线制

（1）多线制系统：通话线、开门线、电源线共用，每户再增加一条门铃线。

（2）总线多线制、采用数字编码技术，一般每层有一个解码器（四用户或八用户），解码器与解码器之间以总线连接，解码器与用户室内机呈星型连接，系统功能多而强。

性能	多线制	总线多线制	总线制
设备价格	低	高	较高
施工难易程度	难	较易	容易
系统容量	小	大	大
系统灵活性	小	较大	大
系统功能	弱	强	强
系统扩充	难扩充	易扩充	易扩充
系统故障排除	难	容易	较易
日常维护	难	容易	容易
线材耗用	多	较多	少

三种系统的性能对比　　　　表 12-2

（3）总线制：将数字编码移至用户室内机中，从而省去解码器，构成完全总线连接。故系统连接更灵活，适应性更强，但若某用户发生短路，会造成整个系统不正常。

12.2.2 访客对讲系统的组成

访客对讲系统由住户分机/住户可视分机（室内机）、译码分配器、单元门口主机、管理中心机及电源设备等组成。访客对讲系统是在各单元口安装防盗门，小区总控中心的管理员总机、住宅出入口的对讲主机、电控锁、闭门器及用户家中的可视对讲分机通过专用网络组成。

1. 住户分机。住户与来访者或管理中心人员可通过住户分机通话并观看来访者的影像。它由装有黑白或彩色影像管、电子铃、电路板的机座及座上功能键和手机组成。分机具有双工对讲通话功能，呼叫为电子铃声。

2. 门口机或主机。门口机、梯口机或主机用来安装在各单元出入口、单元楼门外的左侧墙上或特制的防护门上，主要完成与本单元楼上分机的通信和控制单元门电锁的开启。与门口主机控制器连接使用，通过主机控制器实现联网，同时在分机与管理机、分机与分机的通信过程中又起到中转的作用。

3. 译码分配器。用于语音编码信号和影像编码信号解码，然后送至对应的住户分机，在系统中串行连接使用，一进一出，4 分配。每个译码分配器可供 4 个住户使用。译码分配器采用 15～18V 直流电，由本系统电源设备供电。该设备安装在楼内的信息竖井内。

4. 电源。是系统的供电设备，采用 220V 交流供电，18V/2A 直流输出。安装在楼内的信息竖井内。

5. 电锁。指安装在单元楼门上的电控锁，受控于住户和物业管理保安值班人员。平时锁闭，当确认来访者可进入后，通过对设定键的操作，打开电锁，来访者便可进入，之后门上的电锁自动锁闭。

6. 管理中心主机。它是住宅小区保安系统的核心设备，可协调、督察该系统的工作。主机装有电路板、电子铃、功能键和手机（有的管理主机内附荧幕和扬声器），并可外接摄像机和监视器。

12.2.3 访客对讲系统设计

访客对讲系统按功能可分为单对讲型和可视对讲型两种类型系统。

1. 单对讲型访客对讲系统设计

单对讲型对讲系统一般由防盗安全门、对讲系统、控制系统和电源等组成如图 12-3 所示。在设计时应该考虑：

（1）对讲系统

对讲系统主要由传声器和语音放大器、振铃电路等组成，要求对讲语言清晰，信噪比高，失真度低。

（2）控制系统

一般采用总线制传输、数字编解码方式控制，只要访客按下户主的代码，对应的户主拿下话机就可以与访客通话，以决定是否需要打开防盗安全门。

（3）电源系统

电源系统供给语言放大、电气控制等部分的电源，它必须考虑下列因素：

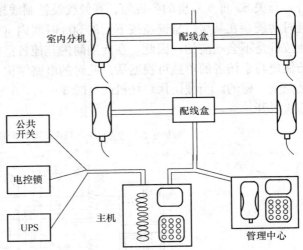

图 12-3 访客对讲系统连接图
注：室内分机可根据需要再设置分机。

1）居民住宅区市电电压的变化范围较大，白天负荷较轻时可达 250～260V，晚上负荷重，就可能只有 170～180V，因此电源设计的适应范围要大。

2）要考虑交直流两用，当市电停电时，由直流电源供电。

（4）电控防盗安全门

楼寓对讲系统用的电控防盗安全门是在一般防盗安全门的基础上加上电控锁、闭门器等构件组成，防盗门可以是栅栏式的或复合式的，关键是安全性和可靠性。

2. 可视对讲型访客对讲系统设计

根据住宅用户多少的不同，可视对讲系统又分为直接按键式及数字编码按键式两种系统，其中前者主要适用于普通住宅楼用户，后者既适用于普通住宅楼用户，又适用于高层住宅楼用户。

（1）直接按键式可视对讲系统

直接按键式可视对讲系统的门口机上有多个按键，分别对应于楼宇的每一个住户，因此这种系统的容量不大，一般不超过 30 户。其室内机的结构与单对讲型可视对讲类似，图 12-4 示出 6 户型直接按键式可视对讲系统结构图。由图可见，门口机上具有多个按键，每一个按键分别对应一个住户的房门号，当来访者按下标有被访住户房门号的按键时，被访住户即可在其室内机的监视器上看到来访者的面貌，同时还可以拿起对讲手柄与来访者通话，若按下开锁按钮，即可打开楼宇大门口的电磁锁。由于此门口机为多户共用式，因此，住户的每一次使用时间必须限定，通常是每次使用限时 30s。

由图 12-4 可见，各室内机的视频、双向声音及遥控开锁等接线端子都以总线方式与门口机并接，但各呼叫线则单独直接与门口机相连。因此，这种结构的多住户可视对讲系统不需要编码器，但所用线缆较多。

图 12-4 中的 S1～S6 分别是各室内机内部的继电器触点开关，当来访者在门口机上按下某住户的房门号按键时（假设 101 号按键对应 5 号室内机），即可通过对应的呼叫线传到相应的 5 号室内机，使该室内机内的门铃发出"叮咚"音响，同时，机内的继电器吸合，开关 S5 将 5 号机的各视频、音频线及控制线接到系统总线上。门口机上设定了按键延时功能，在某房门号键被按下后的 30s 时间内（延时时间可以在内部设定），系统对其他按键是不会响应的，因此，在此期间内其他各室内机均不能与系统总线连接，保证了被访住户与来访者的单独可视通话。此时的电路结构，与前述的单户型可视对讲门铃的结构是完全一样的。当被访住户挂机或延时 30s 后，5 号机内的继电器将自动释放，S5 与系统总线脱开。

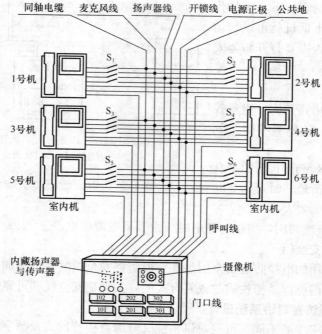

图 12-4 直接按键式可视对讲系统结构图

（2）数字编码式可视对讲系统

数字编码式可视对讲系统适用于高层住宅楼及普通住宅楼的多住户场合。由于住户多，直接将每一住户的房门号对应于门口机的一个按键显然是不合适的，因此，数字编码系统将各住宅户的房门号采用数字编码，即在其门口机上安装一个由 10 位数字键及"#"键与"＊"键组成拨号键盘。当来访者需访问某住户时，可以像拨电话一样拨通被访住户的房门号，门口机经对输入的 4 位房门号码译码后，确定被访住户的地址，并将该住户的室内机接入系统总线，此时，如被访住户拿起其室内机上的对讲手柄即可与来访者双向通话，门口摄像机摄取的图像亦同时在其室内机的监视器上显示出来。

12.3 住宅通信系统

12.3.1 住宅小区通信网络的组成

住宅小区通信网络能支持语音、数据、图像等业务信息的传送，建设一个开放性的网络，将小区建成一个安全、便利、舒适、节能、娱乐的生活和工作环境。

对于住宅小区通信网络的组成，现有的项目大多采用电信网和有线电视网去实现。从目前具备的条件分析，住宅小区通信网络的组成有表 12-3 几种方式可供选择。

住宅小区通信网络组成   表 12-3

业务网络	通信方式			设备类型	实施部门	安装地点
电话网	集中用户交换机功能			程控电话交换机软件	电信	公用网电话局
	程控交换局远端用户模块			程控电话交换机远端用户模块	电信	物业提供机房
	程控交换局			程控电话交换机	电信	物业提供机房或公用网电话局
	程控用户交换局（站）			程控用户电话交换机	物业	物业提供机房
光纤接入	光纤环路	光纤到小区 FTTL		光纤线路终端（OLT）	电信或物业	电信或物业提供机房
		光纤到路边 FTTC		光纤网络单元（ONU）	电信或物业	物业机房或住宅楼设备间
		光纤到楼 FTTB		传输设备（SDH 等）	电信或物业	物业机房、住宅楼设备间或小区内（管道）
		光纤到户 FTTH				
	光纤同轴混合（HFC）			局端设备	广电、电信、物业	物业提供机房
				远端设备	广电、电信、物业	物业机房或住宅楼设备间
				光纤、同轴传输网	广电、电信、物业	小区内
	铜缆接入	高比特数字用户线（HDSL）非对称数字用户线（ADSL）		局端设备	电信或物业	电信或物业提供机房
				远端设备	电信或物业	物业机房或住宅楼设备间
	无线接入	无线用户环路（WLL）		基站	电信或物业	物业机房或住宅楼
				控制单元	电信或物业	物业提供机房
		卫星 VSAT		室外单元	电信或物业	物业提供场地
				端站设备	电信或物业	物业机房或住宅楼设备间

业务网络	通信方式	设备类型	实施部门	安装地点
综合业务数字网	窄带综合业务数字程控交换局（N-ISDN）	ISDN电话交换设备	电信或物业	电信或物业提供机房
	宽带综合业务数字程控交换局（B-ISDN）	ATM交换设备	电信或物业	电信或物业提供机房

12.3.2 住宅小区宽带网的设计

宽带接入是相对于普通拨号上网方式而言，拨号上网速率因受模拟传输限制最高只有56kbit/s，根本无法浏览实时传输的网上多媒体信息，连一般的网页浏览也需较长的等待时间，更不用说网上信息的下载。宽带的定义，即按接入的带宽分类，宽带传输速率＞2Mbit/s，而窄带传输速率≤2Mbit/s。

1. FTTB＋LAN（以太网）接入方式与工程设计

我国接入网建设，以发展光纤接入网为主的原则，已初步实现了光纤到路（FTTC）、光纤到办公室（FTTO）、光纤到楼（FTTB）。目前的发展方向是光纤以太网加局域网接入，即FTTB（光纤到大楼）＋LAN的方式。

设计单位根据技术要求条件书，进行楼内盒箱及管线预埋，通常有两种做法：单式和楼栋式。其管线设计方案分别见图12-5和图12-6。图12-5为楼栋式进线。三个单元分别表示了两种垂直干管配管方法。图12-6中表示单元式进线。分线盒出线采用电话、数据共管配线至家庭信息配线箱的配线方式。是否采用信息配线箱由工程设计定，一般非智

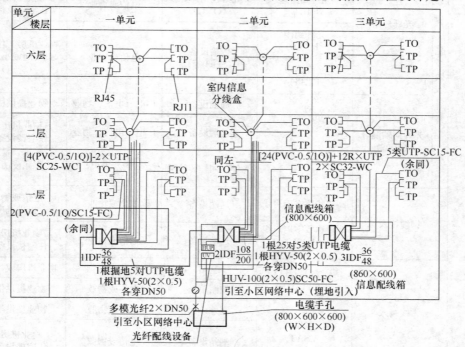

图12-5 楼栋式宽带网及电话配线系统

240

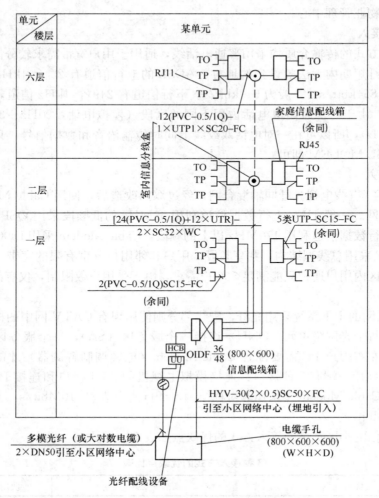

图 12-6　单元式宽带网及电话单元配线系统

能化住宅可不采用家庭信息配线箱。智能化住宅因牵涉系统较多（如电视、电话、宽带网、访客对讲、三表远传、家庭报警等），需采用家庭信息配线箱。两种配管方式均可采用，具体由宽带接入商确定。

（1）单元式配线，需在每栋楼前设置人孔，与单元电缆手孔相连。楼栋式配线则直接由楼前电缆手孔暗配管至信息配线箱（860mm×600mm×160mm，$W×D×H$）。信息配线箱中含有水平安装数据、语音配线架、垂直安装 HUB（以太网交换机）。配线箱暗敷设于单元楼道底层墙上，安装高度底边距地 1.4m。

（2）电话及信息接点均采用不同的配线架，再由一层分别供至各层配线盒。配线盒安装高度距顶 0.3m。由各层配线盒至每户家庭信息配线箱及信息插座均采用穿管暗敷。

（3）箱盒预埋尺寸应根据设计，参考样本选定。其管径截面利用率双绞用户线为 20%～25%，平行电话用户线为 20%～30%。

（4）施工暗管及盒箱时，宽带接入商均需配合施工，线路穿放由其自行施工。

（5）小区应设置交换机房，面积在宽带接入商提供的技术任务书中确定，宜设于小区中心会所内或物业管理中心。

2. ADSL 接入

这种接入方式的传输介质均采用普通电话线，适用于用户宽带需求较分散的已有住宅小区，以及光纤短期内无法敷设到的地方。ADSL 的上行信道有 25 个 4kHz 信道，最高上行速率可达 864kbit/s，一般为 640kbit/s。下行信道有 249 个 4kHz 信道，最高下行速率为 8Mbit/s。由于与普通模拟电话占用不同的区段（模拟电话：20Hz～3.4kHz，XDSL2.5～3.4kHz），所以可在一对电话双绞线上同时传输语音和数据信号，只需加装一个分离器和 ADSL MODEM 即可。

3. HFC 接入

现有 HFC（有线电视光纤同轴混合网）经过双向改造后，使用 Cable Modem 就可以构成宽带接入网。一般 HFC 上行数据信道利用 50MHz 的低频段采用 QSPK 或 16QAM 调制方式，下行数据信道利用 170MHz 以上的频段，Cable Modem 采用 DOC-SIS 标准。

由于 HFC 采用总线型结构，共享频段，用户和邻用户分享有限的宽带，所以为保证接入速度，小区内用户通常只能满足 500 户需求，由于受用户数限制，仅有部分小区采用 HFC 方式。

HFC 接入网的主干系统采用光纤，配线部分则使用现有 CATV 网中的树形分支结构的同轴电缆。每个光网络单元（ONU）连接一个服务区（SA），每个服务区内的用户数一般在 500 户左右用户 PC 需要配置 Cable Modem（电缆调制解调器）才能上网。每个 Cable Modem 在用户端有 2 种接口：连接模拟电视机的 AUI 接口和连接 PC 机的 RJ-45 双绞线接口。Cable Modem 多采用非对称结构，下行速率达 3～10Mbit/s，上行速率可达 200kbit/s～2Mbit/s。

上述三种住宅小区宽带网接入方式的优缺点如表 12-4 所示。

3 种接入方式的优缺点比较 表 12-4

	优 点	缺 点	使用/计费方式
FTTB+LAN	（1）用户端不需各种调制解调器。 （2）高速：每户独享 10M 带宽。 （3）除了 internet 高速接入外，ASP 还提供小区专用虚拟服务器，便于小区实现网络化物业管理和内部信息服务	（1）必须敷设专用网络布线系统； （2）网络设备需占用建筑面积	（1）专线上网，不需拨号。 （2）包月计费，不限使用时间
ADSL	利用电话线，不需专门布线	（1）用户端需要 ADSL Modem 作接入设备。 （2）仅作为 Internet 接入通道，信息内容受制于 ISP	（1）专线上网，不需拨号。 （2）包月计费，不需缴付电话费，速率 1～4M 可选，使用费用相应递增

	优　　点	缺　　点	使用/计费方式
HFC	利用双向有线电视网络	（1）树型网络结构，传输速率取决于同一光节点下的用户数量，用户增多速率下降，通常下行速率只有 1～2Mbit/s，常见的是 400～500Mbit/s； （2）用户端需要 Cable Modem 作接入设备； （3）仅作为 Internet 接入通道，信息内容受制于 ISP	（1）与有线电视混用，不需拨号。 （2）提供几种包用计费套餐，不限使用时间

12.4　家庭智能化系统

12.4.1　家庭智能化

所谓的家庭智能化就是通过家居智能管理系统的设施来实现家庭安全、舒适、信息交互与通信的能力。家居智能化系统由如下三个方面组成：（1）家庭安全防范（HS）；（2）家庭设备自动化（HA）；（3）家庭通信（HC）。

家居智能化包括以下六个方面：家居智能化系统组成、家居布线系统、家居安防系统、远程计量系统、家电自动化系统以及家居信息服务等。

在建设家居智能化系统时，依据我国有关标准，具体提出了如下的基本要求：

（1）应在卧室、客厅等房间设置有线电视插座；

（2）应在卧室、书房、客厅等房间设置信息插座；

（3）应设置访客对讲和大楼出入口门锁控制装置；

（4）应在厨房内设置燃气报警装置；

（5）宜设置紧急呼叫求救按钮；

（6）宜设置水表、电表、燃气表、暖气（有采暖地区）的自动计量远传装置。

12.4.2　家庭控制器

家庭智能化系统大多以家庭控制器（亦称家庭智能终端）为中心，综合实现各种家庭智能化功能。图 12-7 是一种家庭控制器。它由中央处理器 CPU、功能模块等组成。它包括如下三大单元：

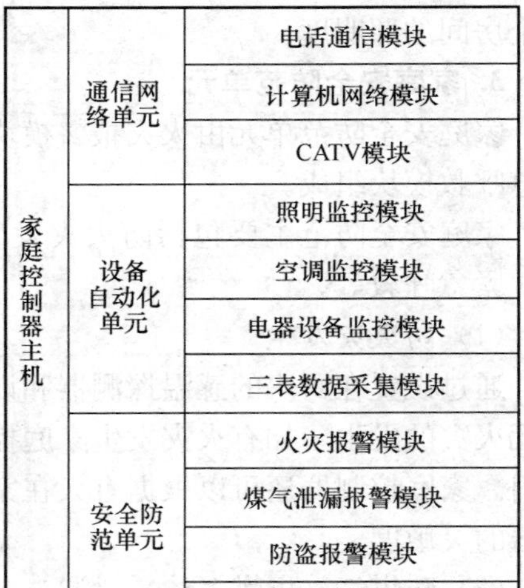

1. 家庭通信网络单元

家庭通信网络单元由电话通信模块、计算

		电话通信模块
	通信网络单元	计算机网络模块
		CATV模块
家庭控制器主机	设备自动化单元	照明监控模块
		空调监控模块
		电器设备监控模块
		三表数据采集模块
	安全防范单元	火灾报警模块
		煤气泄漏报警模块
		防盗报警模块
		对讲及紧急求助模块

图 12-7　家庭控制器主机的组成

机互联网模块、CATV 模块组成。

（1）电话线路

通过电话线路双向传输语音信号和数据信号。

（2）计算机互联网

通过互联网实现信息交互、综合信息查询、网上教育、医疗保健、电子邮件、电子购物等。

（3）CATV 线路

通过 CATV 线路实现 VOD 点播和多媒体通信。

2. 家庭设备自动化单元

家庭设备自动化单元由照明监控模块、空调监控模块、电器设备监控模块和电表、水表、煤气表数据采集模块组成。

家庭设备自动化主要包括电器设备的集中、遥控、远距离异地的监视、控制及数据采集。

（1）家用电器进行监视和控制

按照预先所设定程序的要求对微波炉、开水器、家庭影院、窗帘等家用电器设备进行监视和控制。

（2）电表、水表和煤气表的数据采集、计量和传输

根据小区物业管理的要求在家庭控制器设置数据采集程序，可在某一特定的时间通过传感器对电表、水表和煤气表用量进行自动数据采集、计量，并将采集结果传送给小区物业管理系统。

（3）空调机的监视、调节和控制

按照预先设定的程序根据时间、温度、湿度等参数对空调机进行监视、调节和控制。

（4）照明设备的监视、调节和控制

按照预先设定的时间程序分别对各个房间照明设备的开、关进行控制，并可自动调节各个房间的照明度。

3. 家庭安全防范单元

家庭安全防范单元由火灾报警模块、煤气泄漏报警模块、防盗报警模块和安全对讲及紧急呼救模块组成。

家庭安全防范主要包括防火灾发生、防煤气（可燃气体）泄漏、防盗报警、安全对讲、紧急呼救等。

（1）防火灾发生

通过设置在厨房的感温探测器和设置在客厅、卧室等的感烟探测器，监视各个房间内有无火灾的发生。如有火灾发生家庭控制器发出声光报警信号，通知家人及小区物业管理部门。家庭控制器还可以根据有人在家或无人在家的情况，自动调节感温探测器和感烟探测器的灵敏度。

（2）防煤气（可燃气体）泄漏

通过设置在厨房的煤气（可燃气体）探测器，监视煤气管道、灶具有无煤气泄漏。如有煤气泄漏家庭控制器发出声光报警信号，通知家人及小区物业管理部门。

（3）防盗报警

防盗报警的防护区域分成两部分，即住宅周界防护和住宅内区域防护。住宅周界防护是指在住宅的门、窗上安装门磁开关；住宅内区域防护是指在主要通道、重要的房间内安装红外探测器。当家中有人时，住宅周界防护的防盗报警设备（门磁开关）设防，住宅内区域防护的防盗报警设备（红外探测器）撤防。当家人出门后，住宅周界防护的防盗报警设备（门磁开关）和住宅区域防护的防盗报警设备（红外探测器）均设防。当有非法侵入时，家庭控制器发出声光报警信号，通知家人及小区物业管理部门。另外，通过程序可设定报警点的等级和报警器的灵敏度。

（4）安全对讲

住宅的主人通过安全对讲设备与来访者进行双向通话或可视通话，确认是否允许来访者进入。住宅的主人利用安全对讲设备，可以对大楼入口门或单元门的门锁进行开启和关闭控制。

12.5 住宅区物业管理系统

12.5.1 物业管理系统的功能

物业管理系统是为物业管理服务的计算机系统。目前基本上采用微机组成的系统。

居住小区应在物业管理中心建立计算机系统，并配备相应的支撑平台和应用软件，实现物业的计算机自动化管理。

系统基本功能包括物业公司管理、托管物业管理、业主管理和系统管理四个子系统，其中物业公司管理子系统包括办公管理、人事管理、设备管理、财务管理、项目管理和ISO 9000管理等；托管物业管理子系统包括托管房产管理、维修保养管理、设备运行管理、安防卫生管理、环境绿化管理、业主委员会管理、租赁管理、会所管理和收费管理等；业主管理包括业主资料管理、业主入住管理、业主报修管理、业主服务管理和业主投诉管理等；系统管理包括系统参数管理、系统用户管理、操作权限管理、数据备份管理和系统日志管理等。系统基本功能中还应具备多功能查询统计和报表功能。

系统扩充功能包括工作流管理、地理信息管理、决策分析管理、远程监控管理、业主访问管理等功能。有的同时含有能耗计量系统、停车场管理系统、建筑物自动化系统、信息查询服务系统、信息显示系统。

12.5.2 物业管理系统的组成

普通的物业计算机管理系统，可以采用单台或多台独立的单机方式工作，它们可以分别运行不同的相关软件，完成不同的物业管理功能。较为完善的物业管理系统，要求采用计算机联网方式工作，实现系统信息共享，进一步提高办公自动化程度，同时也为小区居民在家上网查询、了解小区物业管理及与自家相关的物业管理情况提供方便。图 12-8 是典型的系统软件功能框图。

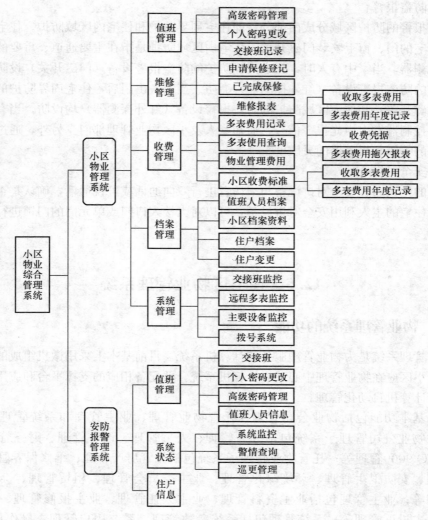

图 12-8 小区物业管理综合软件功能框图

12.6 住宅区系统设计

12.6.1 设计要求

1. 总体目标

为适应 21 世纪信息社会的生活方式，提高住宅功能质量，居住小区智能化系统总体目标是：通过采用现代信息传输技术、网络技术和信息集成技术，进行精密设计、优化集成、精心建设，提高住宅高新技术的含量和居住环境水平，以满足居民现代居住生活的需求。

2. 系统建设原则

（1）符合国家信息化建设的方针、政策和地方政府总体规划建设的要求；

（2）系统的等级标准应与项目开发定位相适应；

（3）小区的规划、设计、建设必须遵循国家和地方的有关标准、规范和规定；

（4）系统的规划、设计、建设应与土建工程的规划、设计、建设同步进行；

（5）小区必须实行严格的质量监控，并达到国家规定的验收标准；

（6）小区建设应推进信息资源共享，促进我国住宅信息设备和软件产业的发展。

3. 小区建设要求

小区建设应符合"文明居住环境"的要求，采用先进、适用的智能化成套集成技术，提高居住区的安全性、适用性和物业管理水平。在建设主管部门的指导下，通过小区建设，鼓励住宅信息集成企业、产品与设备开发企业积极参与住宅产业现代化工作，发展新兴的住宅信息产业。

（1）建立和完善住宅智能化工程质量保障体系：

1）住宅智能化技术、产品、设备和通过优化集成后的成套设备的质量审验；

2）小区工业化、装配化作业的质量监控制度；

3）小区质量综合评价制度。

（2）实行住宅智能化系统与居住小区同步建设：

1）住宅智能化系统与居住小区实行统一规划、设计、施工；

2）小区应采用技术先进、性能可靠、经济合理的材料、设备和产品；

3）小区应逐步实现工业化、装配化施工，减少现场加工。

（3）小区智能化布线应符合开放性、兼容性、扩展性等要求，达到布线简化、安装方便、技术可靠、经济合理的目标。实现不同等级的高水平、高质量、高效益的居住小区智能化系统。

（4）小区应积极推广应用国家和有关部门正式推荐的住宅智能化新技术、新材料、新设备、新产品。

（5）小区在实施前应对未来物业管理进行全面策划，在工程实施的适当时机超前介入，做好工程竣工后物业管理的一切准备工作。工程交付使用前必须确保物业管理系统安全、准确、可靠地运转。

12.6.2 设计示例

某市住宅小区占地 42.4 万 m^2，住宅建筑面积 14.25m^2。小区包含住宅智能化系统、闭路电视监控系统、可视对讲系统、停车场自动化管理系统、电子巡更系统等。园区系统图见 12-9。

1. 住宅智能化系统

住户智能化系统选用深圳达实公司自主研发的新一代智能家居终端"智能家"DAS-100 系列，该系统基于社区宽带网络传输数据，集信息发布、家电控制、住户室内安防报警、现场数据采集、语音留言等功能于一体，住户可以通过遥控器、电话、互联网等多种方式对"智能家"进行遥控操作，每户标准配置有红外报警探头、紧急按钮等。住宅智能化安防系统见图 12-10。

2. 小区闭路电视系统

小区闭路电视监控系统（见图 12-11）对小区周界、各主要出入口、停车场、各主干

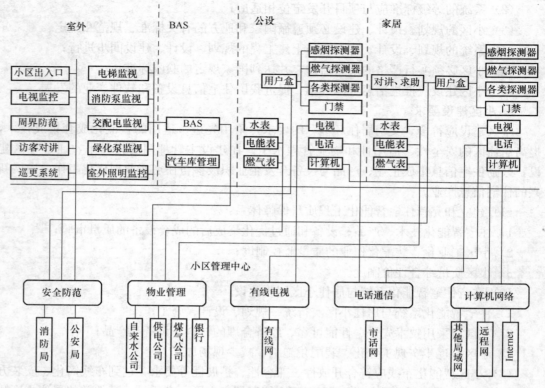

图 12-9　园区系统图

道等进行全方位的监控，系统具有图形自动切换功能、定点显示功能和多画面显示功能。系统可用长时间录像机录制所有图像以便观看或备查。可以对进出车辆、车库、小区周界人员活动情况进行有效的监控。

（1）前端设计

前端共设置 154 台摄像机。

1）小区各主要出入口设摄像机，配自动镜头和防护罩；

2）小区的各段围墙、小区地下车库出入口及小区地下车库泊位设低照度摄像机；

3）小区会所位置设彩色半球 CCD 摄像机；

4）小区各楼电梯内安装半球型 CCD 摄像机。

（2）监控中心设置

　整个闭路监控系统，由摄像设备、控制设备、监视设备、资料记录、信号传输、供电、多媒体监控中心等 7 部分组成。采用控制主机对云台/摄像机/防护罩进行控制。选用 10 台 16 路电脑硬盘录像机，10 台 17 英寸纯平监视器，1 台大容量视频矩阵。

（3）主要设备

主要设备为日本 BOLIN、PANASONIC，美国 PELCO 等公司生产的产品。

采用的日本 BOLIN 的 BLC-800P 最新高灵敏度的彩色 CCD 摄像机，具有 470 线水平高清晰，SONY1/4 英寸高阶、高灵敏度 CCD，最低照度可达 1.0lx，内置 128 倍变焦镜头（16 倍光学，8 倍数字），可自动跟踪、锁定、手动功能设定屏幕菜单编程、超级逆光

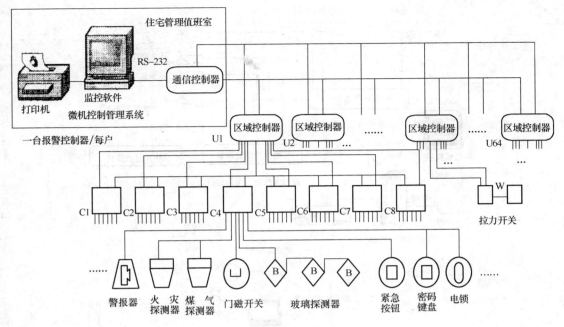

图 12-10　家庭安防系统

注：1. 监控软件包含实时电子地图、语音报警、远程控制和历史记录管理等功能。

2. 通信控制器至区域控制器的最大距离为20km。

3. 区域控制器最多可容纳 8 路信号输入（8户）和 8 路控制输出，可任意设定输入与输出间对应的控制关系。

4. 监控软件可接 64 台区域控制器，并可扩展最多为 512 台，最多容纳 4096 户。

5. 每台报警控制器有 4 个探测回路，2 个报警，1 个煤气，1 个紧急主机附按键密码，并可有选择的 1 点输出或 3 点输出，可做布撤防。

6. 密码键盘和电锁为可选键，用来方便对报警控制器做布撤防控制。

7. 报警控制也可连接其他防盗探测器，如双鉴器、红外探测器等。

8. 报警控制器也可与 TF 传输显示管理系统及其他报警系统连接组成小区管理系统。

补偿、宽动态逆光补偿、逆光补偿可编程等功能。另外还有彩色长时间磁带录像机 AM-1036E、室外全球型一体化云台护罩 SSW-10P、美国产的彩色 16 画面图像处理器。

3. 小区周界防范系统

周界防范系统（见图 12-12）采用 21 对不同型号的室外主动红外探测器作为前端防护，中心采用报警接收设计与电视监控系统实现联动。

线路传输采用集中布线结构，即为每一对红外对射探测器配置一路线缆，中心采用一台报警主机作报警输入、输出处理。这样做有利于降低工程成本（相对于总线式报警系统）。每一对探测器配置一套声光报警器，以达到当场阻吓的作用。系统电源采用集中供电方式，由中心统一供电。

根据小区的周边特性，选用 HA-50 双光束红外线对射器 2 对，HA-150 双光束红外线对射器 6 对，以完成对小区周界的有效监控。

4. 家庭安防系统

小区室内报警子系统主要由室内防盗主机、煤气泄漏、紧急按钮、门磁、窗磁、红外探测器等组成。

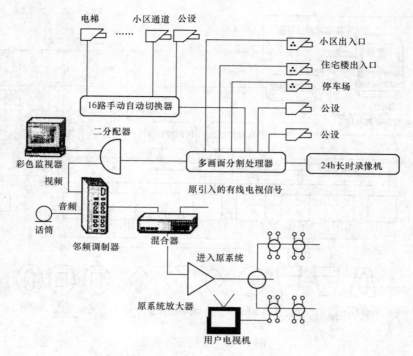

图 12-11　小区闭路电视系统

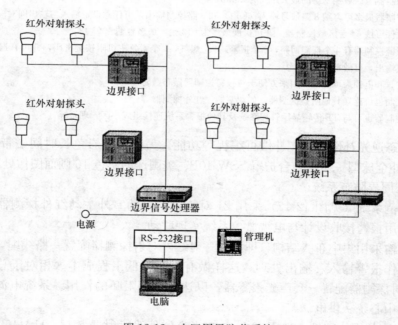

图 12-12　小区周界防范系统

（1）设计方案

每户安装一台室内防盗主机、主门安装一个门磁、客厅安装一个紧急按钮、厨房安装一个煤气探测器。另外在一二层住户安装窗磁、客厅安装一个红外探测器。家庭安防设备采用 EXT 系列产品。

（2）系统功能

1）系统以室内 4 路报警器为核心，对外通过总线与区域控制器连接，形成网络，实现与物业管理中心的互交；对内通过家庭总线与各类报警设备连接，形成报警网络。

2）室内报警子系统的主要任务是家庭内部的安全防范功能。

3）遇有非法入侵或紧急求助时，则立即自动向小区控制中心报警。

4）系统可显示报警区域和报警种类。

5）系统可自动记录报警发生的时间、地点、报警原因和处理结果等信息。

6）系统或设备出现故障时自动向控制中心报警。

5. 小区可视对讲系统

（1）系统设计

本系统（见图 12-13）是由管理中心、可视室外主机、可视室内分机三个主要部分组成。在每户安装一台室内分机，每个单元门口安装一台可视单元门口机，中心设置一台管理主机并连接电脑。

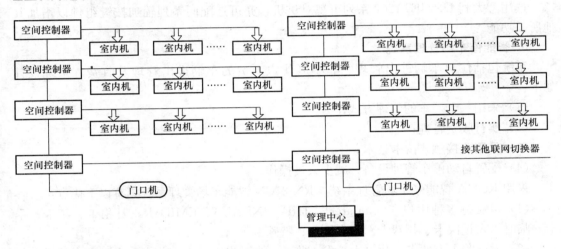

图 12-13　小区可视对讲系统

（2）系统功能

1）出入口控制功能；

2）住户呼叫功能；

3）物业管理功能；

4）报警功能；

5）后备电源功能。

（3）具体设计

1）出入口控制功能：单个 MDS 系统可容纳多至 32 个入口控制（密码、感应卡），符合当今综合型小区管理要求。可对各类出人口，如车库、健身房、游泳池、网球场等进行现代管理，并连接计算机、打印机实现智能化、一体化物业管理。系统可对出入口的时间、用户级别、特殊区域、权限范围等进行详尽的设定，严格确保小区各种出入口的保

251

密性。

2）住户呼叫功能：住户通过室内对讲话机或可视话机的专用按键可呼叫管理中心，并实现双向通话。该功能可通过管理机将小区内750位住户的呼叫管理起来，实现小区内住户的统一管理。

3）物业管理功能：在小区的物业管理中心处设立的管理机，可自动记录20个住户呼叫、报警记录。可使管理员足不出户，完成访客和管理员、管理员和住户、访客和住户、住户与住户的通话及管理员、住户开门。

4）探头报警功能：在本系统中特设8线报警输入端，在端头配以各类开关量常开/常闭探头，并可进行设防、撤防。通过探头的工作，在管理机上即时接收报警，其报警声音为急促型，区别于住户呼叫，并可显示报警的类型及报警探头的编号。通过计算机的连接，可对住户户内探头的报警进行记录，并可打印出相应的记录。

5）备用电源应急功能：MDS系统带有备用电源，确保小区在供电失常情况下，系统可保持一定时间的正常使用，使通信畅通无阻。

（4）主要设备

选用意大利URMET1202系列可视对讲机，亦可选配同系列辅加按键组件以增加其他所需功能。

6. 智能停车场管理系统

系统包括住户车辆进出管理、非小区住户人员的车辆进出管理及收费。系统设计如下：

（1）采用一卡一车的管理方式；

（2）实行收费管理；

（3）采用非接触式读卡技术；

（4）配置自动停车管理设备，减少人员操作。

采用RONA智能停车场管理系统。RN-21CN智能车场管理系统具有以下优点：

（1）可支持多种用户卡（mifare-1、HID、INDALA、EMID卡，月租卡、年卡、季卡、临时卡，记次卡、扣费卡、一次性卡、特殊卡等）；

（2）发、收卡方便多样化（人工发、收卡，自动发卡、人工收卡，自动发卡及收卡）；

（3）读卡距离可变：10cm、10～30cm、50～120cm、1～2m、3～5m、5～15m可选；

（4）可以实现图像对比、车牌识别、单点及多点收费。

7. 巡更管理系统

（1）由编程软件灵活设定巡更的时间、线路、次数；

（2）巡更员若不按设定程序巡视，则巡更无效，视作失职；

（3）可进行脱机数据采集，识读器可脱机存储数千条数据信息；

（4）管理员可通过计算机读取巡更器内信息；

（5）系统可自动生成分类记录报表，并根据需要打印，对失盗、失职进行分析；

（6）可多班次、多线路、多方向交叉管理，记录清楚，准确无误。可加强保安防范措施。

参 考 文 献

[1] 中华人民共和国建设部．智能建筑设计标准（GB/T 50314—2006）[S].北京：中国计划出版社，2007.
[2] 陈志新．智能建筑概论．北京：机械工业出版社，2010.
[3] 陈伟利等．楼宇智能化技术与应用[M].北京：化学工业出版社，2010.
[4] 方水平，王怀群．综合布线实训教程[M].北京：人民邮电出版社，2010.
[5] 钟吉湘．建筑智能化施工[M].北京：机械工业出版社，2008.
[6] 杨绍胤，杨庆．智能建筑工程及其设计．北京：电子工业出版社，2009.
[7] 吕晓阳．综合布线工程技术与实训[M].北京：清华大学出版社，2009.
[8] 程大章．智能建筑理论与工程实践．北京：机械工业出版社，2009.
[9] 黄宪伟．有线电视系统设计维护与故障检修[M].北京：人民邮电出版社，2009.
[10] 刘光辉．智能建筑概论．北京：机械工业出版社，2008.
[11] 徐第，孙俊英．建筑智能化设备安装技术[M].北京：金盾出版社，2008.
[12] 张九根，丁玉林．智能建筑工程设计．北京：机械工业出版社，2007.